HISTOIRE

NATURELLE

DES POISSONS.

STRASBOURG, IMPRIMERIE DE F. G. LEVRAULT,
IMPRIMEUR DU ROI.

HISTOIRE

NATURELLE

DES POISSONS,

PAR

M. LE B.^{ON} CUVIER,

Grand-Officier de la Légion d'honneur, Conseiller d'État et au Conseil royal de l'Instruction publique, l'un des quarante de l'Académie française, Secrétaire perpétuel de celle des Sciences, membre des Sociétés et Académies royales de Londres, de Berlin, de Pétersbourg, de Stockholm, de Turin, de Gœttingue, de Munich, etc.;

ET PAR

M. VALENCIENNES,

Aide-Naturaliste au Muséum d'Histoire naturelle.

TOME SECOND.

A PARIS,

Chez F. G. LEVRAULT, rue de la Harpe, n.° 81.

STRASBOURG, même Maison, rue des Juifs, n.° 33.

BRUXELLES, Librairie parisienne, rue de la Magdeleine, n.° 438.

1828.

TABLE

DU DEUXIÈME VOLUME.

LIVRE TROISIÈME.

CHAPITRE PREMIER.

CHAPITRE II.

2.   a

Pages. Planch.

CHAPITRE VI.

CHAPITRE VII.

Pages. Planch.

CHAPITRE XI.

Pages. Planch.

(Par M. Valenciennes.)

CHAPITRE XII.

2.   b

Pages. Planch.

CHAPITRE XIII.

CHAPITRE XIV.

(Par M. le Bon Cuvier.)

ADDITIONS ET CORRECTIONS

A CE VOLUME.

Page 12, entre les lignes 21 et 22, intercalez :

Niphon. Trois fortes épines à l'opercule, et une également très-forte à l'angle du préopercule, qui d'ailleurs est dentelé.

Même page, entre les lignes 24 et 25, intercalez :

Huron. Opercule à deux pointes plates. Point de dentelures au préopercule.

Il y aura probablement des intercalations semblables à faire page 13 ; mais elles seront données dans le troisième volume, où l'on décrira les genres indiqués sur la seconde partie du tableau des percoïdes.

Page 189 :

Aldrovande, Monstr. Paralip., p. 94, donne une bonne figure du barbier, sous le nom de *percæ alia species.*

AVIS AU RELIEUR

POUR PLACER LES PLANCHES.

HISTOIRE

NATURELLE

DES POISSONS.

LIVRE TROISIÈME.

DES POISSONS DE LA FAMILLE DES PERCHES, OU DES PERCOÏDES.

Nous nous sommes déterminés à commencer l'histoire des acanthoptérygiens par celle de la perche ordinaire de nos rivières, parce que dans cette immense division de la classe des poissons, la perche est l'espèce la plus répandue, et celle qu'il est le plus facile de se procurer dans tous les lieux de l'Europe. Cette espèce fait partie d'un petit groupe, et ce groupe lui-même se rapproche assez de plusieurs autres, pour que le peuple même les ait tous embrassés sous cette dénomination de *perches,* et que l'on en ait fait ainsi presque naturellement ce que l'on peut appeler un grand genre, susceptible d'être divisé en plusieurs sous-genres. En comparant entre eux ces divers poissons, en réunissant ceux dont l'organisation est semblable dans les points essentiels, en écartant ceux que des rapports superficiels en avaient d'abord fait rapprocher, on parvient à reconnaître et à fixer avec la précision nécessaire à une méthode scientifique, les caractères communs d'après lesquels on peut limiter ce grand genre, et le distinguer de tous les autres.

Or, ces caractères sont assez nombreux et embrassent des parties fort diverses de l'organisation : un corps oblong et plus ou moins comprimé, couvert d'écailles généralement dures, et dont la surface extérieure est plus ou moins âpre et les bords dentelés ou ciliés; un opercule, un préopercule, diversement armés ou dentelés; la bouche assez grande; des ouïes bien fendues et dont la membrane est soutenue par un nombre de rayons qui n'est pas au-dessous de cinq, et passe rarement sept; des dents, non-seulement aux mâchoires, mais sur une ligne transverse en avant du vomer, et presque toujours sur une bande longitudinale à chaque palatin, ainsi qu'aux dentelures des ouïes et aux os pharyngiens; point de barbillons; les ventrales le plus souvent subbrachiennes, c'est-à-dire suspendues aux os de l'épaule par le moyen de ceux du bassin; les nageoires toujours au nombre de sept au moins, et souvent de huit; à l'intérieur un estomac en cul-de-sac; le pylore latéral; des appendices pyloriques, le plus souvent peu nombreuses et peu volumineuses, mais ne manquant jamais; un canal intestinal assez peu replié; un foie médiocre ou petit; une vessie natatoire; un cerveau dont les lobes creux ne couvrent que des tubercules petits et au plus divisés en quatre : tel est l'ensemble de la conformation propre au grand genre dont la perche est le type, à celui dont Artedi avait déjà fort bien saisi l'idée sur le petit nombre d'espèces qui lui étaient connues. Dans la plupart des perches ces caractères se joignent à la beauté

des couleurs, au bon goût et à la salubrité de la chair;
en tout pays ce qui se nomme perche est recherché comme
aliment.

L'habile ichtyologiste que nous venons de citer, ne
connut d'abord que sept poissons auxquels il crut pouvoir avec certitude attribuer ce nom; c'étaient la *perche
commune*[1], le *sandre*[2], la *gremille*[3], le *schrätz*[4], l'*apron*[5],
le *serran*[6] et le *bars*[7]; mais la seule comparaison de ces
sept espèces aurait pu déjà lui annoncer des formes secondaires assez diverses pour lui faire penser qu'elles deviendraient les types d'une partie des subdivisions ou des
sous-genres que l'on serait obligé d'établir, lorsque les
poissons connus viendraient à se multiplier; lui-même
ajouta par la suite à ces formes celles de l'*holocentrum*[8]
et du *grammiste*[9], qui ne présageaient pas moins que
les précédentes, qu'elles pourraient aussi devenir des chefs
de files pour un nombre plus ou moins considérable
d'espèces.

Il ne s'agissait donc que de subdiviser ce groupe sans
l'altérer, et cela aurait été facile, si l'on en eût toujours
consulté l'ensemble, et si l'on se fût bien pénétré de l'idée
générale à laquelle il répond. Mais Linnæus commença à
y mettre le désordre, en ne considérant qu'un seul de
ses caractères comme essentiel, et en le choisissant dans
une circonstance d'un ordre fort inférieur, la dentelure
du préopercule[10]. Des élèves trop fidèles, en se conformant
à une indication si restreinte, dûrent amener pêle-mêle

---

1. *Perca fluviatilis*, Linn. — 2. *Perca lucioperca.* — 3. *Perca cernua.* — 4. *Perca
schraitzer.* — 5. *Perca asper.* — 6. *Perca scriba* et *Perca cabrilla.* — 7. *Perca labrax.*
8. Mus. de Seba, t. III, pl. 27, fig. 1. — 9. *Ibid.*, t. III, pl. 27, fig. 5, p. 75.
10. *Percæ genus difficile distinguitur a tribus præcedentibus* (sparis, labris *et* sciænis),

dans ce genre de vraies sciènes, des crénilabres et des poissons de plusieurs autres familles. Linnæus fut à son tour entraîné par leur exemple, et son éditeur Gmelin augmenta la confusion en rassemblant, sans critique et sans aucune inspection des objets, tout ce que des observateurs qui avaient travaillé isolément avaient cru, à tort ou à droit, devoir considérer comme des perches. Bloch et ses successeurs ont cherché à établir quelques subdivisions qui pussent éclaircir ce chaos; mais ils ont continué encore à les fonder sur des caractères trop secondaires; à mettre en première ligne ces épines et ces dentelures de l'opercule, ou même les écailles des diverses parties de la tête, auxquelles, dans une bonne méthode, on n'aurait dû avoir recours qu'après que toutes les grandes différences des organes essentiels auraient été épuisées; et de ce renversement dans la subordination des caractères il est résulté des séparations et des rapprochemens aussi contraires les uns que les autres à la nature. Ainsi, les *serrans* ont été placés très-loin des perches, les *crénilabres* ont été confondus avec les *lutjans* ou *mésoprions,* bien que d'une tout autre famille; les poissons de la famille des sciènes et ceux de la famille des perches ont été incessamment mêlés dans les mêmes genres, au point que dans Bloch le *bars* est une *sciène,* et que dans M. de Lacépède l'*ombrine* est une *persèque;* tandis que ce dernier auteur a fait passer dans le genre des labres, les *johnius,* qui ne diffèrent en rien des sciènes les plus communes. Mais c'est

---

quoniam *differt solis operculis dentato-serratis.* (*Syst. nat.,* dixième édition, t. I, p. 289, et douzième édition, t. I, p. 484.) Notez que beaucoup de labres de Linnæus, ceux que j'ai nommés *crénilabres,* et presque toutes les sciènes, ont des préopercules dentés.

surtout dans l'ouvrage de Shaw, que le désordre est devenu tout-à-fait inextricable, parce qu'ayant rejeté la plupart des genres établis depuis Linnæus, il a prétendu ramener à ceux de cet auteur les espèces que ses successeurs avaient décrites et distribuées dans les leurs. On peut dire que jamais répartition n'a été faite plus au hasard, et n'en porte mieux l'empreinte.

Nous avons donc dû recourir à la nature même, et distribuer nos poissons comme s'ils ne l'eussent jamais été, en prenant pour règle le plus ou moins de conformité de chacun d'eux avec certains types principaux, et en observant dans les comparaisons propres à constater le degré de cette conformité, de ne point contrevenir au principe de la subordination des caractères. Sans doute cette marche a fait que les poissons dont les auteurs n'ont pas donné des descriptions suffisamment complètes, et que nous n'avons pu depuis observer par nous-mêmes, lesquels, au reste, sont en fort petit nombre, n'ont pu être classés avec sûreté; mais cet inconvénient est bien léger en comparaison de la sûreté de nos déterminations, et de tous les autres avantages que nous avons obtenus; et même sur le point en question, nous n'aurions remédié à rien en suivant aveuglément les distributions de nos prédécesseurs; car il s'en faut de beaucoup qu'eux-mêmes aient été fidèles à leur propre méthode, et que les espèces qu'ils ont placées sous chacun de leurs genres, présentent en effet les caractères qu'ils assignent à ces genres : nous en verrons une multitude d'exemples, surtout dans Bloch, qui, n'ayant pu parler de beaucoup de ses espèces que d'après d'anciennes figures peu détaillées, leur a trop souvent supposé des caractères qu'elles n'ont pas.

Ainsi, après avoir bien déterminé les caractères généraux qui distinguent la famille entière des perches des familles voisines des sciènes, des spares, caractères que nous n'avons trouvés que dans les dents palatines, après en avoir séparé les *scorpènes*, les *cottes* et les *trigles*, auxquels les pièces osseuses qui cuirassent leurs joues, donnent un titre pour former une famille particulière; après avoir fixé les caractères de quelques groupes qui s'écartent un peu plus que les autres du genre principal, tels que les *vives*, à cause de la position de leurs ventrales; les *holocentres*, à cause du nombre des rayons de leurs ventrales et de leurs ouïes; nous avons procédé à nos subdivisions. La *perche commune* a été notre premier type, auquel sont venues se rattacher quelques perches d'Amérique, qui ne diffèrent de la nôtre que par de légers détails de forme et de couleur; auprès d'elles les *varioles*, les *énoploses* et les *centropomes*, forment les types de trois autres petits groupes distingués : le premier, par une dentelure plus marquée au sous-orbitaire; le second, par plus d'élévation verticale du corps et des nageoires; le troisième, par un museau plus déprimé, et par des opercules dépourvus d'épines. Parallèlement à leur série se placent le *sandre*, dont les opercules manquent aussi d'épines, du moins dans l'espèce commune, mais qui retrouve des armes puissantes dans les grandes dents en crochets, mêlées parmi les dents en velours de ses mâchoires et de ses palatins, et qui, pour le reste de sa conformation comme pour ses habitudes, ressemble beaucoup à la perche; l'*etelis*, qui n'a de dents en crochets qu'autour des mâchoires et non aux palatins, et dont l'opercule a des épines et le préopercule des dentelures à peine sensibles, et l'*apron*, qui, à tous les caractères de la perche commune, joint un museau bombé et des os caverneux comme ceux des sciènes.

Tous ces sous-genres sont d'eau douce ou à peu près; le *bars,* que l'on peut placer à leur suite, est marin : ses formes sont celles de la perche, mais sa langue est âpre et garnie de dents en velours ras.

Personne, je crois, n'a hésité ou n'hésitera à faire des perches de tous ces poissons; ils portent tous deux nageoires dorsales, ils se ressemblent même assez par tout leur extérieur, pour qu'une inspection attentive soit nécessaire à l'observateur qui veut apprendre à les distinguer.

Quelques autres poissons, aussi munis de deux dorsales, se singularisent davantage par l'aspect et par quelques détails frappans dans l'armure de leur tête, au point qu'ils ont été considérés par plusieurs naturalistes comme étrangers au grand genre des perches : ils doivent former à la suite des précédens des types nouveaux pour un certain nombre de petits groupes.

Ainsi, l'*apogon* a un double rebord à son préopercule; le *chéilodiptère* diffère de l'apogon par de grandes dents pointues, qui rappellent celles du sandre; il se place à côté de l'apogon, comme le sandre à côté de la perche; l'apogon tient de près à l'*ambasse;* le *grammiste* enfin n'a que des épines sans dentelures, et à son préopercule et à son opercule, et le *savonnier* et lui sont les seuls acanthoptérygiens qui n'aient pas d'épines visibles à l'anale.

Ici se termine la série des perches à deux dorsales; mais à côté de cette série, et parallèlement à elle, s'il est permis de s'exprimer ainsi, la nature nous en offre une autre, où la dorsale est unique, mais où se reproduisent presque toutes les autres circonstances caractéristiques qui ont aidé

à subdiviser les perches à deux dorsales : ainsi les *serrans*
ont, comme nos perches communes, le préopercule dentelé et l'opercule épineux, et ils leur ressemblent si fort,
jusque dans la distribution de leurs couleurs, que le peuple
même les a nommés *perches de mer;* cependant ils ont
quelques dents longues et aiguës comme les sandres, et
c'est plutôt aux sandres qu'aux perches proprement dites
qu'on aurait pu les comparer, si ces dents aiguës n'avaient
pas été placées un peu autrement. Quelques poissons,
auxquels nous avons donné le nom de *centropristes*,
rappellent plutôt les perches communes, parce qu'ils joignent à leur opercule épineux et à leur préopercule dentelé des dents en velours et égales comme les leurs; aussi
ont-ils été nommés *perches de mer* jusque dans les colonies
anglaises d'Amérique. Ces dents, tantôt en simple velours,
tantôt mêlées de crochets aigus, donnent lieu de subdiviser les perches à dorsale unique, comme celles qui
ont deux dorsales, en deux séries parallèles : les unes,
par leurs crochets, vont à la suite des *serrans;* les autres,
par leurs dents égales, à la suite des *centropristes.*

Parmi les premières nous comptons les *plectropomes,*
qui ont de grosses dentelures obliques au bas de leur
préopercule; les *mésoprions,* qui ont le préopercule dentelé, mais l'opercule sans épine, comme les centropomes;
les *diacopes*, où l'interopercule s'articule par une tubérosité dans une échancrure du préopercule.

Parmi les autres perches à dorsale unique, celles où les
dents sont toutes en velours, nous plaçons à la suite des
centropristes les *gristes,* qui ont le préopercule sans dentelures et l'opercule seul épineux; les *polyprions,* dont
toutes les pièces osseuses à la tête et à l'épaule ont des

crêtes dentelées; les *pentacéros,* dont les os du crâne et
de l'épaule ont des tubercules qui représentent des espèces
de cornes; les *savonniers,* qui ont, comme les grammistes
de l'autre division, des épines au préopercule et à l'opercule, point de dentelure, les écailles petites et douces,
et dont l'anale n'a que des rayons mous; et enfin les
gremilles, petit sous-genre de nos eaux douces, dont
la tête est nue, caverneuse en quelques parties et armée,
comme dans les grammistes et les savonniers, d'épines
au préopercule et à l'opercule. Elles unissent les perches
à dorsale unique avec des sciènes du même caractère, à
peu près comme les aprons unissent les perches et les
sciènes à deux dorsales. Sous d'autres rapports, les gremilles lient les perches ordinaires aux acanthoptérygiens
à joue cuirassée, et particulièrement aux scorpènes et aux
ténianotes; tant il est vrai que dans aucune branche, dans
aucune tribu des règnes organiques il n'est possible de
disposer les êtres sur des lignes simples et continues.

Nous trouvons de nouvelles preuves de cette vérité,
avant de sortir de cette famille. A côté de tous les petits
groupes dont je viens de parler, et qui ont tous sept
rayons à la membrane des ouïes et cinq rayons mous
aux ventrales, il s'en trouve qui ont un rayon branchial
de moins, et parmi lesquels se reproduisent une partie
des caractères de dents et de pièces operculaires que
nous venons de dénombrer, et d'autres où il y a au contraire un rayon branchial de plus, et dont les ventrales, ce
qui est encore bien plus remarquable, ont sept et jusqu'à
neuf ou dix rayons mous.

Dans la première de ces deux séries accessoires il en
est qui ont des dents en crochets, et dont les pecto-

rales ont en outre un certain nombre de rayons simples qui en dépassent la membrane : ce sont les *cirrhites*.

D'autres ont toutes les dents en velours, et d'après quelques détails de leurs pièces operculaires, nous y avons formé les groupes des *priacanthes*, où le préopercule a dans le bas une épine plate et dentelée ; les *pomotis*, dont l'opercule se prolonge comme une sorte d'oreillette : les *centrarchus,* qui joignent à ce caractère celui d'avoir de nombreux aiguillons à la nageoire anale. Les *doules* terminent cette subdivision ; leurs préopercules, leurs opercules, sont comme dans les serrans et les centropristes : ils ont en particulier les dents en velours de ces derniers ; on pourrait, en un mot, les appeler des *centropristes à six rayons branchiaux*.

Par leur extérieur ces *doules* nous conduisent à un groupe bien remarquable, en ce que les rapports les plus étroits unissant les poissons qui le composent à l'égard de leur forme générale, de leurs viscères, et surtout de la forme singulière de leur vessie natatoire, et que même leurs couleurs se ressemblant beaucoup, ils diffèrent cependant non-seulement par les formes des dents des mâchoires, mais encore par la présence ou l'absence des dents à quelques parties de la bouche qui n'en manquent dans aucun des autres groupes de cette famille. Nous donnons à ce groupe le nom de *thérapons,* et nous y formons de petits groupes subordonnés sous les noms d'*hélotes* et de *pélates.*

Les acanthoptérygiens à rayons ventraux plus multipliés, c'est-à-dire, au nombre de plus de six, tiennent de très-près, du moins par leur extérieur, à plusieurs poissons de la famille des perches, et même l'un de leurs genres, celui des *holocentrum,* a été long-temps confondu avec les serrans. Celui des *myripristis* n'a pas été décrit d'une manière aussi reconnaissable, en sorte qu'on ne sait pas bien ce que nos prédécesseurs en auraient fait; mais ces deux genres ne diffèrent à l'extérieur que par une forte épine, dont le préopercule du premier est armé dans le bas, et qui manque au second : à l'intérieur ils offrent des différences plus grandes.

Les *vives,* les *uranoscopes* et quelques genres voisins se rapprochent encore très-fortement des perches à deux dorsales; mais leurs nageoires ventrales attachées sous la gorge, leur forment un caractère extérieur assez frappant, et qui permet aussi d'en faire un groupe séparé.

D'autres genres, voisins des perches à quelques égards, du moins par les dents, ont les ventrales situées plus en arrière que les pectorales, et les os du bassin détachés des os de l'épaule; mais ils sont assez différens de tous ceux dont nous avons parlé jusqu'ici, pour que l'on puisse les considérer chacun comme devant former un jour le type d'une petite famille : ce sont les *sphyrènes,* qui ont les mâchoires mieux armées encore que les sandres, mais dont l'opercule ni le préopercule ne sont ordinairement dentelés, et les *polynèmes,* qui ont les dents palatines et maxillaires des perches; des filets libres sous la pec- torale, comme les trigles; le museau bombé et des écailles sur les nageoires verticales, comme beaucoup de sciènes, et qui, malgré ces rapports multipliés, ou plutôt à cause de leur multiplication, ne peuvent être complétement rapprochés d'aucune de ces familles.

Le tableau ci-joint peut faciliter l'étude des genres et sous-genres de la famille des perches, et faire trouver plus aisément celui auquel on devra rapporter une espèce; mais nous prions de ne point oublier que c'est là son seul objet, et que les véritables idées que l'on doit se former de ces poissons et de leurs rapports, ne peuvent être puisées que dans leurs histoires détaillées.

POISSONS OSSEUX.

ACANTHOPTÉRYGIENS.

PERCOÏDES. Des dentelures ou des épines aux pièces operculaires; la joue non cuirassée; des dents au vomer ou aux palatins.

A ventrales sous les pectorales.

A cinq rayons mous aux ventrales.

A sept rayons aux branchies.

A deux dorsales, ou à dorsale échancrée jusqu'à sa base.

Les dents toutes en velours.

PERCHES. Préopercule dentelé; opercule épineux; sous-orbitaire faiblement dentelé; langue lisse.

VARIOLES. Sous-orbitaire et humérus fortement dentelés; de grosses dents à l'angle et au bas du préopercule.

ÉNOPLOSES. Sous-orbitaire dentelé; des dentelures et une forte épine au préopercule; l'opercule et l'épaule sans épine; le corps et les nageoires verticales très-élevés.

DIPLOPRIONS. L'opercule à trois épines; le préopercule à double crénelure; le sous-orbitaire entier.

BARS. Sous-orbitaire et humérus sans dentelures; deux pointes à l'opercule; un disque de dents en velours sur la langue.

CENTROPOMES. Opercule sans pointe; les deux dorsales séparées.

GRAMMISTES. Écailles petites; des épines au préopercule et à l'opercule.

APRONS. Museau bombé et saillant; les deux dorsales très-séparées.

AMBASSES. Une pointe couchée en avant de la première dorsale; une double dentelure au bas du préopercule.

APOGONS. Une double dentelure au préopercule; les deux dorsales très-séparées; de grandes écailles caduques.

Des dents canines mêlées aux autres.

CHÉILODIPTÈRES. Une double dentelure au préopercule; les dorsales très-séparées; de grandes écailles.

SANDRES. Dentelure simple au préopercule.

ETELIS. Presque pas de dentelure sensible au préopercule; une pointe à l'opercule; dorsales contiguës.

A dorsale unique.

Des dents canines mêlées aux autres.

SERRANS. Préopercule dentelé finement; opercule à deux ou trois épines; pas d'écailles sur les mâchoires; opercule épineux.

MÉROUS. Préopercule dentelé; opercule épineux; des écailles fines sur la mâchoire inférieure.

BARBIERS. Préopercule dentelé; opercule épineux; des écailles sur le maxillaire supérieur aussi fortes que sur le reste de la tête.

PLECTROPOMES. Préopercule dentelé; les dentelures du bas plus grosses et dirigées en avant; opercule épineux.

DIACOPES. Préopercule dentelé ; une forte échancrure au-dessus de l'angle, pour recevoir une tubérosité de l'interopercule.

MÉSOPRIONS. Préopercule dentelé ; opercule finissant en pointe plate, obtuse et sans épines.

Toutes les dents en velours.

CENTROPRISTES. Opercule épineux ; préopercule dentelé.

GRISTES. Opercule épineux ; préopercule entier.

POLYPRIONS. Des crêtes dentelées sur l'opercule, le sous-orbitaire, etc.

PENTACÉROS. Des tubérosités sur le crâne.

GREMILLES. Tête caverneuse ; des épines au préopercule.

SAVONNIERS. Tête lisse ; écailles noyées dans l'épiderme ; des épines au préopercule.

A moins de sept rayons aux branchies.

Des dents canines mêlées aux autres.

CIRRHITES. Les rayons inférieurs des pectorales simples et en partie libres.

Point de dents canines.

POMOTIS. L'opercule membraneux prolongé en manière d'oreille ; trois aiguillons à l'anale.

CENTRARCHUS. L'opercule comme dans les pomotis ; neuf aiguillons à l'anale.

TRICHODONS. De fortes épines autour du préopercule.

PRIACANTHES. De petites écailles rudes, même sur les mâchoires ; l'épine de l'angle du préopercule plate et dentelée.

DOULES. L'opercule terminé en pointes plates ; le préopercule dentelé.

THÉRAPONS. Opercule épineux ; préopercule dentelé ; dorsale très-échancrée ; dents du rang extérieur plus fortes, pointues.

PÉLATES. Opercule terminé en deux pointes ; préopercule dentelé ; dorsale peu échancrée ; dents en velours.

HÉLOTES. Opercule épineux ; préopercule dentelé ; dorsale très-échancrée ; dents du rang extérieur trilobées.

Plus de cinq rayons mous aux ventrales.

Plus de sept rayons aux branchies.

MYRIPRISTES. Deux arêtes dentelées au préopercule ; point d'épines à l'angle ; deux dorsales ou une dorsale très-échancrée.

HOLOCENTRUM. Une forte épine à l'angle du préopercule ; une dorsale peu échancrée.

BÉRYX. Point d'épines à l'angle du préopercule ; une seule nageoire courte sur le dos, dont le bord extérieur ne contient que des aiguillons faibles. *

A ventrales jugulaires, c'est-à-dire en avant des pectorales.

Des dents toutes en velours.

URANOSCOPES. Tête cubique ; les yeux à la face supérieure.

VIVES. Tête comprimée ; une forte épine à l'opercule.

PERCIS. Tête déprimée ; point de dents aux palatins.

PINGUIPES. Lèvres charnues ; des dents aux palatins.

Des dents canines mêlées aux autres.

PERCOPHIS. Mâchoire inférieure pointue ; dorsale unique longue.

A ventrales abdominales, c'est-à-dire en arrière des pectorales.

Des dents canines.

SPHYRÈNES. Mâchoire inférieure formant pointe en avant du museau ; les deux dorsales très-séparées.

Des dents en velours.

POLYNÈMES. Museau bombé ; des filets libres sous les pectorales.

---

* Tous les poissons ci-dessus appartiendraient au genre *Perca* de Linnæus.

CHAPITRE PREMIER.
Des Perches proprement dites.

Dans la grande famille dont nous venons de tracer le tableau, nous avons formé un premier groupe des espèces qui tiennent le plus étroitement au poisson qui en a fourni le type, à la perche commune : leur sous-genre aura pour caractères sept rayons aux ouïes, cinq aux ventrales; des dents en velours aux mâchoires, au devant du vomer et aux palatins; deux dorsales peu éloignées, ou même contiguës; un opercule osseux, finissant en pointe plate et aiguë; un préopercule dentelé; un premier sous-orbitaire offrant quelques petites dentelures à sa partie postérieure; enfin, des écailles rudes à leur bord. Les formes, les couleurs même de ces poissons offrent encore des ressemblances marquées avec celles de notre perche; et ils vivent comme elle dans l'eau douce. On en prendra, au reste, une idée plus juste dans la comparaison que nous en donnerons avec la perche commune, aussitôt que nous aurons terminé l'histoire de cette première espèce.

La PERCHE COMMUNE DE RIVIÈRE.
(*Perca fluviatilis* [1], L.)

La perche commune, le plus connu de tous les acanthoptérygiens de nos climats, est en même temps l'un de

---

1. Ces noms, tant le générique que le spécifique, ont été conservés par la plupart des méthodistes, et ils étaient même employés avant Linnæus par les ichtyologistes qui n'avaient pas encore songé à établir la nomenclature binaire.

nos meilleurs et de nos plus beaux poissons d'eau douce.
L'éclat doré de ses flancs, le vert-brun de son dos, les six
ou sept bandes foncées qui se détachent sur l'une et l'autre
couleur, la marque noire de sa première dorsale, enfin
la belle teinte rouge de ses ventrales et de son anale, la
font distinguer dans les eaux claires qu'elle habite de préférence, surtout lorsqu'un beau soleil fait briller et con-
traster davantage les teintes diverses dont elle est ornée.

Les Grecs la connaissaient bien, et lui donnaient déjà
le nom qu'elle porte aujourd'hui; car c'est évidemment le
πέρκη[1], dont Aristote dit qu'il dépose ses œufs en longs
cordons, comme la grenouille, parmi les joncs et les herbes
des lacs et des étangs.

Mais ce nom de πέρκη, comme celui de *perca,* se prenait
aussi dans une acception moins restreinte, et d'après ce
que *Pline*[2], *Oppien*[3], *Athénée*[4], et en quelques endroits
Aristote lui-même, disent des poissons qui le portaient,
on ne peut douter qu'il n'y en ait eu de marins dans le
nombre, ainsi que nous le montrerons plus en détail quand
nous en serons à l'article des serrans.

Ausone, cependant, a ramené ce nom à son acception
primitive, lorsqu'il a dit que, parmi les poissons de rivière,
la *perche* seule peut être comparée, pour le goût, aux
poissons de mer, et même aux surmulets.[5]

---

1. *Hist. anim.,* l. VI, c. 14. — 2. *Hist. nat.,* l. IX, c. 16. — 3. *Halieut.,*
l. I, v. 124. — 4. *Deipnos.,* l. VII, p. 319.

 5. *Nec te delicias mensarum perca silebo,*
  Amnigenos inter pisces dignande marinis,
  Solus puniceis facilis contendere mullis :
  Nam neque gustus iners; solidoque in corpore partes
  Segmentis coeunt, sed dissociantur aristis.
   (Auson., *Mosell.,* v. 115 et seq.)

Depuis lors le sens n'en a plus varié, et même c'est ce nom plus ou moins altéré qui sert encore à désigner la perche dans plusieurs langues d'origine latine[1] et teutonique.[2]

La perche est répandue dans toute l'Europe tempérée, et dans une grande partie de l'Asie. On la trouve depuis l'Italie jusqu'en Suède. Il y en a beaucoup dans la Grande-Bretagne. Quelques îles de la mer du Nord paraissent seules en être dépourvues : elle n'est point mentionnée dans la Faune des Orcades ni dans celle du Groënland.

On en pêche, suivant *Pallas*[3] et *Georgi*[4], dans toute la Russie d'Europe et d'Asie, et les rivières qui se jettent dans la mer Glaciale, dans la mer Baltique, dans la mer

---

1. *Persega*, en italien[1]; *pesce persico*, dans quelques cantons; *peisxe persio*, en portugais; *perca, persico*, en espagnol.

2. *Barsch, bersig*, en allemand; *perch*, en anglais; *baars*, en hollandais. Les noms provinciaux allemands varient beaucoup : *barsch* et *perschke* en Prusse; *bars, stockbnarsch*, en Poméranie; *berstling, perschling, warschieger*, en Autriche; *bürstel*, en Bavière. En Suisse on la nomme *heuerling* à l'âge d'un an; *egle* ou *elden*, à deux ans; *stichling*, à trois, et *heeling* ou *bersig*, à quatre. En Lorraine, la perche s'appelle *hirlin*, ce qui est une corruption de *heuerling*.

En suédois on l'appelle *abborre*, et en danois *abborn*. J'ignore l'étymologie de ces mots. En russe elle se nomme *okun*, et sur le Don *tscekames*; *assaris*, chez les Lettes; *ahren*, en Estonie; *ahrena*, en Finlande; *woskon* et *sitter*, en Laponie; *wrentensa*, en Hongrie. Pallas donne la liste de ses noms dans tous les dialectes de l'Asie septentrionale : *olobuga* chez les Tartares; *mœchiganija*, chez les Persans et les Buchares : *alyssar*, chez les Jakutes; *jokisch*, chez les Permiens; *jusch*, chez les Votiakes; *sümra* et *symir*, chez les Vogules; *chirlekos* et *ulangi*, chez les Tschuwasches; *chonshanchull*, chez les Ostiakes de Bérésow; *tœil*, vers l'embouchure de l'Ob; *tou* et *to* chez les Samoïèdes; *schyrgy*, chez les Calmouques; *alagani*, chez les Burètes; *jeko*, chez les Tonguses. En japonais on l'appelle *Sôi*; en arménien, *kisil ganam*.

3. *Zoograph. rossic.*, t. III, p. 248. — 4. Description de l'empire russe, III.ᵉ part., t. 7, p. 1924.

1. A Rome on la nomme *cerna*, selon Bélon.

Noire et dans la mer Caspienne, en nourrissent toutes également. La mer Caspienne elle-même en possède, dit-on, qui n'en sortent qu'au printemps pour remonter les fleuves. Pallas remarque cependant qu'il ne s'en trouve ni dans la Léna, ni dans les rivières plus orientales. Enfin, nous verrons dans la suite que, si elle n'existe pas dans l'Amérique septentrionale, elle y est représentée par des poissons qui lui ressemblent tellement, que beaucoup de naturalistes pourraient les en croire de simples variétés.

Les lacs, les ruisseaux d'eau vive et les rivières, lui servent indifféremment de demeures; mais elle remonte plutôt vers les sources qu'elle ne descend vers les embouchures. Elle évite les approches de l'eau salée[1]; elle ne se tient pas non plus volontiers à une grande profondeur, et c'est d'ordinaire à deux ou trois pieds sous l'eau qu'on est le plus sûr de la prendre: les joncs, les roseaux, l'attirent volontiers, surtout quand elle est au moment de déposer son frai. En hiver cependant elle descend davantage.

Ses habitudes ne sont pas très-sociables. Même lorsqu'il y en a en nombre dans un étang ou dans une rivière, chacune a son allure à part, et elles ne forment pas de grandes troupes, comme font d'autres poissons. C'est en quelque sorte par bonds qu'elle nage: dans une eau tranquille, on la voit rester long-temps presque immobile, puis se porter tout d'un coup et avec une grande rapidité à

---

1. Pallas remarque cependant, *Zoogr. ross.*, p. 248, qu'au temps du frai, en Février et Mars, la perche et le brochet se tiennent volontiers dans un golfe de la mer Caspienne, nommé le *golfe amer*, et y restent à trente verstes de l'embouchure du Terek, et qu'ils évitent de remonter dans ce fleuve, quoiqu'il ne soit pas rapide et que l'on y voie des sandres et plusieurs cyprins.

quelque distance, pour y reprendre sa première immobi-
lité. Elle s'élance rarement hors de l'eau, et ne vient guère
à la surface que dans le temps chaud, lorsqu'elle peut
saisir beaucoup de cousins ou de leurs larves. Elle se
nourrit en général de vers, d'insectes qui nagent ou qui
volent sur l'eau, de petits crustacés, de petits poissons, et
comme sa voracité est extrême, elle ne met pas toujours
dans le choix de sa proie les précautions nécessaires : ainsi,
l'épinoche lui donne souvent la mort, parce que, redres-
sant ses épines au moment où la perche veut l'avaler, elle
les enfonce dans son palais ou dans son gosier : les sala-
mandres, les petites couleuvres, les jeunes grenouilles, lui
servent aussi d'alimens, et M. de Lacépède assure même
qu'elle se jette avec avidité sur de jeunes rats d'eau.[1]

La perche fraie dès l'âge de trois ans, et lorsqu'elle peut
avoir six pouces de longueur; mais on ne sait pas combien d'années elle peut mettre à atteindre toute sa crois-
sance. Dans nos environs elle ne passe guère quinze à dix-
huit pouces, et atteint rarement deux pieds : son poids
est alors de trois à quatre livres. Il en est de même dans
le lac de Genève, selon M. Jurine. Au dire de Pennant[2],
on en a pris une de neuf livres dans la rivière serpentine
de Hyde-Parck, à Londres; mais c'est sur le rapport d'au-
trui que cet auteur l'avance. Quant à la tête haute de
deux empans, que l'on aurait conservée dans l'église de
Lula, en Laponie, selon *Scheffer*[3], c'était sans doute celle
de quelque autre espèce, probablement de notre *sébaste*

---

1. T. IV, p. 406.
2. *Brit. Zool.*, t. III, p. 212.
3. Histoire de la Laponie, traduction française, p. 330.

du Nord, qui a été souvent désignée sous le nom de *perche de mer.*

Dans la Seine, c'est toujours le mois d'Avril qui est l'époque de son frai. Bloch assure qu'en Brandebourg ce n'est que dans les eaux peu profondes qu'elle fraie si tôt, et que sa ponte est plus tardive, lorsqu'il y a plus de fond.

La grosseur qu'acquiert en ce temps son ovaire, doit lui faire désirer vivement de se débarrasser de ce fardeau. Dans une perche de deux livres il pèse jusqu'à sept ou huit onces, et le nombre des œufs y va, selon *Harmers*[1], à près de 281,000, et selon M. *Picot*[2], à près d'un million : cette différence peut tenir à l'âge. Les grandes et vieilles perches paraissent en contenir plus que les petites, ce qui n'a rien d'étonnant, puisque les œufs des unes et des autres ont la même grandeur : ils sont très-menus, et on les a comparés à des grains de pavot.

Lorsque le moment est venu de s'en défaire, la perche femelle se frotte contre des corps durs; on dit même qu'elle sait faire entrer la pointe d'un jonc ou d'un roseau dans son oviducte, et attirer ainsi une partie du fluide glaireux qui enveloppe ses œufs. S'éloignant alors par des mouvemens sinueux, elle file en quelque sorte ce fluide et l'alonge en un long cordon semblable à ceux des œufs de grenouille, et qui a quelquefois plus de six pieds, mais qui est replié sur lui-même en divers sens, de manière à former des réseaux ou des pelotons. Quand on l'observe à la loupe, on trouve toujours quatre à cinq œufs réunis, par une pellicule, en une petite pelote sur laquelle s'appuie

---

1. Cité par Bloch, d'après l'Encyclopédie allemande de Krünitz, t. XIII, p. 448.
2. Cité par M. de Lacépède, t. IV, p. 406.

une autre pelote, de sorte que les œufs paraissent rapprochés dans des cellules carrées ou hexagonales.

A Paris, les mâles sont beaucoup moins nombreux. C'est à peine, au dire des pêcheurs, si l'on en prend un sur cinquante femelles, et peut-être arrive-t-il de là que beaucoup d'œufs ne sont pas fécondés, ce qui expliquerait pourquoi une espèce qui en produit tant n'est pas plus multipliée. Mais cette inégalité dans le nombre des individus de chaque sexe n'a pas lieu partout. Il y a tant de mâles dans le lac de Harlem, qu'un certain village, nommé *Lisse,* est renommé par un mets que l'on y prépare avec des laitances de perches.

Les pêcheurs du Brandebourg prétendent que les troupes de perches ont toujours un conducteur, qui se reconnaît à ce que ses opercules sont dépouillés de leur épiderme et transparens, de sorte que l'on voit les ouïes au travers, et ils attribuent cette conformation à ce que cet individu est plus exposé que les autres à différens contacts.

La perche est mieux armée que beaucoup d'autres poissons d'eau douce, contre les attaques de ses ennemis. Pour peu qu'elle ait grandi, ses épines doivent effrayer les poissons voraces; aussi dit-on qu'alors le brochet même ne l'attaque plus, quoique les petites perches soient l'un des appâts qui l'attirent avec le plus de force.

Les oiseaux d'eau, comme plongeons, harles et canards, la redoutent moins, et lui font une chasse très-active. Elle craint aussi le tonnerre et la gelée, et elle a ses ennemis intérieurs. M. *Rudolphi*[1] compte jusqu'à sept espèces de

---

1. *Entozoorum synopsis,* p. 777. *Cucullanus elegans, ascaris truncatula, echi-*

vers intestins qui vivent à ses dépens. Mais d'ailleurs sa vie est dure : Pennant nous dit que l'on peut la transporter dans de la paille sèche à soixante milles, et qu'elle survit à ce long voyage.[1]

On en apporte à Paris du fond du Bourbonnais, c'est-à-dire de plus de soixante lieues, mais dans des bateaux à réservoirs pleins d'eau et par le canal de Briare.

Il arrive dans certaines circonstances que des perches prennent une sorte de bosse qui les rend monstrueuses. Linnæus en cite de telles de Fahlun, en Suède, et Pennant, d'un lac du comté de Merioneth, dans le pays de Galles. Le propriétaire de ce lac, sir Watkin William Wynn, baronet, lord-lieutenant du comté, a bien voulu nous en envoyer quelques individus, que nous avons placés au Cabinet du Roi. A cette déformation près, qui est sans doute occasionée par la nature des eaux, ces perches bossues ne diffèrent point du reste de l'espèce.

La chair de la perche est blanche, ferme, de bon goût et facile à digérer : les petites perches se mangent frites; plus grandes, on les fait cuire au court bouillon ou griller. Les Hollandais les aiment particulièrement cuites dans l'eau avec du persil; mets qu'ils appellent soupe au poisson. Les Lapons préparent avec la peau de la perche une colle de poisson, que l'on dit très-solide; à cet effet, ils la font macérer pour la dépouiller de ses écailles, et la cuisent jusqu'à ce qu'elle ait pris la consistance d'une gelée, après quoi ils la laissent refroidir. On pourrait probablement en fabriquer de semblable avec la peau d'une infinité d'autres poissons.

---

norhynchus angustatus, distoma tereticola, distoma nodulosum, distoma truncatum, ligula simplicissima.

1. *Brit. Zool.*, t. III, p. 212.

On prend la perche au filet, à la truble, dans des nasses et surtout à l'hameçon : sa voracité et son peu de prudence font qu'elle se prend avec facilité, en amorçant la ligne avec un ver ou une patte d'écrevisse : il faut avoir soin de ne pas donner plus de dix-huit pouces ou deux pieds de fond à la ligne, à cause de l'habitude qu'a ce poisson de s'enfoncer médiocrement. On dit que lorsqu'on prend la perche dans les filets, elle semble souvent morte, et demeure sans mouvement, renversée sur le dos ; mais elle reprend bientôt son premier état.

Dans le lac de Genève[1], pendant l'hiver, saison où elle approche moins de la surface, il arrive quelquefois que si on pêche sur un fond de quarante à cinquante brasses, on en voit beaucoup flotter à la surface de l'eau avec l'estomac refoulé hors de la bouche, et elles périssent au bout de quelques jours, si l'on ne perce pas avec une épingle cette poche, qui est occasionée par la dilatation de l'air de la vessie natatoire ; mais cet accident n'arrive point dans les lieux où les eaux ont moins de profondeur, et où l'air de la vessie ne peut être autant comprimé. On dit qu'il suffit que la perche ait été touchée par la corde avec laquelle on tire le filet, pour qu'elle éprouve ce renversement de l'estomac, et en effet il y a cause suffisante pour qu'il ait lieu, sitôt que la peur la détermine à monter trop rapidement vers la surface. Comme le fait remarquer M. Jurine, à cinquante brasses, le poisson est sous le poids de plus de onze atmosphères ; lorsque ce poids vient à cesser tout d'un coup, l'air se dilate plus vite qu'il ne peut être résorbé, et dans cette espèce, comme dans la plupart des acan-

---

1. Jurine, Histoire des poissons du lac Léman, p. 154.

thoptérygiens, il n'a point d'issue ouverte vers l'œsophage ou vers l'estomac.

Description détaillée de l'extérieur de la Perche.

Ce poisson a le corps un peu comprimé, verticalement ovale, rétréci pour la tête, dont le museau est en pointe mousse, et pour la queue, qui est presque cylindrique. Sa plus grande hauteur au-dessus des ventrales est environ le tiers de sa longueur, en y comprenant la caudale, et sa plus grande épaisseur le sixième. La longueur de sa tête, depuis le museau jusqu'à l'angle de l'opercule, fait les deux septièmes, et sa hauteur à l'endroit de l'œil un septième. Le dos et le ventre sont obtus dans toute leur longueur. La nuque descend par une ligne d'abord un peu convexe, et qui devient un peu concave pour former le front, lequel est presque plan et assez large; ensuite le museau reprend un peu de convexité. Les mâchoires sont à peu près égales, et l'ouverture de la gueule ne fait guère plus du quart de la longueur de la tête.

L'œil est au-dessus de la commissure, presque à la hauteur du front, un peu plus voisin du museau que des ouïes, rond, et d'un diamètre qui est à peu près le sixième de la longueur de la tête; l'intervalle des yeux est double de leur diamètre.

Le maxillaire, presque droit, grêle dans le haut, s'élargit vers le bas, et y est coupé carrément; les intermaxillaires sont minces, les lèvres simples, peu charnues, surtout celle d'en haut; la mâchoire supérieure est peu protractile; l'inférieure a ses branches à peu près horizontales, et creusées chacune de quatre fossettes peu profondes. Les dents forment sur les intermaxillaires et les mandibulaires une large bande de fin velours, qui se rétrécit en arrière. Derrière les intermaxillaires est un large voile membraneux, qui forme une valvule dirigée vers l'intérieur de la bouche, et derrière ce voile, l'extrémité du vomer fait une saillie au palais, dont la configuration est celle d'un rein, et qui est garnie d'une petite plaque de dents en fin velours. De chaque côté le palatin porte une bande de dents pareilles, qui se dirige en arrière en se rétrécissant. Le milieu du palais est lisse, ainsi que la langue, qui est grande, saillante, charnue, et a sa pointe obtuse retenue par un frein vertical. Les pharyngiens supérieurs forment de chaque côté trois plaques ovales, et les inférieurs de chaque côté une oblongue pointue en arrière; toutes couvertes de dents en velours. Chaque arc branchial est garni d'une double rangée de petits tubercules, hérissés aussi de dents en velours; la rangée antérieure du premier arc s'alonge un peu en forme de dents de rateau.

Le premier sous-orbitaire est à peu près lisse, et n'a que quelques dentelures à peine visibles à son bord inférieur, vers l'arrière; elles disparaissent même tout-à-fait dans quelques individus : il ne couvre que l'intervalle qui est en avant entre l'œil et la mâchoire; au-dessus de son bord frontal sont les deux orifices de la narine, assez rapprochés l'un de l'autre, et sous son angle antérieur, à la base du maxillaire, on voit une petite fossette aveugle; en arrière il se continue avec quelques autres osselets qui cernent l'orbite. Sur le crâne, lorsque la peau commence à se dessécher, on voit deux centres d'irradiations saillantes et irrégulières qui envoient chacun un rayon plus large, et ces deux rayons descendent parallèlement dans l'intervalle des yeux. La joue n'est pas cuirassée, mais revêtue de petites écailles. Le préopercule est rectangulaire, et a son angle arrondi; son limbe est sans écailles; son bord montant est finement dentelé à très-petites dents, qui disparaissent presque dans le haut; au bord inférieur elles sont plus grosses, et dirigées en avant; l'on y en compte cinq ou six au plus, qui vont en grossissant jusqu'à l'antérieure, qui est la plus forte. L'opercule a des écailles dans sa moitié supérieure seulement; sa surface offre de légères stries en rayons à peine visibles, surtout lorsque l'animal est frais : il se termine en pointe aiguë, sous laquelle son bord a quelques dentelures, et au-dessus de cette pointe est un petit lobe obtus. La pointe du subopercule se porte plus en arrière que celle de l'opercule, et est obtuse et très-mince; son bord est finement dentelé à son tiers inférieur, ainsi que presque tout celui de l'interopercule; mais dans l'animal frais ces petites dentelures, recouvertes par l'épiderme, se voient difficilement.

Presque toute la surface du subopercule est écailleuse, mais l'intercopercule manque d'écailles, ainsi que les nageoires, le sous-orbitaire et tout le dessus de la tête.

Les ouïes sont bien fendues, et jusque sous le milieu de la mâchoire inférieure, la membrane de la gorge, qui est lisse et charnue, étant échancrée à cet effet. Les deux membranes des ouïes sont très à découvert; leurs extrémités antérieures se croisent un peu l'une sur l'autre; il y a dans chacune sept rayons arqués et forts.

Sur l'angle supérieur des ouïes se voit le premier os de l'épaule, ou le surscapulaire, sous forme d'une écaille plus grande que les autres, et dentelée en scie; le second, ou le scapulaire, également dentelé, continue le bord postérieur de leur fente, et l'huméral le complète; il forme au-dessus de la pectorale un angle saillant en arrière, à pointe obtuse et un peu dentelée.

On compte environ soixante-dix écailles sur une ligne, depuis les ouïes jusqu'à la caudale, et il y en a trente du dos au ventre, à l'endroit le plus large. Toutes sont lisses, et ont le bord visible arrondi et garni de cils courts, fins et un peu rudes. Leur contour est plus large que long, et quand on les arrache, on voit que leur partie cachée s'élargit et est marquée dans son milieu de six rayons divergens, qui forment un éventail, et interceptent au bord postérieur cinq dentelures obtuses.

La ligne latérale est à peu près parallèle à la ligne du dos, dont elle n'est distante vers le milieu du corps que du quart de la hauteur totale; à la queue, elle est à peu près au milieu de la hauteur. Elle se marque sur chaque écaille par une petite élevure et une petite impression oblique.

La première dorsale commence sur le dos, vis-à-vis de la pointe de l'opercule; sa partie épineuse occupe un espace qui est le tiers de la longueur totale, non compris la caudale. Ses rayons, au nombre de quinze, sont tous forts et pointus, et peu différens en hauteur, excepté les derniers, et surtout le quinzième, qu'on voit à peine, si on ne le cherche; le plus élevé, qui est le cinquième, l'est des deux cinquièmes de la hauteur du corps au-dessous de lui. La membrane en est médiocrement forte, sans lambeaux ni autres divisions ; elle se termine précisément où commence la seconde dorsale (un peu plus avant que vis-à-vis de l'anus). Il y a des individus qui n'ont que treize rayons, et dans ce cas les deux dorsales sont plus éloignées l'une de l'autre.

La deuxième dorsale s'élève à peu près autant que la première, mais elle est d'un tiers moins longue. Son premier rayon est épineux, grêle, et de moitié moins haut que le premier de ceux qui le suivent. Tous ceux-ci, au nombre de treize, sont mous, articulés et branchus. Le plus élevé, qui est le troisième, ne l'est pas tout-à-fait autant que le cinquième des épineux. Quelques individus ont deux rayons épineux à la deuxième dorsale, et alors les deux dorsales se touchent tout-à-fait. En arrière de cette deuxième dorsale, il reste sur la queue un espace sans nageoire, égal au sixième de la longueur totale. Cette partie, qui forme la queue proprement dite, n'a guère que le cinquième de la hauteur du corps.

La nageoire caudale a son bord postérieur légèrement rentré en arc ; on voit quelques petites écailles entre les bases de ses rayons supérieurs et inférieurs ; en ne prenant que ceux qui s'étendent jusqu'au bord, on lui en compte dix-sept, tous branchus, excepté le premier et le dernier ; mais à la base de ces deux-là il s'en trouve encore quelques petits. La longueur de cette caudale est le septième de la longueur totale.

L'anus est sous le commencement de la première dorsale ; sa distance à la caudale est double de sa distance au museau.

La nageoire anale répond au milieu de la deuxième dorsale ; elle est aussi haute, mais plus courte ; elle a en avant deux rayons épineux et forts ; ses deux premiers rayons mous sont les plus longs, et lui donnent une coupe anguleuse : il y en a en tout huit mous, tous articulés et branchus.

La pectorale est ovale, assez faible, longue du sixième du total ; ses rayons sont au nombre de quatorze, dont les deux extrêmes sont les plus courts et les plus faibles ; le premier et le deuxième sont simples, quoiqu'articulés : tous les autres sont articulés et branchus. La ventrale est à peu près aussi longue que la pectorale, mais plus large, plus pointue ; à cinq rayons mous plus branchus et plus épais, et un épineux à son bord externe, assez fort, d'un tiers plus court que les mous. L'insertion des ventrales se fait sous les pectorales, mais un peu plus en arrière que la leur. Il n'y a point entre ni au-dessus d'elles, d'écailles de formes particulières.

On peut donc exprimer les nombres des rayons de la perche par cette formule :

B. 7; D. 15 — 1/13; A. 2/8; C. 17; P. 14; V. 1/5.

Le fond de la couleur de la perche est un jaune doré (à peu près celui du laiton), tirant un peu sur le verdâtre, devenant un peu plus doré aux flancs, et d'un blanc presque mat sous tout le dessous du corps. Le dos est d'un vert un peu plus noirâtre, et donne des bandes noirâtres qui descendent sur les côtés, où elles se perdent. On en compte cinq principales : la première sur la nuque, la seconde en arrière de la pectorale, la troisième entre les deux dorsales, la quatrième sous la deuxième, la cinquième sur la queue; mais il y en a souvent six, et quelquefois sept, huit, et même davantage, selon quelques auteurs. Il arrive d'autres fois qu'au lieu de bandes verticales on voit du noirâtre répandu comme par nuages sur une partie du flanc. Le dessus de la tête est d'un noirâtre plus foncé que le dos. L'iris est d'un brun doré, et le cristallin paraît au travers de la pupille comme une topaze, à cause de la couleur de la cornée transparente. La première dorsale est grise, ou tirant un peu sur le violet, et a une grande tache noire entre ses douzième, treizième et quatorzième rayons; quelquefois elle a des nuages noirâtres en plusieurs endroits. La deuxième tire sur le jaune verdâtre, ou bien elle a quelquefois du noirâtre sur sa membrane et du jaunâtre sur ses rayons. La pectorale est jaune-rougeâtre et transparente. Les ventrales et l'anale sont du plus beau rouge de minium ou de vermillon, ainsi que le bord inférieur et postérieur de la caudale. Le reste de cette dernière est d'un rouge plus foncé, teint même de noirâtre vers sa base. Il y a du blanc à l'épine et au bord interne des ventrales, et à la base de l'anale. Quelquefois le rouge des nageoires est pâle, ou même elles ne sont pas colorées; ce qui, selon M. Jurine, dépend du sol où la perche a vécu et des alimens qu'elle a pris.

Description des viscères de la Perche.

A l'ouverture de l'abdomen d'une femelle pleine, l'ovaire se présente presque seul; la dernière partie du canal intestinal marche à son côté gauche; en avant est le foie, placé obliquement de droite à gauche. Parallèlement à son bord on voit d'un côté un des cœcum et les deux premières parties de l'intestin. Plus profondément est un deuxième cœcum, et ensuite l'estomac, dont la pointe se montre à gauche derrière l'extrémité du foie. L'intestin tient à un long mésentère, et de sa face opposée pend une membrane épiploïque et graisseuse. Une rate oblongue, longue de neuf à dix lignes, d'un rouge foncé, est suspendue entre les deux premières parties de l'intestin.

L'œsophage est cylindrique, serré, et à parois très-épaisses et charnues; il conduit sans rétrécissement dans un estomac également cylindrique, épais, terminé par un fond obtus, et renforcé de chaque côté par une bande longitudinale musculaire, sensible à l'extérieur. La veloutée forme en dedans six ou huit plis longitudinaux et saillans, qui règnent depuis le pharynx jusqu'au fond.

Au milieu de la longueur commune de l'œsophage et de l'estomac, sort la branche de ce dernier, qui va au pylore, et dans laquelle se voient aussi des plis intérieurs. Un pli transversal fait l'office de valvule du pylore, et immédiatement derrière sont les orifices des trois cœcum. Ceux-ci sont longs chacun d'un peu plus d'un pouce.

L'intestin ne fait qu'un repli vers le milieu de la longueur de l'abdomen, revient alors sur lui-même près du pylore, et retourne ensuite directement vers l'anus.

L'intérieur des cœcum est garni d'une villosité en forme de petits lambeaux, nombreux et serrés. La première partie de l'intestin a ses parois un peu plus épaisses, et garnies d'une villosité semblable; ensuite il s'amincit, sa villosité devient moins apparente, et se réduit enfin à un simple réseau de la lame interne, à petites mailles serrées. A deux pouces de l'anus est une valvule circulaire, large, mince, et dont les bords sont frangés et dirigés vers l'anus.

Le foie, placé immédiatement derrière le diaphragme et au-dessous de l'estomac, a sa partie droite courte et arrondie; la gauche est oblongue, et se porte en arrière, jusque vers le tiers de l'abdomen. Ses lobes ne sont point séparés par une échancrure; sa couleur est rougeâtre, et l'on voit de belles ramifications vasculaires à sa surface. La vésicule du fiel est assez grande, et le canal cholédoque s'insère tout près de l'entrée du cœcum inférieur.

Il n'y a qu'un ovaire très-grand, de forme ovale, dont les lames intérieures sont environ au nombre de vingt.

La vessie natatoire est très-grande, et occupe toute la longueur et la largeur de l'abdomen, au-dessus des intestins; et l'on ne comprend pas comment Bloch et Gmelin ont pu en contester l'existence. Ses parois sont transparentes, minces et peu robustes; on voit à sa face inférieure, au travers de ses parois, des groupes de pinceaux rouges, au nombre de trois de chaque côté, à chacun desquels se rend un rameau d'une branche de l'artère céliaque.

Le mésentère est formé d'un repli du péritoine qui couvre le devant de la vessie. Il n'y a aucune communication de la vessie avec le canal intestinal.

Les reins occupent, dans toute la longueur de l'abdomen, des deux côtés de l'épine, une bande lobée à son bord externe, qui se rétrécit en arrière, s'élargit en avant, et donne derrière le diaphragme, de chaque côté, un lobe ovale de six lignes pendant en arrière, dont celui de gauche s'unit à celui de droite par une bande transversale. Ils sont très-rouges, très-vasculeux. Les uretères sont droits, argentés, et sortent de leur pointe postérieure. Ils aboutissent au bas de la vessie urinaire, qui est en forme de sac, placée au-dessus de la fin de l'ovaire.

Les laitances du mâle sont doubles, et remplies d'une liqueur du plus beau blanc.

Le cœur est en pyramide trièdre, la pointe dirigée en arrière; l'oreillette placée au-dessus de lui, et très-profondément divisée en trois lobes principaux; le bulbe de l'aorte en avant, à parois très-épaisses. Il y a deux valvules à l'entrée de la veine cave, deux à celle du ventricule, deux à celle de l'aorte, toutes semi-lunaires.

Les colonnes charnues de l'intérieur de l'aorte ne forment point de valvules à leur sommet.

Dans le cerveau, les lobes antérieurs sont divisés en deux parties par un sillon transverse; l'antérieure est la plus petite; la postérieure est moitié aussi grande que le lobe creux. Les cornes d'Ammon se distinguent sur toute la longueur du lobe creux; les petits tubercules internes sont divisés en quatre par un sillon transverse; les lobes inférieurs sont considérables, ovales, égalant à peu près la moitié des lobes creux. Le cervelet est en forme de bonnet phrygien, gros, médiocrement alongé, obtus; les tubercules derrière lui sont fort petits, à peine sensibles. Le nerf olfactif est divisé en deux; l'optique est très-gros, et croisé très-près de son origine.

Dans l'œil, la cornée transparente est teinte d'un beau jaune de topaze; le cercle formé autour d'elle par la cornée opaque est d'un jaune doré teint de noir. L'iris est argenté, mais paraît doré à cause de la teinte de la cornée; le cristallin est parfaitement globuleux et transparent, retenu par une petite production ou repli de la choroïde, couverte de rétine qui s'avance dans l'épaisseur de la face antérieure du vitré, jusqu'à très-peu de distance du cristallin, et y tient sans doute par quelque lame transversale. La sclérotique est soutenue par deux lames demi-osseuses, plus dures que le reste de sa substance. Sa face interne est revêtue d'un tissu muqueux couleur d'argent; la glande choroïdienne est en fer à cheval, grande, très-épaisse, d'un rouge très-foncé; la choroïde est d'un noir très-profond, et partout la rétine la tapisse, et ne paraît pas faire de plis.

Les grandes pierres de l'oreille sont en ellipse irrégulière, de quatre lignes de long sur trois de large, concaves en dehors, convexes en dedans, avec un sillon profond à la face interne; crénelées tout autour, avec une forte échancrure à l'extrémité antérieure.

On trouve, dans les intestins, des échinorinques de cinq ou six lignes de long, tout blancs.

Description du squelette de la Perche.

Nous avons déjà vu à l'extérieur ce qui regarde l'ensemble de la forme, et les détails particuliers des dents, des pièces sous-orbitaires et operculaires, et des rayons des branchies et des nageoires.

Le crâne est peu convexe, et couvert en dessus dans sa presque-totalité par les frontaux principaux. En avant est un petit ethmoïde, qui a un corps comprimé et une lame supérieure obtuse; à ses côtés sont les os nasaux, étroits, un peu échancrés en arrière; des deux côtés du frontal, en avant, sont les frontaux antérieurs, irrégulière-ment triangulaires, percés chacun d'un trou pour le passage du nerf olfactif.

C'est dans la fosse entre le frontal antérieur, le nasal, l'eth-moïde, le vomer et le premier sous-orbitaire, qu'est contenue la narine.

Les pariétaux sont petits; les crêtes du crâne n'avancent point sur la face supérieure, et sont de simples apophyses de l'occiput. La crête mitoyenne, celle de l'occipital supérieur, est comprimée et triangulaire, sans s'élever au-dessus du niveau des frontaux; elle s'unit par un fort ligament au premier interosseux. La latérale, donnée par l'occipital externe, est courte et plate; l'externe, celle du mastoïdien, est un peu plus pointue, sans être beaucoup plus longue. Le premier sous-orbitaire est grand, triangulaire, un peu curviligne; il en vient ensuite cinq autres, petits, qui complètent le cadre de l'orbite, le dernier se rattachant au frontal posté-rieur. Il y a une seconde suite de trois ou quatre osselets sur la fourche que fait le premier os de l'épaule, pour se suspendre au crâne. Tous ces petits os ont des parties élevées sous lesquelles pénètrent des pores ou de petits conduits.

Les autres appareils de la tête n'ont rien de remarquable que l'on ne puisse déjà juger par ce qui se montre à l'extérieur. L'os impair et vertical de l'hyoïde est long, plus haut en arrière, et a son bord inférieur double en avant. Les trois os de l'épaule sont dentelés dans leur partie au-dessus de la pectorale; les os de l'avant-bras ne forment qu'une seule table. Les coracoïdiens descendent verticalement; le supérieur est ovale, l'inférieur pointu. Les deux os du bassin forment ensemble un triangle isocèle un peu concave en dessous, dont les bords externes sont doubles, et le bord postérieur renflé, portant une pointe en avant et une autre en arrière, entre les deux nageoires.

L'épine du dos a quarante-deux vertèbres, dont vingt-une sur la cavité abdominale, et les vingt-une autres à la queue; la dernière est dilatée verticalement, pour porter les rayons de la caudale. Il y a vingt paires de côtes, qui commencent dès la première vertèbre. Les deux dernières vertèbres, sur l'abdomen, n'ont que des apophyses transverses descendantes et dilatées. Les deux premières côtes sont simples; les douze suivantes sont fourchues, c'est-à-dire qu'elles ont chacune une petite côte ou une arête, adhérente vers le tiers ou le quart supérieur de leur face externe; les six ou sept premières côtes s'attachent au corps de la vertèbre. Petit à petit les apophyses transverses s'alongent, et les six ou huit dernières côtes ne tiennent qu'à leur extrémité. Les apophyses transverses de la dernière vertèbre de l'abdomen se soudent en une seule plaque, qui porte le premier interépineux de l'anale. Il y a sur toutes les vertèbres des apophyses épineuses, pointues, dirigées un peu obliquement en arrière. Les vertèbres de la queue en ont de semblables au-dessous. Le corps de chaque vertèbre a son milieu plus mince que ses extrémités, et le vide qui en résulte en dessous occupé par deux arêtes longitudinales; en avant de l'interépineux qui porte le premier rayon de la première et même de la seconde dorsale, en est un qui n'en porte point.

Des Poissons étrangers les plus rapprochés de la Perche commune.

La PERCHE SANS BANDES, D'ITALIE.

(*Perca italica,* nob.)

L'Italie produit en certains cantons une perche qui pourrait bien ne pas être une simple variété de la nôtre.

Elle n'a point de bandes noirâtres; sa tête est un peu plus grande à proportion; les dentelures du bord inférieur de son préopercule sont plus fortes, plus aiguës et moins nombreuses, et sa deuxième dorsale est plus haute à proportion que dans la perche commune : sa hauteur égale sa longueur; dans la commune elle n'en fait que les deux tiers. D'ailleurs ce poisson ressemble entièrement, par l'ensemble et les détails, à la perche commune. Les individus que nous avons observés sont longs de neuf pouces.

M. Savigny, à qui nous devons cette perche, assure que c'est la seule que l'on voie en certaines saisons sur les marchés de Bologne.

En attendant qu'il soit constaté si ses caractères sont constans, et si elle diffère ou non par l'espèce de la perche à bandes, nous la nommerons *perca italica.*

La PERCHE JAUNATRE D'AMÉRIQUE.

(*Perca flavescens,* nob.)[1]

C'est surtout l'Amérique septentrionale qui est riche en perches fort voisines de celle de nos rivières.

---

1. *Bodianus flavescens,* Mitch., Trans. de la soc. de New-York, t. I.ᵉʳ, p. 421, n.° 7.

2.   5

Il en a été envoyé une de New-York, par M. Milbert, qu'il faut examiner de bien près pour ne pas la confondre avec la nôtre. M. Richardson l'a aussi trouvée dans le lac Huron.

Sa tête est un peu plus longue, son museau un peu plus pointu, son crâne un peu plus lisse, les dentelures inférieures de son préopercule un peu plus fines, et la tache noire de sa première dorsale plus étendue et moins nette : toutes différences, comme on voit, bien légères; mais ses bandes, le nombre de ses rayons, ses couleurs et tous ses autres détails sont les mêmes.

D. 13—2/13; C. 17; A. 2/8; P. 15; V. 1/5.

Nos individus sont longs de sept pouces.

Nous ne pouvons douter que ce ne soit la *perche jaune* ou *bodianus flavescens,* de M. Mitchill. D'après une expérience faite par ce naturaliste, ce poisson serait aussi facile et aussi avantageux à transporter que notre perche d'Europe.

La PERCHE A OPERCULES GRENUS.

(*Perca serrato-granulata,* nob.)

Une autre espèce de New-York, envoyée également par M. Milbert, s'éloigne un peu davantage de la nôtre, bien qu'elle ait aussi ses formes et ses couleurs.

Elle est plus épaisse; son crâne est plus large, et a des stries rayonnées et grenues; l'opercule est aussi granulé en rayons, et fortement dentelé à son bord inférieur; son lobe supérieur est comme effacé, mais sa pointe est fort aiguë. Dans quelques individus, le préopercule, sans dents sur les deux tiers de sa hauteur, n'en a que vers l'angle; dans d'autres il a des dentelures partout. Celles de son bord inférieur sont constamment plus fines et plus nombreuses qu'à l'espèce d'Europe. Le subopercule est dentelé sur les deux tiers de son bord.

D. 14 — 2/13 et quelquefois 1/14 ; A. 2/7 ou 2/8 ; C. 17 ; P. 13 ; V. 1/5.

Cette perche a les écailles à peu près lisses; ses couleurs sont encore peu différentes de celles de notre perche; une teinte verdâtre changeant en jaunâtre et en blanc sous le corps; sept larges bandes verticales noirâtres, qui se perdent vers le ventre; des ventrales rouges, une anale jaune, etc. : le noir de la première dorsale est nuageux et peu prononcé.

Nos individus ont près d'un pied.

La Perche a tête grenue.

(*Perca granulata,* nob.)

Il nous est venu du même pays, par MM. Milbert et Lesueur, une troisième espèce, dont les caractères sont plus marqués.

A la vérité, par ses couleurs, par ses bandes, par le rouge de ses nageoires inférieures, elle ressemble encore extrêmement à la nôtre; mais ses dents du vomer sont plus fortes; les dentelures de son préopercule sont plus fines, surtout au bord inférieur; ses écailles ont les bords à peu près lisses, et son crâne est surtout rendu plus inégal par des grains saillans disposés en rayons sur ses pariétaux. Son opercule est faiblement strié et n'a que peu de dentelures.

D. 15 — 2/13 ; A. 2/8 ; C. 17 ; P. 15 ; V. 1/5.

Nos individus ont un pied et plus de longueur.

Ces trois perches n'ont aussi qu'un ovaire unique. Elles seraient certainement confondues avec la nôtre, par un voyageur qui les observerait chacune isolément et sans pouvoir en faire, comme nous, un rapprochement et une comparaison immédiate. C'est probablement d'après l'une d'elles que Forster avait cru pouvoir compter notre perche parmi les poissons américains. [1]

On peut croire qu'habitant les eaux qui se jettent des montagnes bleues vers l'Atlantique, elles ne sont pas pour cela étrangères à celles qui se rendent dans les grands lacs, ni à ces lacs eux-mêmes, et même nous en avons la preuve pour la première; mais il y a aussi dans ces lacs des perches différentes, dont nous avons dû deux espèces au zèle infatigable de MM. Milbert et Lesueur.

La PERCHE A MUSEAU POINTU.

(*Perca acuta*, nob.)

L'une de ces deux espèces vient du lac *Ontario*.

Elle est assez semblable à la perche jaunâtre; mais sa mâchoire inférieure est plus alongée à proportion, son museau plus pointu; elle a de fines dentelures au préopercule, et même à son bord inférieur, et quelques-unes assez fortes à l'opercule, immédiatement au-dessous de sa pointe. On compte sur ses flancs sept bandes noirâtres, qui descendent jusqu'au ventre, et dans leurs intervalles sept demi-bandes plus ou moins irrégulières, qui n'occupent que la partie dorsale. La première dorsale n'a pas de tache noire; son dernier aiguillon et le premier de la seconde sont très-courts.

D. 13 ou 14—2/14; A. 2/7; C. 17; P. 14; V. 1/5.

Nos individus sont longs de huit pouces.

La PERCHE GRÊLE.

(*Perca gracilis*, nob.)

L'autre espèce vient du Shenkateles, petit lac de l'état de New-York, dont les eaux tombent dans le lac Ontario, par la rivière Sénéga.

---

1. Schœpf, *Naturforsch.*, t. XX, p. 17.

Elle ressemble aussi à la perche jaunâtre; mais la proportion de sa hauteur à sa longueur est moindre; la ligne de son profil est moins concave qu'aux précédentes; ses bandes et ses demi-bandes sont moins inégales; elle n'a point de dentelures à l'opercule, et celles du préopercule sont très-fines. L'épine de sa seconde dorsale est extrêmement faible et courte. Le fond de sa couleur paraît avoir été d'un fauve doré; ses nageoires inférieures sont jaunes; la tache de sa première dorsale est petite.

D. 12 — 1/13; A. 2/8; C. 19; P. 12; V. 1/5.

Les individus que nous en possédons ne sont longs que de quatre pouces.

Nous la nommons *perca gracilis,* à cause de son peu de hauteur.

La Perche de Plumier.

(*Perca Plumieri,* nob.) [1]

Nous pensons qu'il faut encore joindre à ces perches des États-Unis un poisson des Antilles que nous n'avons pas vu, mais que tout nous annonce être du même groupe.

C'est celui que, d'après un dessin de Plumier, Bloch a publié sous le nom de *sciæna Plumieri,* et que, d'après une copie peu exacte du même dessin, faite par Aubriet, M. de Lacépède a donné une seconde fois sous celui de *chéilodiptère chrysoptère.*

La figure originale montre une dentelure au préopercule, une pointe à l'opercule et toutes les formes de la perche.

---

1. *Chelo niger ex auro et argenteo virgatus,* Plumier, Aubriet; *Sciæna Plumieri,* Bl., pl. 3o6; *Centropome Plumier,* Lacép., t. IV, p. 268, et *Chéilodiptère chrysoptère,* id., t. III, p. 542, et pl. 23, fig. 1.

Le fond de la couleur est blanchâtre, rayé longitudinalement de quatre rubans jaunes, et traversé par huit bandes verticales noirâtres; les nageoires sont jaunes, excepté la première dorsale et la pectorale, qui sont grises. L'anale a une épine longue et forte, de couleur noire; les deux rayons extrêmes de la caudale sont noirs aussi.

Nous ne pouvons pas en dire davantage, parce que nous savons par expérience que dans les dessins de Plumier les nombres des rayons sont marqués un peu au hasard, ce naturaliste, d'ailleurs si attentif, ne s'étant pas douté que ces nombres deviendraient un jour des caractères importans. [1]

La Perche ciliée.

(*Perca ciliata,* K. et V. H.)

Les Indes orientales produisent aussi des perches fort rapprochées de celle d'Europe. MM. Kuhl et Van-Hasselt en ont envoyé une au Musée des Pays-Bas, des eaux douces de Bantam, dans l'île de Java.

Elle est assez semblable à la nôtre pour la forme; son front est de même inégal par des rayons granuleux qui partent de deux points centraux placés au-dessus des yeux. Sa couleur est verdâtre sur le dos, argentée sous le ventre; une teinte noirâtre règne au haut de sa deuxième dorsale et à chaque angle de sa caudale; mais elle n'a pas, comme la plupart des perches, une tache noire à sa première dorsale, et le nombre des rayons de cette nageoire est moindre que dans les autres espèces. Ses écailles, ciliées appa-

---

1. Bloch a cru les voir comme il suit :

D. 9—2/8 ; A. 2/7 ; C. 22 ; P. 13 ; V. 1/6.

Je vois sur les dessins d'Aubriet :

D. 9—2/7 ; A. 1/9.

remment d'une manière plus sensible encore que dans les autres,
l'ont fait nommer par les naturalistes qui l'ont découverte, *perca
ciliata.*

D. 9 — 1/11; A. 3/10; C. 17; P. 12; V. 1/5.

L'individu est long de neuf pouces.

La Perche a caudale bordée de noir.

(*Perca marginata,* nob.)

Feu Péron avait rapporté de son voyage une très-petite
perche, remarquable parmi toutes les autres par le grand
nombre des rayons de sa deuxième dorsale.

Les individus n'ont que trois pouces et demi; ils sont un peu
plus alongés que la perche commune; leur sous-orbitaire est distinctement dentelé, ce qui les rapproche des varioles; mais le
préopercule n'a point de grosses dents, et est arrondi et finement
dentelé tout autour. L'opercule osseux finit par une pointe et par
un petit lobe au-dessus; la caudale est fourchue et bordée de noir;
les autres nageoires sont grises. Tout le corps est argenté, un
peu teint de verdâtre.

D. 9 — 1/17; A. 3/10; C. 17; P. 17; V. 1/5.

On ignore le lieu précis où ce poisson a été pris.

La Perche a taches rouges.

(*Perca trutta,* nob.) [1]

C'est auprès de cette perche bordée que paraît devoir
se placer le *sciæna trutta* de Forster, que nous n'avons
pas vu, mais dont nous avons le dessin copié de ceux
de Banks, et dont Schneider a publié la description,
p. 542.

---

1. *Sciæna trutta,* Forst. ap. Bl. (Schn.), p. 542.

Sa forme est semblable, et ses nombres de rayons à peu près les mêmes que dans la perche bordée.

D. 9/18; A. 3/9; C. 20 (y compris sans doute les petits rayons); P. 16; V. 1/5.

Son dos est bleuâtre, avec des bandes plus bleues, peu terminées, ondulées, descendant jusqu'à la ligne latérale; au-dessous de cette ligne sont semées sur un fond argenté des taches ovales d'un rouge doré; la mâchoire inférieure est un peu plus longue que l'autre; les dents sont en velours : il y en a sur le devant du palais. Ce que l'auteur ajoute sur les opercules est obscur; il les dit de cinq pièces et scabres à leurs bords; apparemment qu'il aura compté dans leur nombre le sous-orbitaire, ou peut-être le surscapulaire.

On avait pris ce poisson près du détroit de Cook qui sépare les deux îles de la Nouvelle-Zélande, et on le trouva délicieux; les indigènes le nomment *kahavai*. Sa taille n'est pas indiquée.

CHAPITRE II.

Des Bars (Labrax).[1]

Nous n'ignorons point que Pallas a donné le nom de *labrax* à un genre de poissons de la mer de Kamtschatka, reconnaissable à ce caractère très-particulier d'avoir plusieurs lignes latérales; mais nous trouvons que c'est aussi par trop abuser de l'autorité que les modernes s'attribuent sur la nomenclature des anciens, que d'employer pour des poissons que les anciens ne peuvent avoir connus, le nom d'une des espèces qu'ils connaissaient le mieux et estimaient le plus, et dont ils parlent le plus souvent. Nous croyons donc juste de restituer le nom de *labrax* au sous-genre qui comprend le véritable *labrax* des Grecs, et qui se distingue de celui des perches proprement dites par les écailles et les deux épines de son opercule, l'âpreté de sa langue, et d'autres traits, que nous expliquerons plus au long dans l'histoire de sa première espèce.

Du BAR COMMUN D'EUROPE, *autrement nommé* LOUP, *ou* LOUBINE.
(*Perca labrax*, L.; *Labrax lupus*, nob.)[2]

Si un naturaliste, accoutumé à juger des affinités des êtres d'après leur organisation et non d'après leurs cou-

---

1. Nous avons cru, pour plus de clarté, devoir donner un nom particulier à chaque sous-genre; mais ceux qui tiendraient à conserver la nomenclature des grands genres de Linnæus, pourraient placer ce nom sous-générique entre deux parenthèses, comme Linnæus l'a fait en quelques occasions, et dire, par exemple : *Perca* (*labrax*) *lupus*; *Perca* (*labrax*) *lineata*, etc.

2. *Sciœna labrax*, Bl., pl. 3o1, et Shaw, t. IV, 2.ᵉ part., p. 534; *Perca punctata*, Gmel.; *Centropome loup*, Lacép., t. IV, p. 267.

leurs, avait à désigner le poisson qui mérite le plus le nom de *perche de mer*, ce serait au bar qu'il l'accorderait, bien plutôt qu'au *serran*, auquel tant de modernes le donnent. L'ensemble et presque tous les détails de sa conformation rappellent la perche, et l'on en donnerait une idée assez juste en disant que c'est une *grande perche alongée et argentée*.

Néanmoins le bar a plusieurs caractères qui nous ont paru devoir en faire le type d'un groupe un peu différent de celui auquel préside la perche, tels que les écailles qui couvrent ses pièces operculaires; l'absence de dentelures à ses sous-orbitaires, à ses subopercules et à ses interopercules; la double pointe de ses opercules, et surtout les très-petites dents serrées qui couvrent la plus grande partie de sa langue, et la font ressembler à une râpe.

Sa grandeur, l'excellent goût de sa chair, son abondance dans la Méditerranée, ont dû le rendre de tout temps un objet remarquable pour les peuples des côtes de cette mer; aussi s'accorde-t-on à penser que c'est le poisson qui déjà chez les Romains portait le nom de *lupus*, le même que les Grecs nommaient *labrax*.

Que ces deux noms ne désignent qu'une seule espèce, c'est ce qui n'est pas douteux; car toutes les fois que Pline traduit un passage d'Aristote sur le *labrax*, c'est le mot de *lupus* qu'il emploie, et, quant à l'espèce que ces noms désignent, on la conclut d'abord de ce que le *bar* a conservé sur beaucoup de côtes le nom de *loup*, ou des noms dérivés de celui-là; et ensuite de ce que le peu de traits descriptifs que les anciens rapportent de leur *labrax* ou de leur *lupus*, conviennent à notre *loup* d'aujourd'hui, à notre *bar*, autant du moins qu'on peut l'exiger pour des descriptions faites à la manière des anciens.

Selon Aristote, le *labrax* a des pectorales et des ventrales[1], des écailles[2], des pierres dans la tête[3]; lesquelles font qu'il craint le froid; il est ovipare[4], et pond deux fois par an, mais sa deuxième ponte est plus faible[5]; il dépose ses œufs à l'embouchure des rivières[6]; il vit de proie, et quelquefois d'algues[7]; sa chair est mauvaise quand il est plein[8]; il a l'ouïe très-fine[9], et toutefois on peut le percer d'un trident quand il est endormi[10]; enfin, il appartient aux poissons qui vivent en troupes. A en croire Athénée[11], Aristote aurait encore dit que le *labrax* a la langue osseuse, adhérente, et le cœur triangulaire; mais ce passage ne se trouve pas dans les ouvrages du grand philosophe qui nous sont restés.

Le labrax était un des poissons les plus estimés des Grecs. Hicesius, dans Athénée, le met au premier rang[12]. Archestrate va jusqu'à appeler *enfans des dieux* les *labrax* de Milet, ville où l'on en mangeait de fort grands, qui étaient attirés par le Gison, rivière ou petit lac dont l'eau douce s'écoulait dans la mer, et faisait un courant qu'ils aimaient à remonter.[13]

Les Romains ne faisaient pas moins de cas de leur loup. Du temps d'Auguste, ce poisson avait succédé pour la vogue à l'acipenser[14]; mais on n'y prisait pas également

---

1. *Hist. anim.*, l. I, c. 5. — 2. *Ib.*, l. VI, c. 13. — 3. *Hist. anim.*, l. VIII, c. 19. — 4. *Ib.*, l. VI, c. 13. — 5. *Ib.*, l. IV, c. 11, et l. VI, c. 19. — 6. *Ib.*, l. V, c. 10, et *De partib. anim.* — 7. *Ib.*, l. VIII, c. 2. — 8. *Ib.*, l. VIII, c. 30. — 9. *Ib.*, l. IV, c. 8. — 10. *Ib.*, l. IV, c. 10. — 11. L. VII, p. 310. — 12. Athénée, l. VII, p. 310. — 13. *Id.*, *ib.*, p. 311, et le Scholiaste d'Aristophane, sur le vers 360 des Chevaliers.

14. *Postea præcipuam auctoritatem fuisse lupo et asellis, Cornelius Nepos et Laberius poeta mimorum tradidere.* (Pline, l. IX, c. 17.)

tous les loups : la mode en décidait. A certaines époques
l'on préférait ceux des rivières [1]; à d'autres on en faisait
peu de cas [2], si ce n'est de ceux du Tibre, et particulièrement de ceux que l'on prenait dans Rome même
entre les deux ponts [3]. Ces loups d'entre les deux ponts
étaient petits [4] et tachetés [5]; par conséquent c'étaient,
comme nous le verrons dans la suite, les jeunes de l'espèce : mais les anciens ne paraissent pas avoir regardé ces
taches comme seulement une marque de l'âge. Ils savaient
déjà qu'au même âge il y a naturellement des loups
tachetés et d'autres qui ne le sont pas, et même Columelle
veut qu'on préfère les derniers pour empoissonner les
rivières. [6]

On donnait aux meilleurs loups, à ceux dont la chair
était blanche et tendre, l'épithète de laineux (*lanati*) [7],

---

1. *At in lupis, in amne capti præferuntur.* (Pline, l. IX, c. 17.)

2. *Erudita palata docuit (Marcius Philippus) fastidire fluvialem lupum, nisi quem
Tiberis adverso torrente defatigasset.* (Colum., l. VIII, c. 16.)

3. *Lupi pisces in Tiberi amne, inter duos pontes.* (Pline, l. IX, c. 54.) Et Titius,
dans Macrobe, *Saturn.*, l. III, c. 12 : *Edimus bonum piscem lupum germanum qui
inter duos pontes captus fuit.*

4. Horace, *Sat.*, 2, l. II., v. 31.

> *Unde datum sentis lupus hic Tiberinus an alto*
> *Captus hiet? Pontes ne inter jactatus an amnis*
> *Ostia sub thusci? Laudas insane trilibrem*
> *Mullum, in singula quem minuas pulmenta necesse est.*
> *Ducit te species, video. Quo pertinet ergo*
> *Proceros odisse lupos? quia scilicet illis*
> *Majorem natura modum dedit; his breve pondus.*
> *Jejunus raro stomachus, vulgaria temnit.*

5. Xenocrates, *ap. Oribas. med. coll.*, l. II, c. 58.

6. *Tum etiam sine macula (nam sunt et varii) lupos includemus. L. VIII,
c. 16.*

7. *Luporum laudatissimi qui vocantur lanati, a candore mollitieque carnis. Pl.,
l. IX, c. 54.*

expression qui a embarrassé quelques érudits, faute d'avoir fait attention au passage où Pline l'explique. [1]

On attribuait au loup beaucoup de prudence et de soin de sa conservation : Aristophane l'appelait le plus fin de tous les poissons [2]. Selon Ovide, selon Pline, quand il est entouré de filets, il creuse le sable avec sa queue pour se frayer une issue; lorsqu'il est pris à l'hameçon, il sait, en s'agitant, élargir sa plaie et se dégager [3]; cependant on disait qu'un crustacé petit et faible, la crevette (*cancer squilla*, L.), lui donnait la mort en déchirant son palais avec la scie dont elle est armée, et même cette vengeance de la crevette contre le loup a fourni le sujet d'un bel épisode à Oppien [4]. C'était une suite de la voracité de ce poisson, qualité qu'il portait, disait-on, au plus haut degré, et d'où lui venait son nom de *labrax* [5], aussi bien que celui de *loup*.

Nos modernes n'en savent pas tant que les anciens sur

---

1. Voyez entre autres les notes de Farnabius sur l'épigramme 89 du livre XIII de Martial.

> *Laneus euganei lupus excipit ora Timavi*
> *Æquoreo dulces cum sale pastus aquas.*

2. *Apud Athen.*, l. VII, p. 311.

3. Plin., l. XXXII, c. 2 ; et Ovid., *Halieut.*, v. 23 — 26.

> *Clausus rete lupus quamvis immanis et acer*
> *Dimotis cauda submissus sidit arenis,*
> *Atque ubi jam transire plagas persentit in auras*
> *Emicat atque dolos saltu diludit inultus,*

Et vers 39 — 42 :

> *lupus acri concitus ira*
> *Discursu fertur vario fluctusque ferentes,*
> *Prosequitur quassatque caput, dum vulnere sœvus*
> *Laxato cadat hamus et ora patientia linquat.*

4. *Hal.*, l. II, v. 128 — 140. La même histoire est racontée par *Élien*, l. I, c. 30.

5. Λάϐραξ παρὰ τὴν λαϐρότητα, Athén., l. VII, p. 310. Oppien dit la même chose, *Hal.*, II, v. 130.

les habitudes du loup, ou plutôt ceux d'entre eux qui sont les plus récens n'ont pas cru devoir faire entrer dans son histoire des détails qui ne reposent probablement pas sur des observations bien suivies. Quant aux écrivains du seizième siècle, ils ont, suivant leur usage, copié servilement les anciens, et tellement mêlé ce qu'ils en ont emprunté avec ce qu'ils disent d'eux-mêmes, qu'on a peine à savoir s'ils ont donné quelques faits qui leur soient propres.

C'est sur les bords de la Méditerranée que le loup a dû être le mieux observé, puisqu'il y abonde partout et pendant toute l'année. Il y porte des noms généralement dérivés de celui de *lupus* [1]. Salvien a bien constaté que jeune il est le plus souvent tacheté de noir ou de brun, et qu'à un certain âge il perd ces taches; ce que le témoignage de Rondelet, de Willughby, et encore aujourd'hui celui de tous les pêcheurs, confirme. Sa crainte du froid paraît être véritable, et Rondelet assure que l'on en trouve souvent en hiver de morts dans les étangs; mais en physicien un peu plus éclairé que les anciens, au lieu de supposer, comme eux, que cette disposition tient aux pierres qu'il a dans la tête (les pierres de ses oreilles), il attribue cet effet à l'habitude du poisson de nager près de la surface. Le même auteur assure que le loup pond deux fois par an dans les étangs des environs de Montpellier; ce qui serait encore une confirmation d'une assertion d'Aristote.

---

1. En Espagne, *lupo*, mais aussi *robalo;* à Montpellier et à Marseille *loup*, et quand il est jeune, *loupassou;* à Nice, *louvazzo;* à Rome, *lupasso*, et plus communément *spigola*. Les Vénitiens l'appellent *varolo*, et *brancin* [1], et le jeune tacheté, *baicolo* [2]; les Toscans, *araneo* ou *ragno*.

1. Martens, Voyage à Venise, t. II, p. 428. — 2. *Id., ib.*

Les côtes méridionales de la mer Méditerranée possèdent aussi le loup : Sonnini assure que l'on en voit beaucoup sur la côte d'Égypte[1], et dit que les matelots marseillais qui fréquentent ces parages, le nomment *carousse*.
Mais il paraît en cela avoir confondu deux espèces, et
sa figure est si mauvaise, que l'on ne sait pas bien si c'est
le vrai bar qu'elle doit représenter. Ce qui est plus certain,
c'est que M. Geoffroy a rapporté des mêmes parages des
bars tachetés, que les Arabes y nomment *noct* ou *tache,*
à cause de leurs points noirs.

Sur les côtes de l'Océan, le loup est moins répandu, et
son histoire naturelle y est moins connue ; cependant son
nom l'y a suivi en quelques endroits : on l'appelle *loup*
ou *loubine* dans plusieurs ports de la Guyenne et de la
Bretagne[2]. Il n'y est pas précisément un poisson de passage, et toutefois on en prend davantage à la fin de l'été
et au commencement de l'automne, quand il s'approche
des côtes pour déposer ses œufs, choisissant pour cela les
anses où il se jette quelque ruisseau d'eau douce. Ces
poissons se ramassent dans les filets d'enceinte, quand la
mer commence à baisser, et c'est ainsi que l'on en pêche
en assez grand nombre sur nos côtes de Bretagne, mais
principalement au midi de cette province. Plus au nord,
et nommément sur les côtes de Normandie et à Paris, où
l'on en vend assez souvent, il n'est guère connu que sous
le nom de *bar* ou de *bars.*

M. le comte de Lacépède (t. IV, p. 271) décrit, d'après
MM. Noël et Mézaise, de Rouen, sous le nom de *centro-*

---

1. Sonnini, Voyage dans la haute et basse Égypte, t. I, p. 217, et pl. 3.
2. Voyez Duhamel, Pêches, II.ᵉ partie, sect. 6, p. 141. On l'appelle aussi *brigne*
et *deligne*. Le jeune tacheté s'appelle *thiourre* à Bayonne.

pome mulet, un poisson commun à l'embouchure de la
Seine depuis le solstice d'été jusqu'au commencement de
l'automne, qui, d'après tous les caractères que l'on en
rapporte, est manifestement un bar[1], dont les piquans
des opercules n'auront pas été remarqués, parce qu'ils se
voient mal sur le poisson frais. Ces deux observateurs,
qui avaient peu de notions sur l'histoire naturelle scientifique, ont occasioné plusieurs erreurs semblables, et
même dans cette occasion je crains qu'ils n'aient joint
l'histoire du vrai mulet, c'est-à-dire du muge, à la description du bar. Selon eux, ces centropomes mulets de la
Seine ont des mouvemens vifs; leurs sauts les annoncent
aux pêcheurs : on en prend quelquefois jusqu'à cinq cents
d'un coup de filet; toutes choses qui semblent bien se
rapporter à un muge plutôt qu'à un bar.

Les Anglais nomment le bar *bass*, et les Gallois *drænog*
ou *gannog*[2]; mais il paraît qu'ils en ont peu. Je ne le vois
cité ni dans l'Histoire des poissons du Holstein de Schœ-
nefeld, ni dans les Faunes de Danemarck, de Suède, des
Orcades, ou de Groënland, ni dans l'Histoire naturelle de
Livonie, de Fischer, ni dans celle de Russie, de Georgii.
Ainsi il paraît qu'il s'avance très-peu dans la mer du Nord,
qu'il ne pénètre point dans la Baltique, et que peut-être
il ne dépasse la Manche que par accident[3]. C'est apparemment ce qui a fait que les écrivains du Nord l'ont
peu connu.

Linnæus l'avait nommé *perca labrax*. On ne devinerait

---

1. Notamment les neuf rayons de la première dorsale et les treize de la seconde.
Voyez Lacép., t. IV, p. 251 et 271.

2. Pennant, *Brit. zool.*; in-8.°, t. III, p. 213 et 349.

3. *Rarissime apud nos in mari septentrionali obvius, Gronov. Mus.*, t. I, p. 41, n.° 95.

pas pourquoi Gmelin a changé ce nom en celui de *punctata,* si une comparaison exacte des éditions ne faisait voir que, par une faute d'impression des plus grossières, il a joint au nom du *perca punctata,* qui était un poisson d'Amérique, l'article qui suivait dans Linnæus, et qui appartenait au *labrax,* en sorte que l'article de l'un et le nom de l'autre se sont trouvés supprimés.[1]

Bloch[2] a transporté le labrax dans son genre des sciènes, parce qu'il assigne à ce genre pour caractère, d'avoir la tête écailleuse; mais après en avoir donné, pl. 301, sous le nom de *sciæna labrax,* une figure très-peu exacte, qui semblerait même avoir été faite d'après une espèce différente[3], il le représente une seconde fois, pl. 302, plus correctement, mais comme si c'était un autre poisson, et l'appelle alors *sciæna diacantha;* puis il donne le jeune, pl. 305, encore comme une espèce de plus, sous le nom de *sciæna punctata,* sans faire la moindre remarque sur son identité avec le labrax, ni même nous dire s'il entend par là représenter le *perca punctata* de Gmelin.

L'ouvrage de Bloch fourmille de ces sortes d'erreurs, naturelles dans un homme qui travaillait, loin de la mer,

---

1. Le *Perca punctata,* n.° 4 de la 12.ᵉ édition, dont le nom a passé ainsi d'une façon ridicule au *perca labrax,* qui était le n.° 5, est une sciène, la même qui reparait dans M. de Lacépède sous le nom de *diptérodon queue jaune;* ce qui n'empêche pas que M. de Lacépède n'ait laissé le nom de *perca punctata* parmi les synonymes du labrax.

2. IX.ᵉ partie, p. 45, pl. 301.

3. Le préopercule y est représenté comme finement dentelé tout autour, et l'on n'y a pas marqué les épines de son bord inférieur, l'opercule n'y a pas d'épine, etc. Il ne dit pas d'où il a tiré cette figure, et il n'a pas été possible d'en retrouver l'original. A cause de l'égalité et de la petitesse des dentelures du préopercule, j'ai supposé un moment que c'était le *carousse,* dont nous parlerons plus bas; mais la forme de ses dorsales s'y oppose. Il vaut mieux croire que c'est un mauvais dessin.

sur des échantillons mal conservés, et dont il ignorait le plus souvent l'origine primitive; et M. de Lacépède lui a accordé trop de confiance, lorsqu'il a inscrit ces trois espèces prétendues dans son Histoire des poissons.[1]

Il y a une erreur encore plus forte dans la Zoographie de Pallas, où le nom de *perca labrax* est donné à un poisson de la mer d'Azof que les Russes nomment *sandre de mer*. Non pas que je veuille nier que l'espèce du labrax n'existe dans ces parages; mais il est certain que ce n'est pas elle que Pallas avait sous les yeux quand il a écrit cet article; on le voit par la seule énumération des rayons dorsaux, treize épineux et douze mous, et par la continuité des deux dorsales.[2]

Le bar devient grand; sa longueur la plus ordinaire est d'un pied et demi, mais il y en a souvent de deux pieds et l'on en voit quelquefois de trois. On avait parlé à Duhamel de bars pesant trente livres, qui se prenaient à Noirmoutier; mais il soupçonne qu'on avait pris pour eux des maigres (*sciæna umbra*), qui, en effet, leur ressemblent assez. M. de Martens nous assure qu'à Venise on prend quelquefois des bars du poids de vingt livres.

Le corps du bar est un peu plus comprimé et plus alongé que celui de la perche.

Son profil, depuis la dorsale jusqu'au bout du museau, est en ligne légèrement convexe; il devient un peu concave sous la première dorsale, convexe sous la seconde, et reprend de nouveau

---

1. Le *sciæna labrax* y est devenu le *centropome loup* (t. IV, p. 267), et les deux autres, la *persèque diacanthe* (t. IV, p. 418), et la *persèque pointillée* (*ib.*). Mais il faut remarquer que le bar ayant toujours l'opercule terminé par deux épines aiguës, ne peut être un centropome.

2. Pall. *Zoogr. rossic.*, t. III, p. 243, *perca labrax*.

une courbe un peu concave jusqu'à la queue. Le profil du ventre, depuis le bout du museau jusqu'à la fin de l'anale, est une ligne régulièrement et modérément convexe. La nuque, le dos et le ventre sont assez arrondis transversalement; mais la queue est plus comprimée.

La plus grande hauteur du corps, un peu après les ventrales, est quatre fois et un cinquième de fois dans la longueur totale; la plus grande épaisseur y est neuf fois.

La mâchoire inférieure dépasse un peu la supérieure, et l'ouverture de la bouche fait environ le tiers de la longueur de la tête, qui est à peu près aussi longue que le corps est haut. L'œil est au-dessus de la commissure. La distance du bout du museau au bord postérieur de l'orbite fait la moitié de la longueur de la tête. Son diamètre longitudinal fait à peu près le sixième de cette longueur, et est un peu supérieur au diamètre vertical.

L'extrémité du maxillaire s'élargit, et est coupée carrément. Les lèvres sont simples, assez charnues. La mâchoire supérieure est peu protractile, et les branches de l'inférieure, moitié moins longues que la tête, sont creusées de deux petites fossettes longitudinales.

L'intermaxillaire ne dépasse pas par sa pointe les deux tiers du maxillaire. Il porte une bande de dents en cardes fortes et aiguës, qui va, en se rétrécissant, vers la commissure. Il y en a aussi une bande en chevron sur le bout du vomer, et une bande longitudinale sur chaque palatin. Les palatins sont courts. On observe un groupe de dents plus fines et en velours de chaque côté de la langue, et un autre groupe en écusson ovale et longitudinal sur sa base. La pointe de la langue est rude au toucher.

Le voile membraneux, qui est derrière les intermaxillaires, est petit et étroit.

Le premier sous-orbitaire est grand, assez lisse, triangulaire, et a ses bords entiers. Une suite d'autres petits os se joignent à lui pour entourer l'orbite. Au-dessus du bord frontal de ce sous-orbitaire sont les deux ouvertures de la narine, rondes, à peu près égales, situées sur une même ligne, et rapprochées l'une de l'autre.

Sous l'angle de la base antérieure du maxillaire est une petite fossette aveugle.

La joue est revêtue de petites écailles.

Le préopercule est grand; son bord montant est mince, vertical et finement dentelé; mais vers son angle, qui est arrondi, il porte des dentelures un peu plus fortes, dirigées en rayonnant, et dont la dernière ou les deux dernières sont de vraies petites épines. Son bord inférieur est un peu oblique et a trois épines fortes, dirigées obliquement en avant, bien écartées l'une de l'autre, et dont une et quelquefois deux sont tronquées ou fourchues au bout, surtout dans les vieux individus.

L'opercule est tout couvert d'écailles; il est triangulaire, d'un tiers plus haut que long; son bord membraneux est très-petit et très-mince. A son angle postérieur il y a deux épines fortes et aplaties en pointe mousse; l'inférieure est un peu plus grande.

Le sous-opercule et l'interopercule sont écailleux, de forme alongée; ils n'ont ni dentelures ni épines.

L'ouverture des ouïes est très-fendue; la membrane qui les recouvre est soutenue par sept rayons arqués, dont le plus élevé est plus large que les autres.

Le surscapulaire est petit, oblong, un peu arqué, arrondi en arrière; ses bords sont entiers.

Le scapulaire est long, étroit et entier. L'huméral est arrondi au-dessus des pectorales et à peine dentelé.

La distance du bout du museau à la première dorsale est plus de trois fois dans la longueur totale. La longueur de cette dorsale fait les trois quarts de celle de la tête, et la hauteur en est un peu plus du tiers. Elle a neuf rayons épineux, de force médiocre, dont le quatrième et le cinquième sont les plus longs; le premier est le plus court.

La seconde dorsale est contiguë à la première par sa base. Elle a treize rayons, dont le premier est épineux et de moitié plus court que le troisième, qui est le plus long. Tous les autres rayons sont branchus; ils diminuent graduellement jusqu'au dernier, qui est un tant soit peu plus court que le rayon épineux. Cette seconde dorsale est d'un tiers moins longue que la première; mais elle est plus haute d'un cinquième.

La longueur de l'intervalle entre la fin de la deuxième dorsale et la caudale, est cinq fois et demie dans la longueur totale, et ce même intervalle, mesuré depuis la fin de l'anale, est six fois deux tiers dans la même longueur totale.

La distance du bout du museau à l'anus est égale à deux fois et deux tiers la hauteur du corps.

L'anus est gros, un peu saillant. L'anale naît très-près de lui; sa longueur et sa hauteur sont égales entre elles et du neuvième de la longueur totale. Elle a trois rayons épineux, dont le premier fait le tiers du troisième, qui est le plus long. Celui-ci n'est pas la moitié du premier des rayons branchus; qui sont au nombre de onze. Le bord de cette nageoire est légèrement arqué.

La portion de queue derrière la dorsale et l'anale est comprimée; son épaisseur fait la moitié de sa hauteur, et celle-ci à peu près la moitié de sa longueur. Elle entame la caudale par une ligne arrondie. Cette nageoire est un peu fourchue. Son lobe supérieur le plus long fait le sixième de la longueur totale. Elle a dix-sept rayons, dont les deux extrêmes sont sans branches. Leur base est toute couverte d'écailles, qui s'étendent ensuite par petites bandes longitudinales sur la membrane qui réunit les rayons.

La pectorale est petite et n'égale que la moitié de la hauteur du corps. Sa base est couverte de petites écailles; mais il n'y en a point dans l'aisselle. Elle a seize rayons, dont le premier est plus court que les autres et non branchu. Les ventrales sont attachées un peu plus en arrière que les pectorales, mais plus en avant que la première dorsale; elles sont presque égales aux pectorales, et ont cinq rayons branchus et au bord externe une épine forte, mais plus courte de moitié que les autres rayons. Leur aisselle est nue, et il n'y a pas d'écailles particulières entre leurs bases. Ainsi les nombres de rayons du bar peuvent s'exprimer comme il suit :

B. 7; D. 9—1/12; A. 3/11; C. 17; P. 16; V. 1/5.

On compte environ soixante-dix écailles dans une ligne longitudinale depuis l'épaule jusqu'à la caudale, et environ vingt-trois dans la hauteur. Elles sont pentagones, et les deux plus petits côtés forment leur bord libre, qui est très-mince, comme membraneux, et paraît à la loupe finement dentelé ; les deux côtés latéraux sont lisses, et le bord radical est dentelé. La surface de ces écailles est finement grenue sur la partie nue, striée en haut et en bas sur la partie cachée, au milieu de laquelle on voit des rayons qui vont en éventail du centre à tout le bord radical.

La ligne latérale naît à l'angle de l'os mastoïdien, descend un peu jusqu'au milieu de la première dorsale, se fléchit un peu en cet endroit, et se porte ensuite droit à la caudale, en traversant la queue dans son milieu : elle naît un peu au-dessous du quart supérieur de la hauteur, et se marque par une suite de points alongés, relevés et contigus sur chaque écaille.

Le bar a le dos gris, à reflets d'un bleu d'acier argenté ; les flancs ont leurs reflets bleus plus pâles et les argentés plus vifs, et le ventre est d'un beau blanc d'argent. Chaque écaille est marquée d'un gros point argenté, ce qui dessine, le long du corps, une vingtaine de chapelets longitudinaux plus éclatans que le fond. Sur le dos, des suites étroites de petits traits noirâtres forment quatre lignes au-dessous de la première dorsale, trois au-dessous de la seconde, et deux sur la queue. La première dorsale est d'un gris pâle ; la seconde, la caudale et l'anale, d'un gris plus foncé ; les pectorales, comme la première dorsale et les ventrales, sont blanches ; mais peut-être ces dernières ont-elles, dans le poisson entièrement frais, quelques teintes plus ou moins rougeâtres : le bout de la mâchoire inférieure est gris-noir.

L'iris de l'œil est d'un beau blanc d'argent.

Tels sont les grands bars, de deux pieds et au-delà ; mais on en trouve de petits jusqu'à un pied de longueur, qui ont le dos couvert de taches brunes ou noirâtres, petites et peu régulières, mais assez serrées, et une grande tache noirâtre à l'opercule à l'endroit de l'échancrure : il y a aussi quelques petites taches sur les bords des dorsales.

Les formes de ces petits bars et les nombres de leurs rayons sont en tout les mêmes que dans les grands, et l'opinion unanime des pêcheurs est que cette différence tient à l'âge. Cependant il doit y en avoir encore une autre cause; nous avons des bars autant et plus petits qui n'ont aucune de ces taches, et dont le dos tout entier est argenté. On nous en a envoyé de la Rochelle, de Brest et de Granville, les uns longs de six pouces, d'autres de trois seulement; et nous en avons reçu des mêmes lieux de tachetés qui avaient dix pouces, un pied et davantage : et même, ce qui au reste est fort rare, M. Baillon nous a envoyé d'Abbeville un individu long de trois pieds qui était encore tacheté. Autant qu'il nous est possible d'en juger d'après quelques observations, ce sont surtout les femelles qui ont des taches, et les mâles qui n'en ont point.

Le foie du bar est placé en travers, petit et n'occupe pas même, au côté gauche, où il est plus considérable, plus du quart ou du cinquième de la longueur de l'abdomen. La vésicule du fiel adhère à la face concave de sa partie droite, elle est grande. Le canal cholédoque part du haut de la vésicule, se porte vers la gauche, et après avoir reçu cinq ou six vaisseaux hépatiques différens, il s'insère dans l'intestin entre les appendices cœcales.

Le cul-de-sac de l'estomac descend jusqu'au milieu de la longueur de l'abdomen. Sa partie antérieure est très-large et a de nombreux replis; le fond se termine en pointe obtuse; la branche qui va au pylore est à droite près du cardia; le pylore a un étranglement et une valvule dont le bord interne est dentelé; les appendices cœcales sont au nombre de cinq, trois d'un côté, deux de l'autre, et assez longues. L'intestin ne fait que deux replis : sa première portion est la plus large; ensuite il diminue et conserve jusqu'à l'anus un diamètre qui est à peu près la moitié du premier; tout son intérieur est garni de lames longitudinales et festonnées de la veloutée, qui, dans le commencement, sont extraordinairement saillantes, et qui diminuent ensuite par degrés de manière à n'être plus que des plis ordinaires. Vers le tiers antérieur de la troisième portion est la valvule du rectum, dentelée, et, ce qui est extraordinaire, nous l'avons vue dirigée vers l'intestin et non vers l'anus.

La rate est petite, de forme oblongue, attachée au mésentère non loin de la pointe de l'estomac; elle est d'un rouge noirâtre.

La vessie aérienne est simple, grande, s'étend depuis la face concave du foie jusqu'auprès de l'anus. Sa première membrane propre est d'un beau blanc mat, épaisse, mais facile à déchirer; la seconde est mince et nacrée. Vers sa partie supérieure et antérieure, on voit au dedans un corps glandulaire rougeâtre qui occupe en longueur près du tiers de la vessie, et en largeur un peu plus de moitié de sa circonférence.

Les ovaires forment deux sacs ovoïdes, alongés, qui occupent à peu près la moitié de la longueur de l'abdomen. Ouverts, ils présentent un sac garni d'une multitude de lamelles petites et serrées l'une auprès de l'autre, et qui portent dans leur épaisseur des œufs aussi petits que de la graine de pavot.

Les reins sont rougeâtres, étroits et placés le long de l'épine dans toute la longueur de l'abdomen, depuis le diaphragme jusqu'à la pointe de la vessie natatoire.

La vessie est petite, ses parois assez fortes.

Le squelette du bar diffère assez de celui de la perche. Son crâne est moins large, le limbe de son préopercule l'est davantage. On ne lui compte que vingt-six vertèbres : le premier interépineux de l'anale est suspendu à la quatorzième; les deux précédentes ont leurs apophyses transverses réunies en anneaux; mais elles portent encore des côtes, en sorte qu'il y a treize paires de côtes généralement larges et tranchantes, et dont la troisième et les suivantes jusqu'à la septième sont fourchues. Il y a trois osselets interépineux sans rayons entre le crâne et la première dorsale, dont les deux premiers rayons ont un osselet commun, adhérant à la quatrième vertèbre. Je ne parle pas des différences qui peuvent se juger par l'extérieur, comme les aiguillons et les dentelures des os de la tête, etc.

Des Poissons étrangers qui ont rapport au Bar.

Le Bar alongé, *ou* Carousse *des matelots provençaux.*
(*Perca elongata,* Geoffr.)

Nous avons vu que les côtes de l'Égypte et les embouchures du Nil nourrissent des bars, et Sonnini en a déjà fait mention; mais il ne paraît pas avoir songé à en distinguer les espèces, et il leur donne indistinctement le nom de *carousse.* M. Geoffroy Saint-Hilaire a été plus attentif; il représente trois de ces poissons dans le grand ouvrage sur l'Égypte, et les nomme, le premier (Zool., poissons, pl. 19, fig. 1), *perche alongée, perca elongata;* le second (pl. 20, fig. 2), *perche nocte, perca punctata;* le troisième (pl. 20, fig. 3), *perche sinueuse, perca sinuosa.* D'après l'examen soigneux que nous en avons fait sur nature, la *sinueuse* ne nous paraît point différer du bar commun, ni la *nocte* du bar tacheté. A la vérité, les figures rendent mal les dentelures du préopercule, et pourraient induire en erreur; mais nous nous sommes assuré que ce n'est qu'un effet de la négligence du dessinateur.

Il n'en est pas de même de l'espèce nommée *alongée,* nous l'avons vue parmi les poissons que M. Ehrenberg a rapportés du cabinet de Berlin, et c'est bien une espèce à part.

Elle se distingue par sa dorsale plus basse et qui occupe un plus long espace sur le dos; par son opercule plus long, relativement à sa hauteur; par des dentelures plus fines et plus nombreuses au bord inférieur de son préopercule; enfin, par une épine de moins à l'anale.

D. 9 — 2/12; A. 2/10.

Les pêcheurs de Damiette ne confondent point cette espèce avec leur *noct*, et c'est elle qu'ils nomment *charusch*, d'où nos matelots marseillais ont dérivé le nom de *carousse*.

Le BAR RAYÉ, *ou* ROCK-FISH DES ÉTATS-UNIS.

(*Labrax lineatus*, nob.) [1]

Notre bar ne paraît pas exister sur les côtes de l'Amérique septentrionale, bien qu'aucun obstacle ne semble l'empêcher de s'y rendre, si ce n'est l'étendue de la haute mer qui les sépare de nous; mais il y est représenté par un poisson qui lui ressemble pour la forme, qui l'égale au moins par le goût, et qui le surpasse en grandeur et en beauté.

C'est le *bar rayé* ou *striped-bass* des Anglo-Américains qu'ils appellent aussi *rock-fish* ou poisson de roche. Son nom de *bar rayé* exprime les sept ou huit lignes noires ou noirâtres qui règnent sur un fond d'argent tout du long de chacun de ses côtés depuis la tête jusqu'à la queue.

C'est un des poissons les plus communs sur les côtes de l'État de New-York. On l'y voit à chaque marché en grand nombre, surtout pendant l'hiver, et il y en a de toutes les tailles, depuis une once jusqu'à soixante-et-dix livres. C'est aussi un des poissons les plus savoureux et les plus délicats que l'on mange dans le pays.

Ordinairement il se tient dans l'eau salée, mais il remonte dans les rivières au printemps pour frayer, en hiver

---

1. *Perca saxatilis*, Bl., Schn., p. 89, et *Perca septentrionalis*, *id.*, p. 90 et pl. 20; *Sciœna lineata*, Bl., pl. 304; *Centropome rayé*, Lacép., t. IV, p. 255.

pour trouver de l'abri. Il prend aisément l'hameçon : les enfans même en pêchent de petits tout autour de la ville de New-York. Leur plus grande affluence est vers l'automne, lorsqu'ils se réfugient dans les baies et les marais, où ils passent l'hiver, et les pêcheurs y en font pendant cette saison d'énormes captures, dont ils apportent les produits gelés au marché. C'est alors aussi qu'on prend les plus gros; mais M. Mitchill dit en avoir vu, dès le commencement d'Octobre, plusieurs qui pesaient chacun jusqu'à cinquante livres.

Schœpf n'avait pas manqué de décrire un poisson si remarquable. Il en parle assez au long dans son Mémoire sur les poissons de New-York[1], et c'est d'après sa description que *Schneider* a établi son *perca saxatilis* dans le Système posthume de Bloch[2]; mais il l'y représentait en même temps, pl. XX, sous le nom de *perca septentrionalis,* sans s'apercevoir que c'est le même poisson; il ne remarquait pas non plus que le *sciæna lineata* de Bloch, pl. 3o4, n'est encore que ce même bar rayé, mais que Bloch donne comme venant de la Méditerranée; erreur semblable à une multitude d'autres qu'il a commises en décrivant des poissons achetés par lui à des ventes de cabinets. Schneider considérait, au contraire, ce *sciæna lineata* comme une variété du bar commun. C'est de ce poisson que M. de Lacépède (IV, 25o et 257) a fait son *centropome rayé,* bien que ce ne soit pas plus un centropome que le bar ordinaire.

Le docteur *Mitchill,* savant naturaliste de New-York,

---

1. Ecrits de la société des naturalistes de Berlin, t. VIII, 3.ᵉ cah. p. 16o.
2. Schneider, *Syst. pisc. Bloch.*

dans l'histoire des poissons de sa patrie [1], a donné au *bar rayé* son propre nom, et l'a appelé *perca Mitchilli,* ne se doutant point apparemment qu'il avait déjà été publié et même multiplié, comme je viens de le dire, par les naturalistes de ce côté-ci de l'Atlantique. Nous en faisons la remarque, afin que le *perca Mitchilli* ne figure pas incessamment dans quelque catalogue de nomenclature comme une quatrième espèce.

Le *bar rayé* atteint jusqu'à trois pieds et plus de longueur. Il a la tête un peu plus longue et le museau un peu plus aigu que notre bar d'Europe; ses dents aux mâchoires sont un peu plus fortes à proportion; les bandes que forment celles des os palatins sont plus longues et plus étroites; sa langue n'a d'aspérités que sur les côtés. Son opercule a les mêmes deux pointes que le bar; mais son préopercule n'a point, comme dans le bar, de grosses dents obliques à son bord inférieur; il est partout dentelé finement; vers l'angle les dentelures deviennent un peu plus grosses, et en dessous elles s'effacent presque tout-à-fait en se dirigeant en arrière. Il me semble que ses nageoires verticales sont aussi plus courtes et plus hautes; l'intervalle entre ses deux dorsales est tout aussi sensible : du reste, il ressemble au bar en tout point, si ce n'est les huit ou neuf bandes noires de chaque côté, qui caractérisent le bar rayé. La quatrième répond à la ligne latérale; la neuvième finit d'ordinaire vers le commencement de l'anale; mais il y a, à cet égard, des variétés. Il y en a aussi pour la teinte, qui varie, selon les saisons, du noir au brun roussâtre. Le fond de la couleur est brunâtre sur le dos, gris argenté sur les flancs, blanc argenté sous le ventre. Les nageoires verticales paraissent avoir été grises ou brunes; mais les ventrales pourraient avoir été jaunes. Je ne trouve pas de renseignemens à ce sujet dans les auteurs, et je ne peux me hasarder à indiquer les couleurs d'après le sec.

---

1. Trans. de la soc. de New-York, t. I, p. 413.

Je trouve aux nageoires les nombres suivans : première dorsale,
neuf rayons épineux ; seconde, un épineux, douze mous ; anale,
trois épineux, onze mous ; caudale, dix-sept mous ; pectorales,
quinze mous ; ventrales, un épineux, cinq mous. Ce sont les mêmes
qu'au bar.

D. 9—1/12 ; A. 3/11 ; C. 17 ; P. 15 ; V. 1/5.

J'ai aussi comparé le squelette et les intestins du bar rayé à
ceux du bar ordinaire, sans y trouver de différences importantes
qui ne soient déjà annoncées à l'extérieur. Les crêtes transverses
de l'occiput y forment seulement sur le crâne un triangle plus
prononcé.

Le Bar de Waigiou.

(*Labrax Waigiensis*, nob.)

MM. Lesson et Garnot ont rapporté de Waigiou une
nouvelle espèce de bar, plus courte que la nôtre, et qui
égale au moins la perche en hauteur et en épaisseur pro-
portionnelles.

Son museau est pointu et un peu concave en dessus ; son œil
grand ; des écailles descendent jusques entre les yeux ; mais il n'y
en a point sur son museau, ses mâchoires, ni ses lèvres ; le sous-
orbitaire n'a aucune dentelure ; mais il y en a de très-fines au bord
montant du préopercule, dont l'angle est armé d'une épine assez
forte. Son bord inférieur est élargi par une membrane et n'a ni
dents ni dentelures. L'opercule osseux n'a qu'une seule pointe
presque cachée dans sa membrane. Il y a cinq ou six petites dentelures à l'os surscapulaire et deux à l'angle de l'huméral. Des
dents en velours ras garnissent les deux mâchoires, le chevron
du vomer, les palatins et un petit disque ovale à la base de la
langue.

Les deux dorsales se touchent, quoique séparées jusqu'au dos.
La première est triangulaire, sa troisième épine est la plus haute ;
toutes sont fortes. La deuxième dorsale est arrondie en arrière,

ainsi que l'anale, qui est de moitié moins longue, mais un peu plus
haute. La caudale est aussi arrondie. Les écailles sont larges, lisses;
leur bord, à peine visiblement cilié, est mou et comme membraneux; elles sont à peu près aussi larges que longues, et ont de huit
à douze crénelures à leur base. On en compte quarante-cinq depuis
l'ouïe jusqu'aux petites de la caudale, et dix-huit sur une ligne verticale : il y en a beaucoup de ces petites sur les nageoires verticales
molles. La ligne latérale est plus près du dos dans son commencement que dans le reste de sa course; elle est marquée par des
tubes simples, et règne jusqu'au bout de la caudale. Les pectorales sont petites; les ventrales sortent un peu plus en arrière et
les dépassent d'un tiers.

B. 7; D. 7 — 1/13; A. 3/9; C. 17; P. 16; V. 1/5.

Ce poisson est à peu près de la couleur d'une carpe; d'un gris
doré; des lignes brunâtres suivent le milieu des écailles de chaque
rangée longitudinale.

Notre individu est long de neuf pouces et haut de deux et
trois quarts.

Le Bar du Japon.

(*Labrax japonicus*, nob.)

Les mers du Japon possèdent aussi un bar bien caractérisé, qui en a été rapporté par M. de Langsdorf.

Son préopercule a cinq petites épines recourbées en avant, dont
trois à l'angle et deux seulement au bord inférieur. Les dentelures
du bord montant sont excessivement fines. L'épine supérieure de
l'opercule est très-obtuse : sa première dorsale a onze rayons, et
elle s'élève beaucoup plus que dans le bar d'Europe; car son quatrième et son cinquième rayon, qui sont les plus élevés, ont les
trois quarts de la hauteur du corps : la deuxième a treize ou quatorze rayons mous. L'anale a aussi la deuxième et la troisième épine
bien plus longues qu'à notre bar; elles égalent presque celles de

la première dorsale et les premiers rayons mous. Ceux-ci sont au nombre de huit.

D. 11—1/13 ou 14 ; A. 3/8 ; C. 17 ; P. 16 ; V. 1/5.

L'individu que nous décrivons, et qui appartient au Musée de l'université de Berlin, est long de onze pouces. Il paraît encore sur son dos quelques restes de taches ; mais ce qui le caractérise principalement sous le rapport de la couleur, c'est que la membrane de sa première dorsale a dans les intervalles des rayons des taches rondes et brunes. Il y en a aussi, mais de moins nettes, sur la deuxième. La membrane de la caudale est brune ; le reste du corps, autant qu'on en peut juger à l'état sec, paraît avoir été argenté.

Le nom japonais de ce poisson est *susuki*.

Le PETIT BAR D'AMÉRIQUE.

(*Labrax mucronatus,* nob.)

L'Amérique possède aussi un *bar* sans lignes ni bandes noires.

Ce poisson ressemble davantage, par son port, à la perche qu'au bar d'Europe ; il est même un peu plus haut et plus épais que la perche ; sa tête est plus petite ; ses dorsales sont plus hautes et se touchent par le bas ; ses écailles sont assez grandes et plus lisses qu'aux autres bars ; elles règnent sur toutes ses pièces operculaires et même sur ses os maxillaires, sur son crâne et entre ses yeux ; mais il n'y en a point sur le museau plus bas que les yeux, ni à la mâchoire inférieure. Sa nageoire anale a trois épines qui sont fortes, ainsi que celles du dos. L'épine de sa seconde dorsale est presque aussi longue que le premier rayon mou qui la suit. Le préopercule a tout autour une dentelure très-fine et à peu près égale ; mais les autres pièces sont entières. L'opercule a deux pointes. Les côtés de la langue sont âpres. Par tous ces détails il ressemble, comme on voit, au *bar*. Il lui ressemble aussi par les nombres des rayons :

D. 9—1/12 ou 13 ; A. 3/9 ou 10, etc.

Sa couleur paraît avoir été brunâtre en dessus et argentée sur les flancs et sous le ventre, sans bandes apparentes et sans tache noire à la dorsale.

M. Lesueur vient de nous envoyer ce petit bar comme étant le *perca mucronata* décrit par M. Rafinesque dans le *Monthly-Magazin*, tom. II, p. 205. Broussonnet en avait dans sa collection un individu venu de la Jamaïque. Il ressemblerait assez à la description que donne Schœpf de son *perca americana*[1], si ce n'est que, dans ce dernier, les écailles sont représentées comme ciliées, et que dans notre espèce il y a précisément moins d'apparence de dentelures que dans les autres.

Ce poisson de Schœpf est celui qui porte simplement dans le pays le nom de *perche* sans addition. Il a le dessous de la tête, de la gorge et les ventrales rouges. Il vit dans les eaux saumâtres ; on le prend surtout en hiver, époque où il y a peu d'autres poissons à la côte.

---

1. Dans le *Naturforscher*, t. XX, p. 17, et Écrits de la société des naturalistes de Berlin, t. VIII, p. 159 ; le *Perca americana*, Schn. et Gmel. ; Persèque américaine, Lacép., t. IV, p. 412.

CHAPITRE III.

Des Varioles (Latès, nob.).

C'est à peine si les poissons de ce sous-genre diffèrent des perches, et quoique M. de Lacépède en ait rangé la principale espèce parmi ses centropomes, ce qui dans sa méthode signifie qu'elle n'aurait point d'épine à l'opercule, elle a cette pièce aussi épineuse que la perche. Le sous-orbitaire des varioles est seulement dentelé d'une manière plus forte; leur préopercule a une épine à l'angle et de fortes dents au bord inférieur, et il y a des dentelures très-marquées à leur huméral; leur première dorsale est plus haute et plus courte qu'aux perches et aux bars; leur langue est lisse comme dans la perche.

Ce sont, en général, de bons et grands poissons, qui habitent les rivières des pays chauds de l'ancien continent. *Variole* est le nom que les Francs donnent, en Égypte, à l'espèce du Nil; et *Latès* celui qu'elle paraît avoir porté du temps des anciens.

La Variole du Nil, *nommée* Keschr *ou* Keschré
par les Arabes.

(*Perca nilotica*, L.; *Latès niloticus*, nob.) [1]

Les Vénitiens nomment le bar dans leur dialecte *va-rolo,* probablement à cause des taches qu'il a dans sa jeunesse: et à l'époque où leur commerce d'Égypte fleu-

---

1. *Perca nilotica,* Gm., Bl. et Schn.; *Centropome nilotique,* Lacép., t. IV, p. 278.

2.   9

rissait et où ils avaient formé dans ce pays une espèce de
colonie, ils ont transporté ce nom à un grand poisson
du Nil nommé en arabe *keschr,* c'est-à-dire *écaille,* poisson
qui ne se distingue en effet du *bar* à l'extérieur que par
des caractères peu apparens; savoir : des dentelures marquées au sous-orbitaire et quelques autres détails dans
l'armure des opercules. C'est de ce nom de *varolo* que
les Français établis en Égypte ont fait celui de *variole.*
Prosper Alpin lui-même a supposé la variole identique
avec le bar, et ne lui a consacré que quelques lignes,
pour parler de la grosseur qu'elle acquiert, et que ce
médecin dit égaler celle d'un veau. Cependant il ne lui
donne que soixante livres de poids[1]. Paul Lucas est plus
libéral, car il assure qu'il y en a de trois cents livres[2]; mais
au dire de Sonnini, s'il en existe encore d'aussi grosses,
ce n'est que dans la haute Égypte : sur le bas Nil les varioles
n'atteignent que la taille d'un thon ordinaire[3]. Un point
sur lequel toùs ces écrivains s'accordent, c'est que ce
poisson est le meilleur de ceux du Nil, celui dont la chair
est la plus savoureuse. Le *bolty* (*chromis nilotica,* nob.;
labrus niloticus, L.) peut seul, à cet égard, lui être
comparé.

Hasselquist est le premier qui ait donné de ce *keschr*
une description scientifique[4], et c'est d'après lui que ce
poisson figure dans les auteurs systématiques sous le nom
de *perca nilotica.*

C'est, selon toute apparence, le *latès* ou le *latos* du
Nil dont les anciens ont parlé; mais qu'ils paraissent avoir

---

1. Prosper Alpin, *Rer. Ægypt.,* l. IV, c. 2. — 2. Paul Lucas, Voyages faits
en 1714, etc., t. III, p. 197. — 3. Sonnini, Voyages dans la haute et basse Égypte.
t. II, p. 294. — 4. Hasselquist, Voyage, p. 359, n.° 83.

quelquefois confondu avec le *maigre* (*sciæna umbra,* nob.). A la vérité, l'on n'a d'un peu explicite sur ce sujet qu'un passage d'Athénée, qui est assez difficile à entendre, et où après avoir dit, d'après Archestrate « que le fameux *latos* se pêche dans le détroit de Scylla, il ajoute : « les « *latos* qu'on trouve dans le Nil sont quelquefois assez « grands pour peser plus de deux cents livres. Ce poisson « est très-blanc et excellent, de quelque manière qu'on « l'accommode. » Jusqu'ici ces paroles pourraient s'entendre du maigre pour le latos de Scylla, et du keschr pour celui du Nil; et Rondelet[1], qui ne connaissait pas le keschr, les rapporte uniquement au maigre : mais le passage finit d'une manière qui ne convient ni à l'un ni à l'autre. « Il ressemble, y est-il dit, au *glanis* que l'on « pêche dans le Danube. » Or ni le maigre ni le keschr ne ressemblent au *glanis,* et il faut que l'auteur dont Athénée a emprunté cet article, ait mêlé dans sa mémoire, avec le keschr, quelqu'un des grands silures, tels peut-être que l'hétérobranche. Strabon, l. XVII, nomme aussi un *latès* parmi les poissons du Nil, sans rien dire toutefois qui puisse en fixer l'espèce; mais ce qui suppléerait à tous les caractères, c'est que M. Geoffroy, qui a observé souvent ce poisson et en a publié une excellente figure[2], nous assure qu'il porte encore ce nom de *latus* ou *latos* dans la haute Égypte.

Cette question ne serait pas entièrement indifférente, si, comme le dit Strabon, le *latos* a été l'un des objets des superstitions des anciens Égyptiens, et si le nom de *Lato-*

---

1. Rondelet, *Aquat.*, l. V, c. 10, p. 135.
2. Grande Description de l'Égypte, Hist. nat. des poissons du Nil, pl. IX, fig. 1.

polis, donné par les Grecs à la ville de *Sné* ou *Esné,*
était, en effet, fondé sur un culte qu'elle aurait rendu à
ce poisson. Malheureusement on n'a sur ce sujet que
cette seule ligne de Strabon; et les beaux temples d'*Esné,*
si bien décrits dans le grand ouvrage sur l'Égypte, n'ont
point offert de représentation qui pût confirmer le dire
de ce géographe[1]. Il ne s'est pas non plus trouvé de keschr
parmi les poissons momifiés que l'on a rapportés d'Égypte
dans ces derniers temps.

Tous les naturalistes ont admis, sans examen, sur le
témoignage de Samuel-George Gmelin, l'existence du
keschr dans la mer Caspienne, ce qui serait sans doute
fort singulier: il aurait suffi de lire légèrement sa description[2], et de jeter un coup d'œil sur sa figure[3], pour voir
que Gmelin n'avait sous les yeux qu'un gobie; mais beaucoup trop d'écrivains aiment mieux copier les synonymes
que de les vérifier.

Le keschr tient en partie du bar, en partie de la perche: il a
du bar, de moindres nombres de vertèbres à l'épine et de rayons
aux dorsales, les écailles plus généralement étendues sur ses pièces
operculaires, l'absence des dentelures au subopercule et à l'interopercule: mais il tient de la perche par sa langue lisse et sans
âpreté, par l'épine unique de son opercule, et par les dentelures
de son sous-orbitaire. Celles-ci même sont beaucoup plus marquées qu'à la perche, et pourraient servir à en séparer le groupe
auquel le keschr appartient. Sa forme est à peu près celle d'une
perche; mais sa tête est plus longue et son museau plus pointu;
sa mâchoire inférieure avance un peu davantage; il y a plus de
renflement à sa nuque, et son chanfrein est plus uniformément

---

1. Champollion, l'Égypte sous les Pharaons, t. I.ᵉʳ, p. 187.
2. Voyages de Samuel-George Gmelin, t. III, p. 244. — 3. *Ib.,* pl. 25, fig. 3.

concave. Son museau est nu jusqu'au-dessus des yeux ; ses mâchoires le sont également; mais son crâne, ses joues et toutes ses
pièces operculaires sont écailleuses. Le premier et le second sous-
orbitaire sont dentelés en scie, ce qui forme une ligne longitudinale dentée qui, lorsque la bouche est fermée, couvre un peu le
bord supérieur du maxillaire. Le bord montant du préopercule
est finement dentelé ; à son angle est une grosse dent pointue
dirigée en arrière, et à son bord inférieur, qui est rectiligne, il y
en a trois autres, également très-fortes et dirigées vers le bas, mais
qui, dans le poisson frais, sont en partie cachées dans la membrane. On en aperçoit quelquefois une quatrième en avant. L'opercule osseux se termine en une forte épine, sous laquelle passe,
comme à l'ordinaire, son bord membraneux; elle est trop marquée
pour qu'il soit possible de laisser ce poisson parmi les centropomes, où M. de Lacépède l'a placé. Il y a une très-fine dentelure
au bord inférieur de l'opercule en avant; mais je n'en vois ni au
sous-opercule ni à l'interopercule : au contraire, il y en a quatre
ou cinq assez fortes à l'os surscapulaire, et cinq plus fortes encore
à l'angle de l'huméral au-dessus de la pectorale. Il est cependant
essentiel de remarquer que ces dentelures dans le keschr, comme
dans tous les autres poissons qui deviennent très-grands, s'effacent
peu à peu avec l'âge, et qu'on aurait peine à en voir des restes
dans les vieux individus; dans ceux de trois pieds, par exemple,
elles ont déjà presque disparu. Les épines dorsales sont extrêmement fortes, surtout la troisième, qui est la plus longue. La seconde
n'a pas le tiers de sa longueur, et la première est très-courte; les
cinq autres vont en diminuant graduellement, ce qui forme une
nageoire triangulaire dont la membrane ne finit en arrière qu'au
pied de l'épine de la seconde dorsale. Celles de l'anale sont aussi
très-fortes, sans être très-longues. C'est la seconde qui est la plus
grosse, et elle égale la troisième en longueur; mais les plus remarquables par leur grosseur, relativement aux autres épines, sont
celles des ventrales, nageoires qui elles-mêmes sont d'une épaisseur notable. Toutes ces épines sont comprimées. La nageoire caudale est arrondie; elle a, ainsi que la seconde dorsale et l'anale,

de petites écailles entre les bases de ses rayons. Les nombres des rayons sont :

B. 7; D. 7, et quelquefois 8—1/12; A. 3/8, et quelquefois 9; C. 17;
P. 15; V. 1/5.

Les dents sont comme dans la perche; il n'y a point sur la langue l'âpreté qui distingue le bar, mais sa surface est lisse et molle, comme dans la perche. Les écailles sont légèrement rudes sur leurs bords. On en compte environ soixante sur une ligne longitudinale, et vingt-deux sur une ligne verticale à l'endroit du corps le plus haut. La ligne latérale, à peu près parallèle au dos, dont elle est distante en avant du tiers de la hauteur, se marque par une tubulure longue et grêle sur chaque écaille.

Tout le poisson est d'une couleur argentée un peu teinte de brun sur le dos.

Son squelette, indépendamment des différences que l'on peut déjà apercevoir à l'extérieur, diffère de celui de la perche et de celui du bar, parce que cinq crêtes élevées et tranchantes règnent sur toute la longueur du crâne; parce que le crâne lui-même est plus comprimé, et parce que les interépineux, surtout les antérieurs, sont plus longs et plus forts, comme il convenait que cela fût pour porter des épines dorsales plus robustes. Il n'y en a qu'un seul en avant qui ne porte point d'épine, et il est fort court. Le nombre des vertèbres est de vingt-cinq : le premier interépineux de l'anale est suspendu à la quatorzième. Je trouve onze paires de côtes.

Les intestins ressemblent à ceux du bar, plus qu'à ceux de la perche. Il y a cinq appendices cœcales assez longues, et une vessie natatoire grande, épaisse et argentée.

La Variole des Indes, *nommée* Pèche-naire *par les Français de Pondichéry, et* Cockup *par les Anglais du Bengale.*

(*Perca maxima,* Sonn.; *Latès nobilis,* nob.)

Les Indes orientales possèdent des poissons du sous-genre des varioles qui égalent le keschr par la grandeur et lui ressemblent beaucoup par les caractères. Il en est un que nos colons de Pondichéry, d'après les Portugais, appellent *pèche-naire*[1] ou *poisson de prince.* Feu Sonnerat, à qui nous en avons dû le premier individu, l'avait désigné par le nom de *perca maxima,* que nous lui aurions conservé, si notre distribution méthodique nous l'avait permis. Sa ressemblance avec le keschr est telle que, sans l'éloignement et le défaut de communication des fleuves qui les nourrissent, on serait tenté d'abord de les croire des variétés l'un de l'autre. Cependant à l'examen on trouve que

le pèche-naire a la tête un peu plus courte et les écailles un peu plus grandes que le *keschr;* que le bord inférieur de son préopercule, au lieu de rester horizontal, monte obliquement en arrière, en sorte que son angle est obtus et non droit comme dans le keschr. Les dentelures de son huméral sont aussi un peu plus fines et leur nombre va jusqu'à six, et dans quelques individus jusqu'à dix et

---

1. Les Français de Pondichéry ont adopté plusieurs mots portugais, entre autres celui de *pèche* (*peixe*), pour dire poisson; ainsi ils disent *pèche-lait* (*scomber lactarius*), *pèche-bicout* (*sillago acuta,* ou *sciæna malabarica* de Schn.), *pèche-madame* (*sillago domina,* etc.). *Pèche-naire* veut dire que c'est un poisson digne d'être servi à une classe supérieure : à celle des naires ou guerriers; ce qui paraît vrai de cette espèce, mais seulement lorsqu'elle n'a point passé une certaine taille.

au-delà. Enfin, le troisième rayon de l'anale est de près du double
plus long que le deuxième; mais les nombres de ses rayons et tous
les autres détails de ses parties sont les mêmes.

D. 7 ou 8 — 1/12; A. 3/8 ou 9, etc.

M. Leschenault, qui nous a envoyé un fort bel individu
de cette espèce, dit qu'elle est abondante aux embouchures des rivières, qu'elle atteint quatre pieds de longueur, que les indigènes de la côte de Coromandel la
nomment *kodouva*. Il ajoute qu'on l'estime assez peu
comme aliment.

M. Russel, dans son Histoire des poissons de Visagapatam, donne, tome II, fig. 131, un poisson qui me paraît
absolument le même que le *pêche-naire,* à quelques différences près dans les épines du préopercule, qui peuvent
avoir été dessinées avec peu de soin. Il le dit argenté, ses
pectorales d'un jaune pâle et les ventrales d'un jaune foncé.
Les naturels de la côte d'Orixa l'appellent *pandou-minou,*
et les Anglais de Calcutta *cockup.* C'est, ajoute-t-il, le meilleur poisson que l'on puisse servir dans cette ville. Il y
parvient à trois pieds de longueur; mais ceux d'un pied
et demi ou de deux sont d'un goût plus agréable. Il est
plus rare à *Visagapatam,* où on lui préfère d'autres poissons. Cette dernière remarque s'accorderait avec celle de
M. Leschenault, sur le peu de cas que l'on en fait à la
côte de Coromandel.

M. Hamilton Buchanan, dans son Histoire des poissons
du Gange, me paraît encore donner la même espèce sous
le nom de *coïus-vacti,* qui, dit-il, est le *cockup* du commun des Anglais de Calcutta, et l'un des mets que l'on
y estime le plus. Les différences que M. Buchanan a cru
voir entre ce poisson et celui de Russel, ne viennent

probablement que du dessinateur, qui, en effet, a négligé les épines du préopercule et les dentelures de l'huméral; mais peut-être seulement parce que l'épiderme les cachait dans l'individu frais qui lui aura servi de sujet. Or ce *vacti* abonde à toutes les bouches du Gange; il remonte aussi haut que le flux et entre avec lui dans les étangs et les marais. Les meilleurs sont ceux que l'on prend dans l'eau salée et qui ont à peu près deux pieds. On en pêche souvent qui ont jusqu'à cinq pieds; mais alors ils sont de mauvais goût, et petits ils sont insipides. Ces détails, comme on voit, s'accordent avec ceux de M. Russel. Dans tous les cas, si ces deux poissons diffèrent l'un de l'autre et du pêche-naire, ce n'est que par une nouvelle comparaison faite directement que l'on pourra le constater.

Nous avons au cabinet du Roi deux varioles venues de la mer des Indes et desséchées, qui ne nous paraissent point différer du pêche-naire. La plus petite, longue de six à sept pouces, n'a que six dentelures à son huméral; la plus grande, longue d'environ quinze pouces, en a jusqu'à dix, et paraît avoir eu du brun sur le disque de chacune de ses écailles du dos et des flancs. M. de Lacépède (tome IV, p. 344 et 391) a réuni ces deux individus sous le nom d'*holocentre heptadactyle*. C'est l'épaisseur des ventrales, commune à toutes les varioles, qui lui a fait y compter dans ces deux poissons un rayon de plus qu'à l'ordinaire; mais il n'y en a bien sûrement que cinq mous et un épineux.

Le petit individu porte encore une étiquette hollandaise *kœl-kop* (*tête chauve*), ce qui fait croire qu'il vient des Moluques.

La Variole porte-éperon.

(*Latès calcarifer*, nob.; *Holocentrus calcarifer*, Bl., 244.)

C'est bien sûrement aussi d'un poisson de ce sous-genre que Bloch, pl. 244, a fait son *holocentrus calcarifer*, et d'après les proportions de ses épines anales et le nombre des dentelures qu'il marque à l'huméral, ainsi que d'après les lignes brunes dont il le colore, nous aurions été disposé à croire que c'est le pèche-naire; mais, ayant examiné l'original, nous avons trouvé qu'il a bien réellement, comme le dit Bloch, dix rayons mous seulement à la deuxième dorsale, ce qui lui en fait deux de moins qu'au naire, et suffit, jusqu'à de plus amples renseignemens, pour le faire considérer comme une espèce à part.

D. 7—1/10; A. 3/8.

Bloch le croit originaire du Japon; mais peut-être ne venait-il que de Java, comme plusieurs des poissons qu'il donne pour japonais. [1]

---

1. Nous aurons par la suite plusieurs occasions de prouver que Bloch, soit par ignorance, soit parce qu'il était trompé par les marchands hollandais dont il achetait des poissons, a presque toujours donné pour japonaises des espèces javanaises.

CHAPITRE IV.

Des Centropomes.

M. de Lacépède a nommé centropomes, les perches à deux dorsales auxquelles il a donné pour caractère un opercule qui ne se termine pas en pointe. Nous en avons détaché les sandres, les aprons et les varioles, soit parce qu'ils ont réellement à cette partie de véritables aiguillons, soit pour d'autres motifs : il ne nous restera donc dans ce groupe que les espèces à dents, à préopercule et à dorsales de perche, mais où l'opercule finit par une partie arrondie et mince, et même nous n'en connaissons qu'une seule.

Le Centropome brochet de mer.

(*Centropomus undecimalis*, nob.; *Sciæna undecimalis*, Bl., 3o5.)[1]

C'est un poisson auquel Bloch, qui en avait reçu un individu de la Jamaïque, a donné, pl. 3o5, le nom de *sciæna undecimalis,* à cause des onze rayons de sa seconde dorsale. M. de Lacépède l'appelle *centropome ondécimal;* mais ce que ni Bloch ni M. de Lacépède n'ont dit, c'est que ce poisson est commun et de grande consommation dans toutes les parties chaudes de l'Amérique. Il nous en est venu des colonies françaises, espagnoles et portugaises. Pison et Margrave en avaient déjà parlé, et M. de Lacé-

---

1. *Centropome ondécimal,* Lacép.; *Sphyrène orvert,* ejusd.; *Persèque loubine,* ejusd.; *Platycephalus undecimalis,* Schn.; *Camuri,* Pis.; *Brochet de mer,* Plumier.

pède lui-même, comme nous le verrons bientôt, l'a donné
une seconde fois sous un autre nom. Les colons espagnols et français l'ont comparé tantôt au bar, tantôt au
brochet.

Son museau aplati horizontalement et la forme générale de son
corps lui donnent, en effet, quelque chose de la physionomie du
brochet, auquel d'ailleurs il ne ressemble, en quoi que ce soit,
par les détails ; car, pour tous ces détails, c'est du bar ou de la
perche qu'il se rapproche. Sa plus grande hauteur, qui est vis-à-vis
des ventrales, est à peu près cinq fois dans sa longueur totale : la
longueur de sa tête y est un peu plus de trois fois, et l'épaisseur
fait moitié de la hauteur ; la queue diminue en hauteur et en épaisseur, et la caudale est presque aussi longue que la tête ; mais les
autres nageoires verticales sont courtes et hautes. Sa tête est étroite ;
vue de côté, elle paraît proportionnellement pointue, surtout à
cause de la proéminence de la mâchoire inférieure, qui saille en
avant, presque comme dans la sphyrène : vu en dessus, le museau
est déprimé et arrondi à son extrémité ; des lignes saillantes, au
nombre de quatre, différemment infléchies, forment un dessin
régulier, qui s'étend depuis le bout du museau jusqu'à la nuque.
Deux parties triangulaires sur le crâne sont revêtues d'écailles, mais
leur intervalle, celui des yeux, le museau et les deux mâchoires,
sont nus ; des écailles garnissent la joue, l'opercule et le subopercule, mais il n'y en a ni au limbe du préopercule, ni à l'interopercule, ni au sous-orbitaire. Celui-ci n'est pas vraiment dentelé,
mais a seulement quelques légères crénelures. Le préopercule, au
contraire, a de fines dentelures à son bord montant, d'un peu plus
fortes à son angle, qui est arrondi, et de plus courtes et plus
écartées à son bord inférieur. Le rebord en avant de son limbe
est assez saillant et a quelque dentelure peu sensible vers l'angle.
La partie osseuse de l'opercule finit en s'arrondissant et sans aucune
épine. Les dents sont comme à la perche, seulement les bandes
palatines en sont plus étroites ; la langue, qui est fort libre et assez
pointue, n'a ni dents ni aucune âpreté. Sous les branches de la

mâchoire inférieure se voient des lignes saillantes comme sur le crâne. Les ouïes sont bien fendues, et leur membrane a sept rayons. Les deux dorsales sont triangulaires et séparées par un petit intervalle écailleux ; la première a huit rayons, dont le premier et même le second sont très-courts ; le troisième est le plus long et le plus fort ; les autres vont en diminuant. L'épineux de la seconde est faible et de moitié plus court que le premier mou ; mais le second épineux de l'anale est long et très-fort : le premier, au contraire, est extrêmement court ; le troisième est aussi long que le second, bien que beaucoup plus mince ; l'épineux de la ventrale est aussi assez fort : cette nageoire sort sous le milieu de la pectorale, qui est faible ; la caudale est fourchue. Voici les nombres de ses rayons :

B. 7; D. 8 — 1/10; A. 3/6; C. 17; P. 15; V. 1/5.

Les écailles sont presque rondes, un peu âpres sur les bords, peu crénelées à leur bord radical. On voit sur leur milieu, quand elles sont adhérentes, un trait qui se continue avec celui des écailles suivantes, et forme ainsi des lignes sur toute la longueur du poisson. La ligne latérale ne suit pas tout-à-fait la courbe du dos ; elle prend dans son milieu une légère courbure contraire, et est marquée par un petit tuyau large et court, percé sous chaque écaille, et dont la continuité forme une ligne noirâtre fort marquée, qui se prolonge jusqu'au bout de la caudale. Les autres écailles de cette nageoire sont petites et peu sensibles.

La couleur de ce poisson est un argenté légèrement teint de brunâtre ou de verdâtre vers le dos, et relevé par la ligne brune assez large qu'y forme la ligne latérale. Ses nageoires sont jaunâtres, pointillées de noirâtre vers leurs bords : la première dorsale est toute pointillée de noirâtre sur un fond gris. Cette description est prise d'individus apportés de Saint-Domingue avec toutes leurs couleurs, par M. Ricord.

L'estomac de ce centropome est en sac pointu, à parois assez épaisses, s'étendant jusqu'à moitié de la distance du pharynx à l'anus. La branche pylorique sort près du cardia : il y a au pylore quatre appendices à peine plus longues que la branche de l'estomac

qu'elles entourent. L'intestin est court, et n'a que deux replis de
peu d'étendue; la rate est petite et étroite; le foie est médiocre; son
lobe gauche est assez long et aigu; les deux autres sont courts et
arrondis : ce sont de légers festons plutôt que des lobes. La vessie
natatoire est très-grande, et se porte au-delà de l'anus jusqu'à la
base de la première épine anale, où elle se termine en pointe. Sa
tunique fibreuse est épaisse et argentée; l'intérieure a de beaux lacis
vasculaires.

Le squelette n'a en tout que vingt-quatre vertèbres, dont dix
seulement appartiennent à l'abdomen : les trois premières exceptées,
elles sont toutes plus longues que hautes; les deux premières ont
leurs apophyses épineuses soudées en une crête comprimée, liée à
celle de la tête, et derrière laquelle s'enfonce le premier interépineux. Les côtes sont courtes, et n'entourent pas, à beaucoup près,
tout l'abdomen : les premières sont un peu élargies, surtout la troisième et la quatrième; les trois dernières sont portées sur des
apophyses transverses descendantes, mais qui ne font pas l'anneau.
Les interépineux des deux premières épines anales sont soudés en
un seul os long et très-fort.

La couleur rouge dont Bloch a enluminé son *sciæna
undecimalis*, est tout-à-fait imaginaire; et l'on peut d'autant plus s'en étonner, qu'il y avait à Berlin une belle
figure de ce poisson peinte à l'huile dans le Recueil de
Mentzel; elle y est intitulée *camuri*, et, en effet, notre
centropome est le *camuri* de Margrave, p. 160, que les
Portugais du Brésil nommaient de son temps *robalo*, nom
du *bar* dans la Péninsule; les Hollandais l'appelaient *snœk,*
c'est-à-dire *brochet*. Encore aujourd'hui les colons espagnols de Cuba et de Porto-Rico l'appellent *robalo;* et
MM. Pley et Poey nous l'ont envoyé sous ce nom.

Pison donne ce *camuri*, p. 74, mais avec une gravure
où l'original de Mentzel, si c'est lui qui a servi, est telle-

ment défiguré que, sans les noms, il aurait été impossible de le reconnaître.[1]

Nos Français de Cayenne ont transporté à ce poisson le nom de *loubine*, emprunté de celui que le bar porte dans quelques endroits de nos côtes de l'Océan; et c'est un individu envoyé sous ce nom au cabinet du Roi, par Laborde, qui est devenu la *persèque loubine* de M. de Lacépède, tome IV, p. 397 et 421.

En d'autres de nos colonies, à Saint-Domingue, à la Martinique, on le nomme *brochet de mer;* Plumier l'a désigné sous ce nom à la Martinique, et c'est sur une copie de son dessin par Aubriet, intitulée ainsi, et chargée de couleurs trop vives, comme c'était l'ordinaire de cet artiste, que M. de Lacépède a établi sa *sphyrène orvert* (t. IV, p. 418, et t. V, pl. IV, fig. 2); mais son graveur a exagéré la saillie de la mâchoire inférieure beaucoup plus que ne le comportait le dessin original.

Ainsi le *camuri*, le *centropome ondécimal*, la *sphyrène orvert* et la *persèque loubine* doivent être désormais réduits à une seule espèce.

Il paraît que cette espèce se trouve tout autour de l'Amérique méridionale; car nous l'avons reçue de Rio-Janéiro et même de Lima, à ce qu'il nous a été assuré. Elle se tient aux embouchures des rivières, et y remonte

---

1. Pison, qui, lorsqu'il s'écarte de Margrave, est fort sujet à l'erreur, distingue des *camuri* de rivière et d'étang, appelés *camuripi* par les indigènes, qui ressemblent au brochet, et d'autres qui sont de mer, ne dépassent pas les embouchures des rivières, et ressemblent davantage aux bars; les indigènes les nomment *camuri apeba*, et lorsqu'ils sont grands, *camuri guazu*. C'est un de ces derniers qu'il prétend représenter, et sa figure est trop mauvaise pour que l'on sache ce qu'il en est; mais sa description, empruntée de Margrave, est celle de notre centropome actuel.

assez haut pour que plusieurs la considèrent comme un poisson d'eau douce. C'est sous ce titre que M. Poey nous l'a apportée de Cuba. Elle vit de proie et s'engraisse beaucoup; sa ponte a lieu deux fois par an et très-abondamment. Partout ce poisson est fort estimé et devient très-grand; on en prend de vingt-cinq livres et plus : il se vend par tranches sur les marchés, à ce que nous a rapporté un témoin oculaire. Pison le dit bien supérieur aux brochets et aux bars de l'Europe, et assure que sa chair convient aux malades non moins qu'à ceux qui se portent bien. Les meilleurs sont ceux qui approchent de deux pieds : on les sert sur les tables les plus recherchées. Les œufs se salent pour en faire, comme de ceux des muges, cette espèce de caviar connu dans la Méditerranée sous le nom de *botarge*.[1]

---

1. Pison, *loc. cit.*, p. 74.

CHAPITRE V.

Des Sandres (Lucioperca, nob.).

Ce sous-genre se distingue des autres par la réunion qu'il présente des nageoires et des préopercules de la perche, avec des dents pointues qui rappellent celles du brochet, et c'est ce qui a fait donner, par Conrad Gesner, à l'espèce d'Europe le nom composé de *lucioperca* (*brochet-perche*).[1]

Le SANDRE COMMUN.

(*Perca lucioperca*[2], L.; *Lucioperca sandra*, nob.)

Les fleuves et les lacs du nord et de l'est de l'Europe nourrissent ce poisson renommé pour son goût exquis. C'est le *sander, sandel* ou *sandat* des Allemands riverains de la Baltique, le *schil* des Autrichiens, le *nagmaul* des Bavarois. Il est inconnu à l'Italie, à la France et à l'Angleterre; et rien ne fait croire que les anciens en aient parlé, bien que d'autres poissons du Danube soient cités dans leurs écrits.

Sa forme générale est plus alongée que celle de la perche. Sa hauteur est cinq fois et un tiers dans sa longueur, et son épaisseur une fois et demie dans sa hauteur. La longueur de sa tête jusqu'au bout de l'opercule est d'un peu plus du quart de la longueur totale,

---

1. Gesn., *Paralip.*, p. 28 et 29.
2. *Perca lucioperca*, Bl., pl. 51, Schn., Shaw, etc.; *Centropome sandat*, Lacép.

et l'œil est placé au tiers antérieur de la longueur de sa tête. Son profil descend obliquement en ligne droite jusqu'au bout du museau, faisant avec la ligne de la gorge un angle d'environ cinquante degrés. La tête en dessus est arrondie transversalement, avec deux élevures longitudinales fort plates. Les mâchoires sont à peu près égales : la supérieure s'arrondit au bout; la gueule est médiocrement fendue; les trous de la narine petits et percés, l'un près de l'œil, l'autre près du bout du museau; les mâchoires sont garnies d'une bande très-étroite de dents en velours, parmi lesquelles il y en a un rang de coniques et pointues encore assez petites à la mâchoire supérieure, et déjà plus grandes à l'inférieure et aux palatins : deux de ces dents aiguës en avant à la mâchoire supérieure, quatre à l'inférieure, et deux en avant de chaque palatin, plus grandes encore que les autres, forment de véritables canines; mais à la ligne transversale du vomer il n'y en a que de petites en velours. La langue n'en a point, elle est libre et douce. Celles des pharyngiens sont en cardes. Le préopercule est arrondi, finement dentelé dans toute sa partie montante, et découpé en dents plus grandes et moins régulières à son bord inférieur. Les autres pièces operculaires sont entières, ainsi que les sous-orbitaires : du moins c'est à peine si l'on voit un vestige de dentelure à l'interopercule et au subopercule vers leur réunion; le bout de l'opercule osseux est obtus, mince, et son bord comme un peu déchiré. Les ouïes sont fendues comme à la perche, et ont de même sept rayons à leur membrane. Le surscapulaire et l'huméral près de la pectorale sont très-finement dentelés. Il n'y a point d'écailles sur le museau, ni entre les yeux, ni aux mâchoires; la joue paraît aussi couverte d'une peau nue; mais on en voit de petites sur le haut du crâne, en quatre compartimens, et sur le haut de l'opercule et du préopercule. Celles du corps sont plus petites à proportion qu'à la perche, mais de même rudes et dentelées au bord, finement striées en travers dans leur partie cachée et festonnées vers leur racine de sept crénelures. La ligne latérale parallèle au dos est presque droite; elle se marque par une élevure triangulaire sur chaque écaille. Il y a entre l'occiput et la première dorsale un intervalle égal aux deux tiers de la

longueur de la tête : cette dorsale est à peu près de la longueur de
la tête, et de moitié moins haute que le corps. Elle a quatorze rayons
assez forts, très-aigus : le premier est de moitié moins long que le
second, ensuite ils diminuent peu jusqu'aux trois derniers. Elle est
séparée de la seconde par un intervalle sensible, où il y a place
pour six ou huit écailles. Celle-ci, un peu plus longue que l'autre,
a vingt-trois rayons, dont le premier est épineux et fort petit. L'anus
est sous le commencement de cette seconde dorsale, et l'anale est
de huit ou dix écailles plus en arrière : elle ne se porte pas aussi
loin vers la queue : aussi n'a-t-elle que treize rayons, dont les
deux premiers épineux, mais faibles.

La caudale est un peu fourchue et a dix-sept rayons. Il y en a
quinze aux pectorales, et comme à l'ordinaire un épineux et six
mous aux ventrales. Celles-ci naissent un peu plus en arrière que
les pectorales, et se portent un peu plus loin; leur grandeur est à
peu près la même.

D. 14—1/22; A. 2/11; C. 17; P. 15; V. 1/5.

Le sandre est loin d'égaler la perche pour la beauté des couleurs.
Tout le dessus de son corps est d'un gris verdâtre, qui sur les
flancs et en dessous prend par degrés une teinte blanchâtre, argentée, uniforme, avec des reflets dorés. Sur la partie grise sont des
taches nuageuses brunâtres, et dans les jeunes sujets des bandes
verticales brunes; du moins c'est ainsi que nous les avons vues
dans quelques petits individus des environs de Berlin. On en compte
huit ou neuf qui descendent jusqu'au milieu de la hauteur. Quelques marbrures brunes se remarquent sur les côtés de la tête. Les
deux dorsales ont entre leurs rayons des taches noires sur un fond
gris, qui sont plus grandes et moins nombreuses à la première, et
qui forment sur toutes deux cinq bandes longitudinales. On en voit
aussi quelquefois à la caudale. Les autres nageoires sont pâles et plus
ou moins teintes de jaune. Les jeunes individus sont d'une teinte
plus pâle que les adultes, et souvent de couleur cendrée.

Le squelette du sandre a quarante-huit vertèbres. L'interépineux
du premier rayon dorsal s'insère entre les apophyses épineuses de

la troisième et de la quatrième. Ce sont la dix-neuvième et la vingtième qui répondent à l'intervalle des deux dorsales ; et, ce qui
prouve bien que les interépineux ne sont pas des appartenances
des vertèbres, les vingt-trois rayons de la deuxième dorsale sont
portés par dix-sept vertèbres seulement. Des quarante-huit vertèbres, vingt-six appartiennent à l'abdomen, et vingt-deux à la
queue. Les côtes ne sont pas bien longues, et, autant que j'en puis
juger par mon squelette, elles n'ont pas ces appendices qui les
rendent fourchues.

Ses viscères ressemblent fort à ceux de la perche. L'estomac est
un long cul-de-sac à parois épaisses, dont le fond est obtus. La
branche qui va au pylore, sort près du cardia. Il n'y a que quatre
appendices cœcales au pylore, et non pas six, comme le dit Bloch :
elles sont plus longues que dans la perche. Le foie et la rate offrent
peu de différences. La vessie natatoire est bien plus épaisse, et a ses
parois fibreuses, opaques et argentées, et non pas simplement
membraneuses et transparentes, comme dans la perche. Il y a deux
ovaires également grands et également remplis, dans le temps du
frai, d'une innombrable quantité d'œufs plus fins que des grains
de moutarde ; le cœur est plutôt arrondi que trièdre.

Le sandre devient au moins aussi grand que le brochet,
et croît aussi vîte. On en voit de trois et de quatre pieds
de long, et de vingt livres de poids. Sa chair est très-agréa-
ble au goût, grasse, et d'une blancheur remarquable lorsqu'elle est cuite. Grillée on la trouve moins bonne que
bouillie. Elle prend le sel et devient alors plus ferme ; on
peut aussi la fumer, et l'on en exporte beaucoup de Silésie
et de Prusse sous ces deux formes. Il y a même des per-
sonnes qui mangent cette chair crue, après l'avoir préparée
avec de l'huile, du sel et du poivre. Il fraie aux mois
d'Avril et de Mai, et dépose ses œufs sur les pierres ou les
herbes aquatiques : ses œufs sont fort nombreux et vont
à plus de trois cent mille par individu. C'est dans la pro-

fondeur qu'il se tient de préférence, ce qui le rend plus difficile à prendre que la perche; il préfère les fonds de sable, et ne réussit que dans des eaux pures; la vase, les moindres dissolutions gypseuses, lui sont nuisibles. Il n'a pas la vie si dure que la perche; quand il est renfermé il ne mange point, et on a même de la peine à le conserver long-temps dans des vases, en sorte qu'il est difficile à transporter vivant. C'est probablement ce qui a empêché que l'on n'essayât de multiplier chez nous un poisson qui donnerait à nos tables une ressource nouvelle et des plus agréables. La tentative mériterait bien d'en être faite; notre climat n'aurait rien qui s'y opposât, car il habite et plus au nord et plus au midi.

Le premier sandre qui ait été décrit avait été envoyé à Gesner de Bohème [1], et venait probablement de l'Elbe; mais il y en a aussi dans le Danube, dans l'Oder et dans tous les lacs qui communiquent avec ces fleuves. L'espèce est commune dans les grands lacs de Suède, où on la nomme *giörs;* les Norwégiens, qui la possèdent aussi, lui donnent le même nom; mais les Danois l'appellent *sandart,* comme les Allemands. Marsigli l'a vue en Hongrie, où on la nomme *silo* [2]. Elle abonde dans tous les fleuves de la Prusse, ainsi que dans le Frisch-Haf et le Curisch-Haf. *Bock* assure que les marchés de Dantzig et de Kœnigsberg sont quelquefois encombrés de ce poisson au point que les plus pauvres gens peuvent s'en repaître [3]. *Fischer* dit que le sandre est commun dans toutes les rivières de Livonie [4]. Les Russes le connaissent sous les noms de *sudak*

---

1. *Paralip.*, p. 28. — 2. Marsigl., *Danub.* — 3. Hist. nat. de Prusse, t. IV, p. 573. — 4. Hist. nat. de Livonie, p. 247.

et de *sulak;* les habitans de la petite Russie sous celui de *sula.* On en prend dans tous les lacs et les fleuves de l'empire russe qui communiquent avec la mer Baltique, la mer Caspienne, la mer d'Azof et la mer Noire; mais il ne paraît pas qu'il y en ait dans ceux qui se jettentdans la mer Glaciale. On en vend par milliers sur le bas Volga; et, selon Pallas, il est si commun dans la mer Caspienne et la mer d'Azof, que le bas peuple même l'y prend en dégoût[1]. L'huile de ce poisson est recherchée à Astracan par les teinturiers en coton.[2]

On ne manque pas de bonnes figures du sandre. Gesner[3], Marsigli[4], Klein[5], Meidinger[6], en ont donné de fort reconnaissables, mais Willughby[7] n'en a qu'une mauvaise. Celle de Bloch s'écarte des autres par les bandes noirâtres plus distinctes, qu'elle place sur son dos; son individu avait apparemment conservé plus long-temps la livrée de la jeunesse.

Le SANDRE BATARD DE RUSSIE.

(*Lucioperca volgensis,* nob.; *Perca volgensis,* Gm.)

Il y a dans les fleuves de Russie un poisson que nous n'avons pas vu, mais qui, d'après ce qu'on en rapporte, doit être fort voisin du sandre. Sur le Volga on l'appelle *berschik,* et sur le Don, *podsulac* et *secreet.* M. Pallas l'avait nommé d'abord, dans son Voyage de Russie, *perca*

---

1. Pall., *Zoogr. rossic.*, t. III, p. 246. — 2. Georgii, Description de la Russie, t. III, p. 1924 et 1925. — 3. Gesner, *Aq. paral.*, p. 28, copié dans Aldrov., p. 667, et Jonst., pl. 30, fig. 15. — 4. Marsigl., *Danub.*, t. IV., pl. 22, fig. 2. — 5. Klein, *Miss.*, t. V, pl. 7, fig. 3. — 6. Meidinger, *Pisc. austr.*, pl. 1. — 7. Willughby, pl. 5, fig. 14.

volgensis[1], et le décrit comme intermédiaire entre la perche commune et le sandre, au point, dit-il, qu'on le prendrait presque pour un hybride de ces deux espèces. Gmelin l'a adopté sous ce même nom de *perca volgensis,* et M. de Lacépède l'a considéré comme une variété du sandre.

Dans sa Zoographie russe[2], Pallas change d'opinion sur ce poisson et croit que c'est l'*apron,* ou *perca asper* du midi de l'Europe; mais sa description suffit pour prouver le contraire. En voici la traduction :

Sa forme est celle du sandre, mais un peu plus épaisse; sa tête est pareille, seulement les yeux sont plus saillans. Leur forme est ovale, et ils ont l'iris argenté et plus large en arrière. L'angle de l'opercule est arrondi, et cette pièce est garnie de petites écailles, comme dans le sandre. Les dents sont beaucoup plus petites : il y en a aussi quelques-unes à la mâchoire supérieure, et deux à l'inférieure, plus grandes que les autres. La membrane des ouïes a sept rayons; il y en a treize à la première dorsale, roides et épais comme dans la perche commune, avec des lignes longitudinales noires ; la seconde est contiguë à la première, et a vingt-trois rayons[3], dont le premier est court et épineux. Elle est marquée de bandes longitudinales noires, dont les supérieures confluent les unes dans les autres. Les pectorales sont transparentes et soutenues par quatorze rayons. L'anale a onze rayons, dont le premier court, épais, le second plus long, tous deux épineux; les autres beaucoup plus robustes que dans le sandre. La caudale est un peu fourchue, et a quinze rayons, et les ventrales sept. (Ce qui ne me paraît pas bien exact, l'analogie ne me permettant pas de douter que ces rayons ne soient en même nombre que dans toute la famille.)

B. 7; D. 13—1/22; A. 2/9; C. 15 (17?); P. 14; V. 1/7 (1/5?).

---

1. Voy. trad. fr., t. VIII, p. 99. — 2. *Zoogr. rossic.*, t. III, p. 247.
3. Ce trait seul suffirait pour distinguer le berschik de l'apron; dans ce dernier, la deuxième dorsale est fort écartée de la première, et n'a que douze ou treize rayons.

Ce poisson est plus brun sur le corps que le sandre, plus semblable à cet égard à la perche commune, et a environ six bandes transversales noires alternativement interrompues. Ses écailles sont assez grandes et âpres.

Sa taille est d'environ deux pieds.

On prend abondamment ce berschik dans les fleuves qui se rendent dans la mer Caspienne, le Palus-Méotide et le Pont-Euxin; mais principalement dans le Volga et dans le Don.

Il meurt, comme le sandre, en sortant de l'eau.

Le SANDRE DE MER.

(*Lucioperca marina*, nob.)

M. Pallas a décrit, dans sa Zoographie de l'empire de Russie[1], un autre poisson que les Russes des côtes de la mer Noire nomment *morskoi sudak,* c'est-à-dire *sandre de mer,* et qu'ils regardent mal à propos comme un sandre échappé de la mer d'Azof, dont les yeux, qui paraissent demi-opaques, auraient été rendus tels par les eaux plus salées de la mer Noire.

Les caractères que lui donne ce savant naturaliste prouvent, en effet, que ce n'est pas le sandre ordinaire; mais ils prouvent aussi que ce n'est pas le bar, ainsi qu'il le soupçonne; et autant qu'on en peut juger par les dents, ce doit encore être une troisième espèce de sandre : mais comme nous ne l'avons pas vu, nous ne le plaçons ici qu'avec doute.

---

1. *Zoogr. ross.* t. III, p. 243.

Voici la traduction de l'article qui le concerne :

Par la taille, par la forme et par la couleur, il ressemble au sandre; neuf taches brunes, oblongues sur les flancs, rondes sur la queue, lui traversent chaque côté du corps. Sa tête est un peu comprimée, son museau en cône déprimé; ses mâchoires sont égales, la supérieure obtuse et légèrement échancrée au bout; ses dents sur une seule rangée, écartées; les latérales fortes, coniques, pointues; les premières de chaque côté, à chaque mâchoire, forment de vraies canines; les antérieures sont menues. La langue est libre, plane, très-lisse; les yeux sont grands, à iris d'un jaune argenté, marqué de brun en dessus, à pupille glauque; les opercules un peu aigus et lisses [1]. La membrane branchiale a sept rayons; les nageoires ont moins de taches qu'au sandre; les pectorales sont un peu aiguës et ont douze rayons; ceux des ventrales sont robustes, épais : le premier est épineux et plus court. Les dorsales sont contiguës : dans la première on compte treize rayons et un petit en avant; dans la seconde il y en a douze branchus (si toutefois ce nombre douze n'est pas une faute d'impression au lieu de vingt-deux); l'anale en a un très-petit en avant, puis deux à peu près cartilagineux et onze branchus. L'épine du dos et ses apophyses sont très-robustes; mais les côtes sont fort grêles, en sorte qu'il y a à peine des arêtes dans un si grand poisson.

B. 7; D. 14 — 12? A. 3/11; P. 12; V. 1/5.

Sa chair est ferme, blanche, lamelleuse et d'un goût délicieux, et bien supérieure à celle du sandre; on en prend beaucoup à la fin de l'automne.

---

1. Ici M. Pallas ne donne aucun détail sur les épines ou les dentelures des pièces operculaires.

Le SANDRE D'AMÉRIQUE.

(*Lucioperca americana*, nob.)

Les eaux des États-Unis possèdent un sandre qui réunit aussi plusieurs des caractères de la perche.

Un peu plus alongé encore que le sandre ordinaire, il est partout finement marbré ou réticulé de noirâtre sur un fond jaunâtre ou verdâtre : il a une pointe aiguë à l'opercule, ce qui le différencie beaucoup des sandres d'Europe, et montre en même temps que cette sorte d'armure ne peut fournir que des caractères très-secondaires. Sa première dorsale est marquée d'une tache noire comme à la perche. Du reste, par les dents et les autres caractères il ressemble au sandre, ayant seulement deux rayons de moins à la seconde dorsale.

D. 14 — 1/20; A. 2/11; C. 17; P. 13; V. 1/5.

Nous l'avons reçu de New-York par les soins de M. Milbert.

CHAPITRE VI.

De quelques petits genres étrangers analogues aux Perches propres, aux Bars et aux Varioles.

Nous venons de présenter dans l'ordre qui nous a paru le plus simple, les groupes qui peuvent être considérés comme les modifications les plus immédiates du type de la perche; mais la nature ne s'astreint ni à ce que nous regardons comme des types, ni, en général, à aucune de nos abstractions; et elle a produit dans des mers éloignées des poissons qui s'écartent diversement de ces premiers groupes, et dont chacun deviendra probablement à son tour le type d'un genre, lorsque l'on aura découvert des espèces qui s'en rapprochent et le multiplient.

C'est ainsi que nous allons voir le huron ne différer de la perche que par l'absence de dentelures à son préopercule, l'etelis reproduire une partie des caractères de la perche, avec quelques-uns de ceux du sandre, mais surtout avec plus d'élégance dans les formes et plus d'éclat dans les couleurs; l'énoplose et le diploprion, semblables, à beaucoup d'égards, aux varioles ou aux bars, offrir un corps tellement haut et comprimé, que le premier a été regardé par d'habiles gens comme du genre des chétodons; enfin, le niphon paraître un bar ou une variole, mais armé d'une manière bien plus formidable, qui rappelle à certains égards, et surpasse à d'autres, l'armure des holocentrum et des scorpènes.

Notre méthode, qui cherche à suivre de près la nature,

et à exprimer par nos subdivisions mêmes les affinités des êtres, ne nous permet donc point de jeter ces espèces singulières dans les groupes que nous venons de décrire, ce qui aurait été facile au moyen de quelque changement dans nos phrases caractéristiques, mais ce qui aurait induit nos lecteurs en erreur, en leur faisant croire qu'ils s'attachent aux types de ces groupes plus étroitement qu'ils ne le font. Ainsi nous leur donnerons à chacun un nom générique particulier.

Le HURON.

Nous croyons pouvoir donner ce nom à un poisson que M. Richardson a pris récemment dans le lac Huron, et qui aurait tous les caractères de la perche, s'il ne manquait de dentelures aux os de la tête et de l'épaule, et spécialement au préopercule, qui n'en manque presque dans aucune espèce de cette famille.

Les Anglais des environs de ce lac l'appellent *black-bass* ou *perche noire,* parce qu'il ressemble en effet assez pour le port et pour les teintes à un autre poisson qui porte le même nom aux États-Unis, et que nous décrirons plus loin dans notre genre *centropriste,* auquel il appartient.

Ce *black-bass* du lac Huron a la chair ferme et blanche, et il passe pour le meilleur des poissons que l'on pêche en été dans ce vaste amas d'eau.

Il a le corps un peu plus haut à proportion que la perche; le museau un peu plus court; le front moins concave; sa mâchoire inférieure se porte un peu plus en avant. Sur son front se voient des stries fines et nombreuses, mais toutes dirigées vers le bord de l'orbite. Il a des dents en velours aux mêmes endroits que la perche; son maxillaire a le bord supérieur dilaté; son front, son museau, ses mâchoires, n'ont point d'écailles; mais il y en a sur son crâne, sa tempe, toute sa joue et toutes ses pièces operculaires, leurs bords exceptés. Le limbe de l'opercule en est dépourvu, et son bord, parfaitement entier et sans dentelures, s'arrondit dans le bas, après avoir fait un très-léger arc rentrant. L'opercule osseux se termine en deux pointes plates, séparées par une petite échancrure aiguë et oblique. Aucune des pièces de l'épaule n'a de dentelure. La première dorsale, beaucoup plus petite qu'à la perche, n'a que six rayons, et demeure assez éloignée de la seconde, qui est plus élevée, et peut avoir avec ses deux épines douze ou treize rayons mous. (Elle est en partie mutilée dans notre individu.) L'anale a trois épines et onze rayons mous; elle est aussi un peu plus grande à proportion qu'à la perche. Quant aux pectorales et aux ventrales, elles sont à peu près pareilles à celles de la perche, et la caudale aussi.

B. 7; D. 6 — 2/12? A. 3/11; C. 17; P. 15; V. 1/5.

On compte soixante et quelques écailles entre l'ouie et la caudale, et vingt-cinq ou vingt-six entre la première dorsale et le ventre. Elles paraissent toutes lisses et entières.

La couleur de ce poisson, que nous n'avons vu que desséché, paraît avoir approché de celle de la carpe. Son dos est d'un brun verdâtre, qui s'affaiblit sur les côtés, et passe sous le ventre au blanc-jaunâtre argenté; une ligne grisâtre suit le milieu de chaque rangée longitudinale d'écailles.

L'individu que nous avons eu sous les yeux, était long de seize pouces.

Nous laisserons à l'espèce l'épithète qu'elle porte dans son pays natal, *Huro nigricans.*

L'ETELIS.

Sous ce nom, qui est cité une fois dans Aristote, sans aucun détail qui puisse faire reconnaître à quel poisson il appartient, nous formons un petit genre, qui réunit aux caractères des perches proprement dites, et même à leurs dents en velours, une rangée extérieure de dents en crochets coniques et pointus. Sous ce rapport, les etelis ressembleraient aux sandres, mais ils en diffèrent parce que leurs palatins n'ont que des dents en velours sans aucuns crochets et parce que leurs opercules se terminent par deux épines, tandis que ceux des sandres sont entiers.

Nous ne connaissons qu'une espèce d'etelis, à laquelle nous donnons le nom spécifique d'*etelis carbunculus.* C'est un superbe poisson d'une couleur étincelante de rubis, relevé de lignes longitudinales dorées. Nous le devons à M. Dussumier, dont le zèle pour l'histoire naturelle a procuré tant d'autres raretés au Cabinet du Roi. Il en a pris un individu près des îles Mahées, qui font partie de l'archipel des Seichelles, au nord de l'Isle-de-France et par les cinq degrés de latitude australe, et c'est sur cet individu que nous avons rédigé la description suivante.

Ce poisson est un peu plus alongé et moins comprimé que la perche. Sa hauteur aux pectorales est quatre fois et un cinquième dans sa longueur totale, et la longueur de sa tête y est trois fois et demie; son épaisseur fait les trois cinquièmes de sa hauteur; la hauteur de sa tête est des deux tiers de sa longueur, et sa largeur entre les yeux de moitié de sa hauteur. La ligne de son crâne se continue avec celle du dos en descendant légèrement jusque sur l'œil, d'où le museau descend un peu plus rapidement; l'œil est fort grand, et son diamètre longitudinal fait le tiers de la longueur de la tête. Il est placé au milieu de cette longueur, mais touchant presque à la ligne du front. Il occupe la moitié supérieure de la hauteur à cet endroit. Le dessus du crâne, un peu concave entre les yeux, a la surface relevée de chaque côté par des ramifications saillantes qui y représentent comme des arbres. Les orifices des narines sont trois fois plus près de l'œil que du bout du museau, ronds, assez grands, près l'un de l'autre; le postérieur un peu plus élevé. La bouche est fendue jusque sous le tiers antérieur de l'œil. La mâchoire inférieure avance plus que la supérieure, qui est très-peu extensible.

Chaque mâchoire a une bande de velours ras, et à l'extérieur une rangée de dents fortes, coniques, pointues, écartées les unes des autres. On en compte de chaque côté de la mâchoire supérieure, d'abord une petite, puis une plus grande, espèce de canine, puis une autre un peu moindre; et, vers le fond, huit ou dix plus rapprochées et plus petites; à l'inférieure il y en a une petite, puis une grande, et, vers le fond, huit ou dix moindres. Des dents en velours garnissent le chevron antérieur du vomer, et une bande à chaque palatin. La langue est large, plate, obtuse, assez libre, et complétement lisse. Le sous-opercule, trois fois plus long que haut, sans dentelures, a sa surface marquée de stries branchues comme des veines, et de très-petits pores.

L'angle du préopercule est arrondi; son limbe vers l'angle et à la partie inférieure est large et veiné comme le préopercule, et son bord très-finement dentelé. L'opercule a deux pointes plates, aiguës, qui ne dépassent pas sa membrane. Les ouïes sont fendues jusque sous le milieu de la mâchoire inférieure. Leur membrane a sept rayons. Il y a de longues râtelures au premier arceau des branchies; les autres n'ont que des tubercules hérissés de dents en velours. Les pharyngiens ont les leurs en cardes.

L'os surscapulaire est veiné et à peine sensiblement dentelé. C'est aussi au plus si l'on aperçoit quelque vestige de dentelure au scapulaire. Le reste des os de l'épaule n'a point d'armure.

La pectorale est pointue, et du quart de la longueur du corps. Elle a seize rayons, dont le cinquième est le plus long. La ventrale, attachée sous la pectorale, est plus courte d'un cinquième. Son épine, de force médiocre, occupe les deux tiers de sa longueur. La première dorsale commence un peu plus en arrière que la base de la pectorale, et occupe en longueur un peu plus du cinquième de la longueur totale. Elle a neuf épines de force médiocre, dont la première trois fois plus courte que les deux suivantes, qui sont les plus longues et n'ont que moitié de la hauteur du corps. Elle finit

juste au pied de la seconde, qui est un peu moins longue et un peu
moins haute, et qui a une épine et onze rayons mous, dont le
premier seul n'est pas branchu, et dont le dernier s'alonge un peu
en pointe. L'anale répond à cette seconde dorsale, et a trois épines,
dont la première très-courte, et huit rayons mous. La portion de
queue derrière les nageoires est du cinquième de la longueur totale.
La caudale est fourchue; chaque lobe est aussi à peu près du cinquième de la longueur totale. Elle a dix-sept rayons entiers.

B. 7; D. 9 — 1/11; A. 3/8; C. 17; P. 16; V. 1/5.

Les écailles sont larges et belles; il y en a environ soixante sur
une ligne longitudinale, en comptant les petites vers la base de la
queue, et dix-sept ou dix-huit sur une ligne verticale à l'endroit des
ventrales. Elles sont plus larges que longues; leur bord externe a
un lobe un peu saillant dans son milieu, et tout son bord est finement strié. Leur éventail a sept ou huit rayons, et leur bord radical
autant de crénelures; leur surface est lisse.

La ligne latérale suit la même courbure légère que le dos, à peu
près au quart supérieur de la hauteur. Elle se marque par un petit
disque ovale saillant sur le milieu de chacune de ses écailles.

Tout ce poisson est d'un beau rouge brillant avec des lignes
dorées le long de chaque rangée d'écailles. L'iris de l'œil forme un
beau et large cercle de couleur d'or.

L'individu rapporté par M. Dussumier est long de onze pouces.

Les viscères de ce poisson n'étaient pas bien conservés; ainsi
nous n'avons pu rien voir du foie.

L'estomac est un grand sac obtus, à parois épaisses et très-
charnues. La branche montante est grosse et courte. Il y a cinq
appendices cœcales au pylore.

La vessie aérienne est simple, très-grande; ses parois sont minces
et argentées; les corps rouges sont doubles et sous la forme de deux
cordons étroits et un peu alongés, placés vers le haut de la vessie.

C'était une femelle.

Le NIPHON.

Il existe dans la mer du Japon un poisson qui possède
quelques-uns des caractères des varioles, mais qui s'en
éloigne beaucoup par les épines redoutables dont ses
pièces operculaires sont armées. Nous l'appellerons le
niphon épineux (*niphon spinosus,* nob.).

Sa tête est alongée, et fait presque le tiers de la longueur totale.
A la nuque sa hauteur est d'un tiers moindre que sa longueur. Son
profil descend de là à peu près en ligne droite. Sa mâchoire inférieure est un peu plus longue que l'autre. Le sous-orbitaire est
finement dentelé en scie. Le préopercule, dentelé de même à son
bord montant, et muni de quatre petites épines à son bord inférieur, a à son angle une grosse épine forte et aiguë, aussi longue
que tout le bord inférieur, et qui, se portant directement en arrière,
dépasse le bord de l'opercule. L'opercule lui-même a trois épines
pointues qui se continuent en arêtes sur sa surface, et dont celle
du milieu, qui est la plus forte, se porte jusqu'au droit du tiers
antérieur de la pectorale. L'os surscapulaire a une ou deux dentelures. L'huméral a au-dessus de la pectorale une épine plate, large et
pointue, mais qui ne va pas autant en arrière que celle de l'opercule.

La première dorsale a douze épines, dont les troisième, quatrième
et cinquième sont les plus hautes et égalent les deux tiers de la hauteur du corps sous elles. Sa membrane finit au pied de la seconde,
qui a une épine grêle et onze rayons mous. L'espace occupé par
ces deux nageoires est de deux cinquièmes de la longueur totale.
L'anale répond à la deuxième ; elle a trois fortes épines, dont la
deuxième et la troisième, à peu près égales entre elles, sont doubles
de la première, et sept rayons mous. Les pectorales et les ventrales
ont à peu près le septième de la longueur totale. L'épine des ventrales ne le cède que de peu en longueur à leur premier rayon mou.
La caudale est coupée presque carrément.

D. 12—1/11; A. 3/7; C. 17; P. 16; V. 1/5.

2.   13

Les écailles sont petites, très-finement striées et ciliées. La ligne latérale occupe le quart de la hauteur en avant, et demeure parallèle au dos. Elle se marque par de petites élevures oblongues et contiguës.

Ce poisson paraît avoir eu la moitié supérieure brune, l'inférieure argentée. Une bande pâle part du haut de l'œil, et va en ligne droite jusqu'au milieu de la seconde dorsale. Il y a sur cette dernière nageoire une tache noire, qui en occupe obliquement la partie antérieure, de manière cependant à y laisser un angle blanc. La caudale est noirâtre, et a ses deux angles et une bande longitudinale au milieu blanchâtres. La première dorsale a sur sa membrane une teinte grise, plus foncée et presque noirâtre en avant. Les autres nageoires paraissent blanchâtres ou jaunâtres; mais il faut se souvenir que cette description, faite sur le sec, peut bien donner une idée de la distribution des couleurs, mais non pas de leurs teintes.

Notre individu est long de huit pouces.

Il a été donné au Musée de Berlin par M. Langsdorf.

L'ÉNOPLOSE (*Enoplosus*, Lacép.). [1]

Ce poisson montre dans quelles erreurs peut conduire la méthode de classer les êtres par leur apparence générale. D'après sa forme haute et comprimée, et ses nageoires élevées et pointues, John White, ou plutôt celui qui a rédigé les descriptions d'objets naturels dans sa relation de la Nouvelle-Hollande, jugea que ce devait être un chétodon, et l'appela *chœtodon armatus;* en conséquence M. de Lacépède lui a supposé les dents et les autres carac-

---

1. *Chœtodon armatus*, J. White, Nouvelle-Galles du Sud, pl. 39, fig. 1; *Énoplose White*, Lacép., t. IV, p. 541.

tères essentiels des chétodons, et c'est sur cette supposi-
tion qu'il l'a placé dans le système, tout en le détachant
de ce genre, ou plutôt en le mettant dans une des subdivisions qu'il y introduit. Cependant l'énoplose n'est en
réalité qu'une perche, mais une perche

dont le corps, presque aussi haut que long, est fort aplati par les
côtés, dont le chanfrein est concave, dont les deux dorsales s'élèvent
de leur partie antérieure plus que le corps lui-même; enfin, dont
les ventrales se prolongent en longues pointes. Il n'a point, comme
les chétodons, d'enveloppe écailleuse à sa dorsale et à son anale, et
ses dents ne sont point en cheveux, mais en velours ras. Il y en a
une bande étroite aux mâchoires, une petite en travers au-devant
du vomer, et une à chaque palatin. Sa langue est âpre à sa base,
comme dans le bar. Le premier sous-orbitaire est court, et à son
bord inférieur se voient cinq ou six dents aiguës. Le préopercule a
ses bords à angles droits; celui qui monte est assez finement crénelé;
l'autre est plus fortement denté en scie, à dents aiguës dirigées vers
l'arrière. De l'angle partent deux dents plus fortes, surtout la supérieure, qui est une vraie épine. L'interopercule et le subopercule
sont entiers, ainsi que l'os mastoïdien et celui de l'épaule. L'opercule finit par deux pointes plates et obtuses, qui ne méritent guère
le nom de piquans. La nuque va en s'élevant rapidement au-dessus
de l'occiput. La queue redevient peu élevée.

La joue et toutes les pièces operculaires sont écailleuses, mais
non le museau ni les mâchoires. Les écailles sont petites, deux fois
plus longues que larges. Leur partie visible est arrondie, et a des
stries concentriques fines, qui se continuent sur les côtés de la
partie cachée. L'éventail n'a que quatre ou cinq rayons, et les
crénelures radicales sont peu marquées. La ligne latérale a, dans
sa première moitié, une forte convexité vers le haut.

L'espace avant la première dorsale est aussi long que la tête. Les
épines s'alongent peu jusqu'à la troisième; mais la quatrième est
subitement aussi longue que l'espace entre elle et le museau. Elle
est forte, comprimée et tranchante. La cinquième est de moitié plus

courte, et les trois suivantes diminuent rapidement; mais l'épine de la seconde dorsale est aussi haute que le cinquième rayon de la première, et son premier rayon mou est, ainsi que le second, aussi haut que tout le corps. Les autres diminuent de nouveau jusqu'au quinzième, qui est le plus court. Ces deux dorsales sont à peu près contiguës; mais quelquefois la membrane de la première finit plus tôt, et alors sa dernière épine demeure libre entre les deux nageoires. L'anale a trois épines, dont la troisième égale celle de la deuxième dorsale. Son premier rayon mou est plus long du double. On y en compte quinze. La caudale est assez longue, et plutôt terminée en croissant qu'en fourche. Les pectorales et les ventrales sont pointues, ces dernières surtout, dont l'épine est longue et forte. Je ne trouve que douze rayons aux pectorales : la queue en a dix-sept, et les ventrales cinq mous et une épine, comme dans toute la famille.

Ainsi ses nombres de rayons sont :

B. 7; D. 7 — 1/14 ou 1/15; A. 3/15; C. 17; P. 12; V. 1/15.

Les couleurs de l'énoplose sont assez distinguées. Huit bandes verticales noires, de largeur inégale, relèvent un fond d'un blanc argenté assez brillant. La première descend de la nuque à l'œil, et se continue au-dessous; la seconde va de la première épine dorsale à l'opercule; la troisième est sous la première dorsale; la quatrième entre la première et la seconde; la cinquième et la sixième sous la seconde; la septième sur la queue, et la huitième à la base de la caudale. Les ventrales sont noires, et les membranes des autres nageoires sont noirâtres.

Ses intestins diffèrent assez de ceux du reste de la famille. Son foie est volumineux, peu divisé; sa vésicule du fiel oblongue. Son estomac, charnu, fort ridé intérieurement, n'a qu'un vestige arrondi de cul-de-sac, et se recourbe aussitôt vers le pylore. Sa portion la plus voisine du pylore a ses parois amincies. J'ai compté jusqu'à quinze appendices pyloriques, grêles et assez longues. L'intestin fait deux grands replis avant d'aboutir à l'anus. La vessie natatoire est grande, obtuse aux deux bouts, et occupe le haut de l'abdomen d'une extrémité à l'autre. La position des sacs génitaux, à cause de la forme élevée du corps, est presque verticale au bord postérieur de l'abdomen.

Son squelette a vingt-cinq vertèbres, comme ceux du bar et de la variole. Les apophyses et les osselets interépineux en sont élevés comme le corps lui-même. La crête occipitale l'est aussi beaucoup; c'est elle qui soutient le tranchant de la nuque, comme la lame hyoïdale soutient celui de la gorge.

Ce joli poisson demeure petit; sa longueur n'est guère que de huit à dix pouces au plus. Il ne doit pas être rare à la Nouvelle-Hollande; Péron et les compagnons de M. Freycinet nous en ont apporté plusieurs individus.

Nous nommerons l'espèce *enoplosus armatus*, ou, pour ceux qui voudraient conserver les genres de Linnæus, *perca* (*enoplosus*) *armata*.

Le DIPLOPRION.

MM. Kuhl et Van-Hasselt, deux jeunes naturalistes pleins d'ardeur et de sagacité, envoyés dans les Indes par le gouvernement des Pays-Bas, et qui y ont été victimes de leur zèle pour les progrès de la science, ont découvert et caractérisé ce sous-genre. Ils l'ont nommé *diploprion,* d'après la double dentelure du préopercule, et ils ont donné à l'espèce sur laquelle ils l'ont établi, l'épithète de *bifasciatum.* Nous conservons religieusement ces noms tant générique que spécifique; c'est de notre part un devoir envers des hommes dont les premières études avaient été perfectionnées sous nos yeux, et dont les recherches seront si utiles à notre ouvrage, grâce à la libéralité avec laquelle le savant M. Temminck, directeur du musée royal des Pays-Bas, a bien voulu favoriser nos travaux.

Le *Diploprion* ressemble beaucoup à l'énoplose par son corps comprimé; mais sa tête est bien plus grande; son tronc s'abaisse davantage de l'arrière; ses nageoires dorsales et anales, bien qu'élevées, ne se prolongent pas en pointe, et l'armure de sa tête surtout est plus compliquée, et surpasse même celle de la perche commune, ayant trois fortes épines à l'opercule et des dentelures à toutes les autres pièces operculaires.

Le corps et la tête sont comprimés au point que l'épaisseur n'est que le dixième environ de la longueur totale. La tête est aussi haute que longue, et sa longueur n'est guère plus de trois fois dans la longueur totale. La nuque s'élève encore d'un quart en sus de la hauteur de la tête; ensuite la ligne du dos descend obliquement jusqu'à la partie de la queue qui est en arrière des dorsales et de l'anale, et qui égale le sixième du total en longueur. La hauteur de cette partie est un peu moindre que sa longueur. Le profil descend obliquement; l'ouverture de la bouche va en montant. L'œil est près de la ligne du profil, dont la longueur égale trois fois son diamètre.

Les dents sont en velours aux deux mâchoires. Il y en a deux petits groupes au-devant du vomer, et un de fort petites à chaque palatin. La langue est étroite, pointue et lisse. La mâchoire supérieure est assez protractile. L'os maxillaire est large, et a deux ou trois côtes saillantes irrégulières, et, vers le haut, deux tubercules mousses. Le sous-opercule est rude et veiné, mais non dentelé. L'angle du préopercule est obtus : son limbe a une ligne rude ou un peu dentelée; son bord est irrégulièrement dentelé. L'opercule osseux est assez rude, et se termine par deux fortes épines et deux petites. Le subopercule a quelques dentelures, et l'interopercule est dentelé tout autour. Le crâne est rude. Il y a entre les yeux deux petites arêtes longitudinales mousses. L'os surscapulaire est rude et sans dentelure; mais l'huméral est dentelé au-dessus de la pectorale, et dans l'aisselle.

La première dorsale est arrondie, et a près de moitié de la hauteur du corps. Elle finit exactement au pied de la seconde, et a huit rayons, dont le premier, le septième, et surtout le huitième, sont les plus courts; le troisième et le quatrième sont les plus longs. La seconde dorsale s'élève autant et plus que la première, mais ne tient pas tout-à-fait autant d'espace en longueur. Elle a quinze rayons tous mous. L'anale occupe à peu près le même espace, mais est un peu moins haute. On y compte deux épines très-courtes et douze rayons mous. La caudale est un peu arrondie au bout : elle a dix-sept rayons. Les pectorales sont médiocres, arrondies, de seize ou dix-sept rayons. Les ventrales sortent exactement sous la base des pectorales, et se prolongent en pointes qui atteignent jusqu'au-delà de l'anus. Leur épine est de plus de moitié plus courte que leur premier rayon mou.

B. 7; D. 8—15; A. 2/12; C. 17; P. 17; V. 1/5.

Les écailles sont fort petites, c'est à peine si on sent leur âpreté; la joue en est revêtue, mais je n'en vois point sur les autres parties de la tête. Cependant une figure envoyée par MM. Kuhl et Van-Hassel en marque sur l'opercule de plus grandes que sur le corps. Il n'y en a point sur les nageoires verticales. La ligne latérale est en avant un peu plus convexe que celle du dos.

Le fond de la couleur est d'un beau jaune, un peu teint de roussâtre. Une large bande noire descend de la nuque à l'œil, et se prolonge sur la joue. Une autre, quelquefois beaucoup plus large que la première, coupe le milieu du corps, depuis la moitié postérieure de la première dorsale jusqu'à l'anus et au commencement de l'anale, et, dans certains individus, jusqu'à toute la base de cette dernière nageoire. La première dorsale est brunâtre ou noirâtre, et a le bord plus foncé, surtout en arrière. Les autres nageoires sont jaunâtres; il y a une teinte de gris sur les ventrales.

Les individus ont environ six pouces de longueur.

Le diploprion a le foie petit, composé de deux lobes triangulaires et pointus. L'estomac est petit; ses appendices cœcales sont grêles, de longueur médiocre, et au nombre de trois : celle qui est à la droite de l'estomac est de moitié plus courte que les deux autres. L'intestin fait deux replis égaux entre eux, et chacun aussi long que l'abdomen; ce qui rend l'intestin égal aux deux tiers de la longueur totale. La vessie natatoire est assez grande; ses parois sont très-minces. Le péritoine est d'une belle couleur d'argent mat très-éclatante.

Dans le squelette, le crâne est lisse et bombé entre les yeux; il est rugueux sur les côtés. La crête mitoyenne est petite, peu élevée, dirigée en arrière, et a de chaque côté une petite crête latérale.

Sur le front et en avant de chaque orbite il y a une crête osseuse, peu élevée, épaisse, qui ne dépasse pas l'angle antérieur de l'œil.

Le sous-orbitaire est large, remonte jusqu'au-devant de l'œil sur le front, de manière à isoler du crâne les deux très-petits os du nez.

L'ethmoïde prolonge le museau au-delà des yeux par une lame tranchante qui s'étend en avant de la face.

Le préopercule est peu concave.

Le surscapulaire est très-petit, le scapulaire médiocre, de forme oblongue. L'huméral et le radial sont très-développés, et forment une large ceinture osseuse, creusée en gouttière peu profonde.

Le coracoïdien est très-gros et très-solide.

Il y a douze vertèbres abdominales et treize caudales.

Les côtes sont très-petites et très-grêles.

Les dents pharyngiennes sont en cardes fines.

Ce poisson habite les côtes de l'île de Java.

CHAPITRE VII.

Des Apogons, des Chéilodiptères et des Pomatomes.

Nous réunissons dans ce chapitre trois genres fort voisins, et qui diffèrent tous les trois des genres précédens, par l'éloignement de leurs deux dorsales et le peu d'adhérence de leurs écailles.

DES APOGONS.

Ce genre, établi par M. de Lacépède, quoique nommé d'après une idée exagérée de ses rapports avec les mulles, doit être conservé ; il comprend des poissons dont les écailles sont grandes et tombent facilement, comme celles des mulles, et qui ont aussi, comme les mulles, les dorsales peu étendues en longueur, et très-séparées ; mais qui, d'ailleurs, offrent plusieurs des caractères des perches : des dents en velours partout, un double rebord au préopercule, le bord de cet os finement dentelé, et très-peu d'appendices au pylore. Nous n'en possédons qu'une espèce dans la Méditerranée, mais il y en a beaucoup dans l'océan Indien.

L'Apogon commun, *vulgairement* Roi des rougets.
(*Apogon rex mullorum*, nob.) [1]

L'apogon de nos mers est un petit poisson peu remarquable par lui-même, mais dont l'histoire mérite d'être

---

1. *Mullus imberbis*, L. ; *Apogon rouge*, Lacép., t. III, p. 412.
2.   14

racontée en détail, ne fût-ce que pour faire voir à quel point le défaut d'attention et de critique, et la manie d'accumuler des espèces dans les catalogues, ont embrouillé les faits les plus simples de l'histoire de la nature.

Les anciens donnaient le nom de τριγλὴ en grec, de *mullus* en latin, au poisson que les Italiens appellent encore *trillia,* qui est notre *rouget* de Provence (*mullus barbatus,* Lin.) et qui n'a que des rapports fort éloignés avec ceux que les naturalistes connaissent aujourd'hui sous le nom de *trigla.* Toutes les espèces de ces *mullus* ont deux longs barbillons sous la mâchoire inférieure; cependant quelques anciens les ayant appelées *mulles barbus,* on a supposé qu'ils voulaient faire de cette épithète une distinction dans le genre et qu'ils avaient aussi connu des *mulles imberbes,* et l'on s'est cru obligé de retrouver un poisson auquel ce nom pût être appliqué.

Rondelet le donne à un trigle, dans le sens actuel du mot, le *trigla lineata,* Bl.; mais Willughby, p. 286, l'a transféré à un autre poisson, qui ressemble beaucoup mieux, du moins au premier coup d'œil, aux mulles ordinaires par sa forme un peu courte, la position de ses deux dorsales, sa couleur rouge et ses grandes écailles. Ce poisson, connu à Malte sous le nom de roi des mulles, *re dei trigli,* a été considéré par Artedi et par Linnæus comme une espèce de mulle, et nommé, d'après Willughby, *mullus imberbis.* Gesner en avait déjà donné une figure passable pour son temps (p. 1273) sous le nom de *corvulus;* mais ni Willughby ni ses successeurs ne s'aperçurent de l'identité de ce *corvulus* avec le *mulle imberbe.* Bien plus, comme sa collocation parmi les mulles supposait implicitement qu'il avait leurs caractères génériques, divers natu-

ralistes plus récens, qui ont revu ce poisson ou quelques-
uns de ses congénères, et qui n'y trouvaient pas ces caractères, n'ayant pas reconnu leurs espèces pour analogues à
celle de Willughby, les ont décrites sous des noms nouveaux, et elles se sont multipliées à un degré étonnant
dans les ouvrages les plus savans.

Gronovius, par exemple, a fait de l'apogon son genre
amia. Sa description (*Zoophyl.*, p. 80) et sa figure (pl. IX,
fig. 2) ne laissent aucune équivoque. On a peine à concevoir comment ni l'une ni l'autre n'a attiré l'attention des
ichtyologistes subséquens. Il est surtout étonnant, le cahier
du *Zoophylacium*, qui les contient, ayant paru en 1763,
que Linnæus ait donné ce nom d'*amia* à un genre tout
différent, de l'ordre des abdominaux, et de la famille des
harengs.

M. de Lacépède, supposant comme Artedi et Linnæus
que le *mulle imberbe* avait, aux barbillons près, tous les
caractères des mulles, a caractérisé son genre *apogon,* où
il ne comprend que le poisson de Willughby, par cette
absence des barbillons seulement (t. III, p. 411 et 412);
et, ayant trouvé dans les papiers de Commerson des dessins de poisson tout semblables, s'ils ne sont les mêmes, il
ne s'est point douté qu'ils appartinssent au même genre.

Ainsi un premier de ces dessins, bien reconnaissable
pour quiconque a vu le poisson, mais où les dents ne sont
pas exprimées, lui a fait croire qu'il s'agissait d'un poisson
à mâchoires nues, et est devenu l'*ostorinque Fleurieu*
(Lacép., tome IV, p. 24; et tome III, pl. XXXII, fig. 2).
Un autre, fait à la plume, où les dents sont représentées
par des points, a donné à penser que ces dents étaient
fortes, comme celles des spares, et il a paru sous le nom

de *diptérodon hexacanthe* (tome IV, p. 167; et tome III, pl. IV, fig. 2); à quoi il faut ajouter que la description de Commerson[1], sur laquelle M. de Lacépède a établi son *centropome doré* (tome IV, p. 273), se rapporte très-probablement au même poisson que le dessin sur lequel repose l'*ostorinque Fleurieu*.

Pour compléter cette suite de bizarreries de nomenclature, M. Maximil. Spinola, de Gènes, dans les Annales du Muséum d'histoire natur. (t. X, p. 370, et pl. XXVIII, fig. 2), reproduit l'apogon de la Méditerranée comme un être nouveau, et lui impose le nom de *centropomus rubens*, qui, dans M. de Lacépède, ainsi que nous le verrons par la suite, est celui d'un *myripristis*. On n'a qu'à placer la figure que nous venons de citer à côté de celle de l'*amia* de Gronovius, pour juger à l'instant que c'est la même chose. M. de La Roche, rapportant ce même apogon d'Iviça (Ann. du Mus., t. XIII, p. 318), a cru y retrouver le *perca pusilla* de Brünnich (*Ichtyol. Mass.*, p. 62), ou *persèque Brunnich* de Lacépède, qui, ce que personne n'a encore remarqué, n'est autre chose que le *capros* de M. de Lacépède ou *zeus aper*, L. Enfin, M. Rafinesque (*Caratteri di alcun. nuovi gen.*, etc., p. 47, n.° 725) décrit encore ce poisson comme nouveau, et l'appelle *dipterodon ruber*, tout en plaçant quelques lignes plus loin, dans son *Indice*, p. 26 et 27, l'*apogon*, qu'évidemment il ne cite que d'après les autres.

M. Risso me paraît le seul des naturalistes postérieurs à Willughby, qui ait reconnu le véritable *mulle imberbe*

---

1. *Aspro rubro-cupreus, deauratus, dorso dipterygio, pinnis rubris, dorsali priori et basi caudæ nigris.*

de cet auteur, ou *l'apogon* de M. de Lacépède, et qui l'ait donné pour ce qu'il est réellement.

Espérons que cette discussion et les détails où nous allons entrer, empêcheront que tant de méprises ne se renouvellent. [1]

L'apogon de la Méditerranée est un petit poisson qui passe rarement quatre et jamais six pouces de longueur. Son corps est court, médiocrement comprimé et notablement ventru dans sa partie moyenne, dont la hauteur est trois fois dans la longueur totale. Sa tête est courte du tiers de la longueur du poisson, un peu obtuse, et n'a rien des proportions de celle des mulles; car le caractère de celle-ci consiste dans le prolongement tantôt vertical, tantôt oblique, de l'espace entre la bouche et les yeux, prolongement qui tient à celui de l'ethmoïde et des sous-orbitaires. Dans l'apogon, au contraire, cet intervalle est extrêmement court. La bouche est médiocrement fendue et peu protractile. Les deux mâchoires sont armées d'une bande étroite de dents en velours, très-fines et très-serrées. Un chevron de pareilles dents occupe l'extrémité antérieure du vomer, et il y en a une petite bande à chaque palatin. Les pharyngiens en ont de plus fortes; mais on n'en voit aucune sur la langue, qui est libre, obtuse et molle au bout. La membrane branchiostège a sept rayons, comme dans les perches, et non pas trois seulement, comme dans les mulles. L'œil est grand. Le préopercule a son bord finement dentelé, comme dans beaucoup d'autres poissons de cette famille; mais un caractère particulier à l'apogon, dont nous n'avons vu qu'un commencement dans le centropome, c'est que ce préopercule a une crête saillante, qui forme un double rebord en avant du bord ordinaire. L'opercule porte une petite épine à son bord postérieur, ou plutôt sa partie osseuse finit par un angle obtus, mais ferme. Du reste, la joue et toutes les pièces de l'opercule sont garnies, comme le corps, de

---

1. Le fond de cet article a déjà paru en 1815, dans le tome Ier des *Mémoires du Muséum*, p. 236.

larges écailles minces, un peu rudes à leur bord; mais il n'y a point
de ces écailles sur le crâne, ni entre les yeux, ni sur le museau,
ni aux mâchoires. Le dessus du crâne a quelques inégalités, et sous
les branches de la mâchoire inférieure sont deux lignes longitudinales saillantes. La ligne latérale suit à peu près la courbure du
dos, dont elle est beaucoup plus rapprochée que du ventre. Les
écailles qui la forment ont chacune trois petites élevures ou petits
tubes saillans. Les deux dorsales sont séparées par un espace notable, quoique moins grand à proportion que dans les mulles,
et qui laisse place pour trois écailles. La première a six rayons
épineux, dont le deuxième est le plus long. Le premier est trois
fois plus court. Tous sont grêles, quoique roides. La deuxième en
a un épineux et neuf rameux : l'épineux est de moitié plus court que
celui qui le suit. On en compte dix mous aux pectorales, un épineux et cinq rameux aux ventrales; deux épineux et huit rameux à
l'anale; enfin, dix-neuf rameux à la caudale, qui est plutôt carrée que
fourchue.

D. 6 — 1/9; A. 2/8; C. 19; P. 10; V. 1/5.

La teinte générale de ce poisson est un rouge argenté ou doré,
tirant plus ou moins sur le jaune, selon les saisons. Il y a des
momens où il est presque tout jaune; mais il conserve toujours une
tache noirâtre de chaque côté du bout de la queue, à la base de la
caudale. Il en a aussi ordinairement une vers chaque angle de la
caudale, une autre sur la pointe de la deuxième dorsale, et du brun
entre l'œil et le museau. Tout son corps est semé de très-petits
points noirs, qui se font plus remarquer sur la joue et sur l'opercule. Ses nageoires sont généralement d'un beau rouge. Il a l'iris
argenté.

Par ses intestins comme par son extérieur il ressemble à la perche
beaucoup plus qu'au mulle. L'estomac est charnu, court et arrondi;
le pylore n'est entouré que de quatre appendices cœcales; l'intestin, peu alongé, n'est replié que deux fois. Il a une grande vessie
natatoire à parois minces et transparentes. Je compte au squelette
vingt-cinq vertèbres, dont neuf seulement appartiennent à l'abdomen, et parmi elles huit portent des côtes.

L'apogon n'est pas à beaucoup près confiné dans les parages de Malte, comme semblent le croire ceux qui n'en parlent que d'après Willughby.

Nous l'avons de Marseille, de Nice, de Gênes, d'Iviça, de Naples et de Palerme. Il y a grande apparence qu'il habite dans toute la Méditerranée; cependant M. Nardo ne le nomme pas dans son catalogue des poissons de l'Adriatique : je ne vois pas non plus qu'on l'ait observé sur nos côtes de l'Océan.

On n'en prend que dans le temps du frai, en Juin, Juillet et Août; le reste de l'année il se tient dans des profondeurs inaccessibles. Sa chair est excellente[1]. On le nomme à Nice *sarpananzo*[2]; à Gênes, où il paraît qu'il est rare, *castagnena rossa* ou *castagnau rouge*[3]; à Iviça, *cagna-vieja-rosa*[4]; en Sicile, *munacedda russa.*[5]

Des Apogons étrangers.

Ce sous-genre des apogons, qui n'a qu'un seul représentant dans la Méditerranée, en a un assez grand nombre dans la mer des Indes; mais jusqu'ici nous n'en avons point reçu d'Amérique, ni même des côtes occidentales de l'Europe et de l'Afrique; et ce qui est singulier, il s'en voit dans la mer des Indes de presque absolument semblables à ceux de la Méditerranée.

Les naturalistes qui ont accompagné M. Freycinet, en ont rapporté des îles Waigiou et Rauwack, près la pointe nord-ouest de la Nouvelle-Guinée, qui ne diffèrent des

1. Risso, p. 216. — 2. *Id., ib.* — 3. Spinola, *loc. cit.* — 4. Laroche, *loc. cit.* — 5. Rafinesque, *Caratteri*, p. 47, et *Indice*, p. 26, n.° 184.

nôtres que par une taille un peu supérieure, et la tache des côtés de la queue mieux conservée.

Ce sont probablement ceux-là qui ont été observés par Commerson, et qui ont donné lieu à l'établissement de l'*ostorinque Fleurieu* [1], du *diptérodon hexacanthe* [2], et du *centropome doré* [3]; la figure de l'*ostorinque Fleurieu* [4] surtout leur ressemble parfaitement.

Les mêmes naturalistes en ont trouvé un à la baie des *Chiens-marins*, à la Nouvelle-Hollande, où il nous a été impossible de voir de différence avec le commun; et un autre de l'île *Guam*, l'une des Mariannes, qui ne se distingue que par une teinte un peu plus brune, produite peut-être par la manière dont il a été conservé.

C'est de quelqu'un de ces poissons que Houttuyn a fait son *sparus notatus*, adopté par Gmelin sous le même nom, et que M. de Lacépède (tome IV, p. 167) a appelé *diptérodon noté;* mais en altérant, tous deux, les nombres des rayons, qui, d'après la description originale, seraient:

D. 7 — 1/7; A. 1/8; C. 14; P. 10; V. 6.

Le reste de cette description s'accorde, d'ailleurs, très-bien avec notre apogon commun.

Les espèces suivantes ont des caractères plus saillans, et ne peuvent être confondues avec la nôtre.

---

1. Lacép., t. IV, p. 24. — 2. *Id.*, t. III, p. 3o. — 3. *Id.*, t. IV, p. 273. — 4. T. III, pl. 32, fig. 2.

*L'*Apogon a nageoires noires.

(*Apogon nigripinnis,* nob.)

La première vient de Pondichéry, où on la nomme *Séné-Kinté,* selon M. Leschenault.

MM. Kuhl et Van Hasselt l'ont aussi envoyée de Java au Musée royal des Pays-Bas.

Elle a les dents un peu plus fortes que l'espèce de la Méditerranée, et ses nageoires dorsales, ventrales et anale sont noires.

D. 7 — 1/9 ; A. 2/8, etc.

Elle ne paraît pas passer deux pouces ou deux et demi.

*L'*Apogon a quatre rubans.

(*Apogon quadrifasciatus,* nob.)

Une seconde, également envoyée de Pondichéry, où on l'appelle du même nom de *Séné-Kinté,*

est d'un argenté rougeâtre avec deux bandes brunes de chaque côté le long du dos, dont la seconde, venant du museau et de l'œil, règne jusque sur le milieu de la caudale. Nous l'appelons *apogon à quatre rubans* (*apogon quadrifasciatus*).

D. 7 — 1/9 ; A. 2/8, etc.

Elle doit bien peu différer du poisson gravé dans le *Voyage à la Nouvelle-Galles du sud* de *John White,* p. 268, fig. 1.re, sous le nom de *mullus fasciatus.*

Cette figure, qu'aucune description détaillée n'accompagne, montre un dos bombé, des nombres de rayons, les mêmes, autant qu'on en peut juger, qu'à notre *apogon d'Europe.* Une couleur argentée, jaunâtre vers le dos ; une bande noire parallèle à la ligne

2.   15

du dos, et une autre allant en droite ligne le long du milieu de la hauteur. Depuis l'ouïe jusqu'à la base de la caudale les nageoires sont jaunâtres.

L'APOGON A NEUF RUBANS.

(*Apogon novemfasciatus*, nob.)

Notre troisième espèce a été apportée de *Timor* par Péron et de l'île *Guam* par les compagnons de M. Freycinet.

Elle est un peu moins haute, un peu moins grosse à proportion que celle de la Méditerranée, et a neuf rubans longitudinaux noirs, un sur le dos, trois de chaque côté, allant jusqu'à la nageoire de la queue, et deux sous le corps.

D. 7 — 1/9; A. 2/8, etc.

Ces trois espèces ont, comme on voit, les mêmes nombres de rayons que notre apogon de la Méditerranée, et toutes leurs parties offrent les mêmes détails de conformation.

L'APOGON A NAGEOIRES VARIÉES.

(*Apogon pœcilopterus*, K. et V. H.)

MM. Kuhl et Van Hasselt ont envoyé de Java au cabinet royal des Pays-Bas un apogon différent des précédens; les taches de la deuxième dorsale lui ont fait donner le nom de *pœciloptère*.

Sa forme est celle de l'espèce d'Europe. Sa couleur est un rouge teint de brun sur le dos, plus clair sur les flancs, blanchâtre sous le ventre. Il y a des taches brunes sur les flancs, une grande tache noire sur sa première dorsale, une bande brune à la base de la deuxième, qui d'ailleurs est marbrée de noir en forme de taches ocellées. La caudale est grise ; les autres nageoires sont blanchâtres.

D. 6 — 1/9 ; A. 2/9, etc.

L'individu est long de quatre pouces.

L'Apogon orbiculaire.

(*Apogon orbicularis*, K. et V. H.)

On doit aux mêmes naturalistes un autre apogon très-haut du milieu, et fort court, qu'ils ont nommé par cette raison *apogon orbiculaire*.

Il est remarquable par une large ceinture brune qui entoure son corps depuis le commencement de la première dorsale jusqu'à l'anus. Derrière cette ceinture sont éparses diverses taches brunes, dont quelques-unes sont réunies en une ligne longitudinale qui règne sur le milieu de chaque côté de la queue. Le fond de la couleur paraît avoir été rouge. La première dorsale, dont la seconde épine est haute et forte, a sa membrane semée de points bruns. Les autres nageoires sont jaunâtres. L'épine de la deuxième dorsale et la seconde de l'anale sont aussi à proportion longues et fortes.

D. 6 — 1/9 ; A. 2/8, etc.

L'individu est long de trois pouces sur dix-huit lignes de hauteur.

Ses écailles, de forme exactement demi-circulaire, ont à leur côté radical, qui fait leur diamètre, quinze crénelures et autant de rayons à leur éventail.

L'Apogon a trois taches.

(*Apogon trimaculatus*, nob.)

Le plus grand des apogons que nous connaissions vient d'être rapporté de l'île de Bourou, l'une des Moluques, par MM. Lesson et Garnot, naturalistes de l'expédition Du Perrey.

Il a près de sept pouces de longueur; mais ses formes et ses caractères sont absolument les mêmes qu'à celui d'Europe, à de légères différences près dans les nombres, et il paraît avoir aussi été d'un rouge plus ou moins doré. Son caractère extérieur le plus apparent consiste en taches noires rapprochées pour former trois grandes marbrures, une sous la première dorsale, une sous la seconde, et une troisième sur la queue, entre la dorsale et la caudale. Il y en a aussi une petite sur l'opercule. La première dorsale paraît avoir été marbrée de blanc opaque et de brunâtre. Ses épines sont fortes, surtout la seconde, qui est triple de la première; les quatre autres diminuent ensuite; en un mot, toutes les nageoires sont comme à notre espèce d'Europe, et il en est de même de ses écailles, de ses dents, des arbuscules de sa ligne latérale, etc.

Il y a cinq petites épines sur la base de sa caudale et quatre dessous.

B. 7; D. 6 — 1/19; A. 2/9; C. 17; P. 14; V. 1/5.

Le foie de cet apogon à trois taches a la forme d'un grand croissant, et il occupe tout l'hypocondre gauche; sa pointe antérieure passe sous l'œsophage; mais elle n'entre pas même dans le côté droit de l'abdomen. La vésicule du fiel, suspendue à cette pointe, est très-longue et fort étroite. Elle se porte en arrière au-delà de la pointe de l'estomac.

L'œsophage et l'estomac forment ensemble un grand sac assez long. Du milieu de la longueur, sans qu'il y ait de branche montante bien saillante, on voit sortir l'intestin, qui fait deux replis égaux, chacun à la distance du pylore à l'anus. Le pylore est entouré de quatre appendices cœcales. L'estomac était rempli de crabes.

La vessie natatoire est très-grande. Ses parois sont très-minces. Les reins sont fort petits et donnent dans la vessie urinaire par deux uretères assez longs.

L'Apogon caréné.

(*Apogon carinatus,* nob.)

Il y a un apogon presque aussi grand que le précédent,
apporté du Japon au cabinet de Berlin par M. Langsdorf.

Sa taille est de cinq pouces et demi. Ses formes sont les mêmes
qu'à l'espèce d'Europe. Sa ligne latérale est marquée par une suite
de petites carènes sur les écailles qui lui appartiennent. Il paraît
avoir été rouge, et se distingue par une grande tache noire et ronde
sur les quatre derniers rayons de la seconde dorsale. L'anale est
aussi bordée d'un peu de noir.

D. 7 — 1/9; A. 2/10; C. 17; P. 14; V. 1/5.

Son nom japonais est écrit par M. Langsdorf *ischimotsch* (*ichi-motche*).

M. Ehrenberg a encore apporté de la mer Rouge six
espèces d'apogons, différentes de toutes les précédentes.

Le nom générique de ces poissons en arabe est *tabah,*
qui se donne aussi à plusieurs chétodons; car il est, sans
doute, le même que celui de *tabak,* cité plusieurs fois
par Forskal dans ce dernier genre.

L'Apogon cuivré.

(*Apogon cupreus,* Ehr.)

La plus grande de ces espèces

est toute de couleur cuivrée; elle diffère de celle de la Méditerranée
par des formes un peu plus alongées. Sa queue est à demi fourchue.

D. 7 — 1/8; A. 2/8.

L'APOGON LARGE.

(*Apogon latus*, Ehr.)

Une autre

est plus courte et toute brunâtre, et a la queue un peu moins échancrée.

L'APOGON RAYÉ.

(*Apogon multitœniatus*, Ehr.)

Une troisième

a le corps rose, rayé de beaucoup de lignes longitudinales brunes. Sa queue est aussi à demi fourchue.

D. 7 — 1/9 ; A. 2/8 ; P. 14.

L'APOGON A CINQ RUBANS.

(*Apogon tœniatus*, Ehr.)

Une quatrième

se reconnaît à son dos brun verdâtre, à son ventre rose et aux cinq lignes brunes longitudinales des flancs. Une tache noire arrondie est sur l'épaule ; une autre, ocellée, est sur la base de la queue. Les trois premiers rayons de la dorsale épineuse sont noirs ; un trait noir longitudinal est sur la base de la seconde dorsale. Ses ventrales sont noires.

D. 7 — 1/8 ; A. 2/9 ; C. 17 ; P. 19 ; V. 1/5.

L'APOGON A SEPT TACHES.

(*Apogon heptastygma*, Ehr.)

Une cinquième espèce

a le museau beaucoup plus pointu ; le corps d'un brun rougeâtre ;

les nageoires rougeâtres. Il y a cinq points noirs à la base de la dorsale, et deux à la base de la caudale. C'est ce qui lui a fait donner par M. Ehrenberg le nom inscrit en tête de cet article.

D. 6 — 1/8; A. 2/8; C. 17; P. 12; V. 1/5.

*L'*Apogon bardé.

(Apogon lineolatus, Ehr.)

Enfin, une sixième

a le corps rosé, avec treize lignes verticales rouges; une tache noire à la queue; l'iris de l'œil jaune; un trait bleu sur le bord supérieur de l'orbite, et un autre sur l'inférieur.

Le nombre des rayons mous de son anale diffère beaucoup des autres : il est de treize ou quatorze.

D. 6 — 1/9; A. 2/14.

Sa taille est à peine de deux pouces.

*L'*Apogon a longues anales.

(Apogon macropterus, K. et V. H.)

Nous retrouvons ce même nombre dans une espèce envoyée de Java par MM. Kuhl et Van Hasselt, et que ces naturalistes ont nommée, à cause de cette circonstance, *apogon macropterus.*

Les épines de sa première dorsale sont très-faibles : d'ailleurs ses formes sont à peu près celles de l'apogon d'Europe, excepté qu'il est un peu plus comprimé.

D. 6 — 1/9; A. 2/13, etc.

Il paraît avoir été rouge doré, et montre sur chaque écaille une ligne verticale de très-petits points bruns. Ses nageoires paraissent grisâtres ou jaunâtres.

Il est long de trois pouces.

L'Apogon méaco.

(*Apogon meaco*, nob.)

Le *spare méaco* de M. de Lacépède (t. IV, p. 54 et 160), établi sur une description manuscrite envoyée par M. Thunberg, et intitulée *mullus fasciatus*, nous paraît devoir se rapporter encore aux apogons.

« Ce mulle (dit M. Thunberg) est imberbe. Son corps est ovale, « comprimé, long d'un empan, brun, avec six bandes blanches et « une tache brune à la queue. Ses écailles sont grandes, ovales, « striées, entières ; sa tête comprimée, lisse ; ses dents petites, « obtuses ; les deux antérieures de chaque mâchoire plus grandes. « Ses nageoires sont tachetées de brun. La caudale est ronde et a « une grande tache brune, ronde, dans son milieu. » Il exprime les nombres des rayons comme il suit :

D. 9/10 ; A. 3/8 ; C. 15 ; P. 9 ; V. 1/5.

Ce qui ne dit pas que la partie épineuse et la partie dorsale soient séparées ; mais le nom générique de *mullus* semble le dire suffisamment.

DES CHÉILODIPTÈRES.

Ce sous-genre, établi par M. de Lacépède d'après une espèce rapportée de la mer des Indes par Commerson, est à celui de l'apogon ce que le sandre est à la perche proprement dite ; il se compose de véritables apogons, dans les dents desquels se mêlent quelques longs crochets pointus ; du reste, il en a tous les caractères génériques : des dents en fin velours aux deux mâchoires, au-devant du vomer et au palatin ; le préopercule à double rebord et très-finement dentelé; l'opercule entier et sans aiguillons; de grandes écailles tombant facilement sur la tête et sur le corps; deux dorsales bien séparées l'une de l'autre, et même plus séparées qu'à l'apogon.

Le Chéilodiptère a huit raies.

(*Cheilodipterus octovittatus*, nob.) [1]

L'espèce de Commerson a même des nombres de rayons pareils: savoir, six épineux à la première dorsale; un épineux et neuf rameux à la seconde; deux épineux et huit rameux à l'anale; dix-neuf à la caudale; dix aux pectorales; et aux ventrales, comme toujours, un épineux et cinq rameux.

D. 6 — 1/9; A. 2/8; C. 19; P. 10; V. 1/5.

Il a même de chaque côté de la queue cette tache ou bande verticale noire qui se voit dans la plupart des apogons. Sa couleur paraît avoir été blanchâtre, avec huit bandes longitudinales noirâtres qui se rendent depuis la région de l'œil jusqu'à la tache noire de la queue. Il est aussi un peu plus grand que les apogons connus, et son museau est un peu moins court. La mâchoire supérieure avance un peu quand la bouche est fermée : elle a trois grandes dents pointues de chaque côté, et il y en a quatre à chaque côté de l'inférieure. Ses écailles sont assez lisses. La caudale est échancrée en croissant.

Cette description est faite sur l'individu desséché par Commerson. Ce voyageur en a aussi laissé un dessin qui a été gravé dans l'ouvrage de M. de Lacépède, t. III, pl. XXXIV, fig. 1.re, et d'après lequel M. de Lacépède, qui n'avait pas vu l'individu sec, a établi son espèce du *chéilodiptère rayé, ib.*, p. 543. Dans le sens de l'auteur,

---

1. *Chéilodiptère rayé*, Lacép.; *Centropome macrodon, id.*

ce nom de *chéilodiptère* indiquerait des labres à deux dorsales. Non-seulement il est mal composé, mais il présente une idée fausse. Ces poissons n'ont pas de lèvres épaisses, c'est la manière dont le dessin rend les lèvres, ou plutôt les mâchoires de notre poisson, qui a pu conduire à cette erreur. Au reste, la plupart des chéilodiptères répondent aussi peu que celui-ci à l'idée qu'on pourrait s'en faire d'après cette comparaison : l'*heptacanthe* est un *temnodon;* le *chrysoptère,* une *perche;* le *cyanoptère* est l'*ombrine commune;* l'*acoupa,* un *corb,* et le *maurice,* le *macrolépidote* et le *tacheté,* des *eleotris,* etc. Il ne restera donc guère que notre espèce actuelle, qui n'entre pas dans d'autres genres, et c'est ce qui nous a déterminé à lui laisser ce nom de chéilodiptère.

Le *centropome macrodon,* Lacép., t. IV, p. 273, n'est que le même poisson, pris de la description laissée par Commerson dans ses manuscrits; dont M. de Lacépède n'avait pas reconnu la correspondance avec le dessin. Le caractère même, donné par Commerson [1], annonce leur identité, et la lecture de sa description plus détaillée ne permet pas d'en douter. On y voit exactement les mêmes nombres de rayons et de dents; et tous les autres détails.

Cette description faite sur le frais nous apprend que l'iris était grand et argenté; la langue obtuse et lisse; que la première dorsale était presque toute noire et les autres nageoires rouges; que le péritoine est très-argenté.

L'espèce a été observée par Commerson sur les côtes de

---

1. *Aspro dorso dipterygio dentibus raris at longis et exertis, corpore tœniis fuscis obsoletis octo circiter utrinque lineato.*

l'Isle-de-France, au mois de Janvier; sa chair n'est pas mauvaise. Elle y est, dit-il, assez rare, et, en effet, aucun voyageur ne nous l'a rapportée depuis.

Le CHÉILODIPTÈRE ARABIQUE.

(*Cheilodipterus arabicus*, nob.)

Une espèce qui doit ressembler beaucoup à la précédente, et qui cependant est différente, est le *perca lineata* de Forskal (*perca arabica*, Gmel.; *centropome arabique*, Lacép.). Déjà par ce qu'en dit le voyageur danois, on pouvait juger que ce poisson a les mêmes dents, les mêmes opercules, les mêmes écailles tombant facilement, les mêmes nombres de rayons, les mêmes couleurs à peu près, une tache semblable aux côtés de la queue, mais avec un éclat doré; les seules différences importantes qui résultaient de sa description, c'est que les lignes noires des flancs vont à seize ou dix-sept de chaque côté, et que la seconde épine anale se prolonge en filament. Nous venons de vérifier ces ressemblances et ces différences sur un échantillon que M. Ehrenberg a bien voulu nous communiquer, et sur un dessin que cet habile observateur a fait sur les lieux et d'après le frais.

Forskal a vu ce poisson dans la mer Rouge, près de Jidda; on l'y nomme en arabe *djesauvi;* M. Ehrenberg l'a aussi entendu appeler *tabah* par les Arabes de Lohaia.

Le dos est teint de verdâtre. Le nombre des lignes noirâtres de chaque côté va de quatorze à seize ou dix-sept. Le fond argenté est teint de rose dans plusieurs de leurs intervalles; elles s'arrêtent au milieu de l'espace qui est entre la dorsale et l'anale d'une part, et la caudale de l'autre. Sur la base de la caudale est une large bande verticale verte, changeant en jaune ou en doré, et au milieu de cette bande est une tache ronde et noire. Le bord antérieur de la première dorsale est noir. L'iris de l'œil paraît jaunâtre.

B. 7; D. 6 — 1/10 ou 1/9 ; P. 14 ; V. 1/6 ; A. 2/9, 1/8 ; C. 17.

Les viscères du chéilodiptère arabique ressemblent à ceux de la perche.

L'estomac est ample et alongé. L'intestin ne fait que deux replis; il est de longueur médiocre.

Le pylore est garni de trois appendices cœcales; celle du côté droit est grêle et alongée.

L'individu que nous avons disséqué était une femelle. Ses ovaires étaient remplis d'œufs très-petits. A leur côté interne, et auprès de la réunion des deux sacs, il y avait une masse plus épaisse, d'une apparence plus homogène, semblable à celle qui existe dans les serrans de nos côtes, et que Cavolini a considérée comme une laitance.

Le Chéilodiptère a cinq raies.

(*Cheilodipterus quinquelineatus*, nob.)

MM. Lesson et Garnot viennent de rapporter de *Bola-bola*, l'une des îles de la Société, un petit chéilodiptère, fort semblable à celui de Commerson, mais qui n'a que cinq raies noires de chaque côté :

une impaire le long de la ligne du dos, en avant et en arrière des dorsales; une qui va du sourcil au bord supérieur de la caudale; une venant du bout du museau, interrompue par l'œil, et finissant au milieu de la base de la caudale; une venant de dessous l'œil, passant par la base de la pectorale, et finissant au bord inférieur de la caudale; enfin, une qui vient de la mâchoire inférieure, et finit en arrière de l'anale.

Ses formes sont les mêmes qu'à l'espèce de Commerson; son œil aussi grand; ses écailles autant et plus larges, tombant de même facilement : seulement ses canines sont moins saillantes à proportion. Il en a deux de chaque côté en avant à la mâchoire supérieure, et quatre ou cinq latéralement à l'inférieure.

Sa langue est lisse, libre, mince, renflée à sa base de manière à y ressembler à un larynx d'oiseau. Le rebord interne de son préopercule est peu saillant, et l'externe très-finement dentelé. Ses écailles, un peu plus larges que longues, ont dix ou douze fines crénelures à leur base. Son opercule osseux finit par deux angles plats et mousses.

La première épine de la deuxième dorsale et la deuxième de l'anale sont aussi longues que leurs rayons mous. La première de l'anale est très-petite; la caudale est un peu fourchue.

B. 7; D. 6 — 1/9; A. 2/8; P. 11? V. 1/5.

L'individu est long de quatre pouces.

Ce chéilodiptère à cinq raies a le foie assez gros, situé presque en entier dans l'hypocondre gauche. La vésicule du fiel s'attache à la portion qui est sous l'œsophage : elle est petite et globuleuse.

L'estomac est un petit sac alongé, terminé en pointe. Ses parois sont épaisses et chargées de rides à l'intérieur.

Il y a quatre cœcum au pylore. Le duodénum est d'un diamètre assez grand; mais l'intestin se rétrécit très-promptement, et fait à la hauteur de l'estomac deux replis, dont l'intervalle est très-court; après quoi il se rend directement à l'anus.

La rate est excessivement petite, située sur le duodénum auprès du pylore.

La vessie aérienne est grande, simple, à parois minces et argentées.

Les ovaires étaient remplis d'œufs excessivement petits. Ainsi gonflés, ils n'occupent pas la moitié inférieure de la longueur de l'abdomen.

Le péritoine est du plus bel éclat d'argent que l'on puisse voir, comme dans l'ablette ou l'argentine. [1]

---

1. Nous ne croyons pas pouvoir placer, faute de renseignemens suffisans, le *chéilodiptère boops* de Lacépède, qui est pris du *labrus boops* d'Houttuyn, Mém. de Harlem, t. XX, p. 326, et dont on ne dit autre chose, sinon que sa mâchoire inférieure dépasse l'autre, que son œil est très-grand, et que ses nombres sont :

D. 5 — 12; A. 11; C. 22; P. 14; V. 6.

DES POMATOMES.

M. Risso a cru pouvoir rapporter au genre des pomatomes de M. de Lacépède, qui n'est autre que notre *temnodon*[1], un poisson de la Méditerranée, fort différent de celui auquel ce genre a été consacré par son auteur, quoique, par un hasard singulier, il réponde mieux à la définition qui en est donnée; car il a l'opercule couvert d'écailles, et échancré dans le haut, bien qu'un peu autrement; deux dorsales et une anale épaisse, ou si l'on veut adipeuse; mais la forme et la grandeur de sa tête, celle de son œil, ses dents en fin velours et à peine sensibles, son préopercule d'une forme toute particulière, le distinguent amplement de ce pomatome de Lacépède, qui a la tête oblongue et de grandeur médiocre, aussi bien que l'œil; des dents fortes, comprimées, tranchantes, pointues, sur une seule rangée, etc. Les dorsales de notre poisson actuel sont, d'ailleurs, tout autrement faites, et surtout bien séparées, ce qui, joint à ses écailles grandes et peu adhérentes, pourrait le faire rapprocher de l'apogon; mais, d'un autre coté, l'épaisseur de sa seconde dorsale, ainsi que de l'anale, et les petites écailles qui les couvrent, semblent devoir l'en éloigner, et nous laisseront dans un grand embarras sur ses véritables rapports, aussi long-temps que nous n'aurons pu en faire l'anatomie.

En attendant nous allons en décrire l'extérieur aussi exactement qu'il nous sera possible, et nous engageons les

---

1. *Pomatome skib*, Lacép., t. IV, p. 435. C'est, comme nous le verrons dans le temps, le même poisson, ou peu s'en faut, que son *Chéilodiptère heptacanthe*, que le *Gasterosteus saltator* de Linnæus, et que le *Scomber capensis* de Forster.

naturalistes à suppléer à ce qui manque à cet article, aussitôt qu'ils en trouveront l'occasion.

Le Pomatome télescope.

(*Pomatomus telescopium*, Riss.) [1]

C'est un assez grand poisson, à corps légèrement comprimé, assez haut et à grande tête.

Sa hauteur (aux pectorales) fait un peu moins du quart de sa longueur, et son épaisseur un peu plus de moitié de sa hauteur. La hauteur et l'épaisseur de sa tête à la nuque égalent la hauteur du corps; la longueur (de l'ouïe au museau) fait presque le tiers de la longueur totale.

La ligne du dos est presque droite; celle du profil n'a qu'une très-légère inflexion en avant de l'œil. L'œil est énorme : son diamètre est le tiers de la longueur de la tête et moitié de sa hauteur. Il est dans un plan vertical, et touche à la ligne du profil. Sa distance au bout du museau est un peu moindre que celle qui le sépare de l'ouïe, c'est-à-dire du bout de l'opercule. Le crâne a entre les yeux un léger enfoncement longitudinal, et au-devant un léger aplatissement transversal.

Le premier orifice de la narine est à distance égale du bout du museau et de l'œil, et le second, qui est un peu plus grand, juste entre l'œil et le premier; tous deux près la ligne du profil.

La bouche est fendue au bout du museau, et descend obliquement jusque sous le bord antérieur de l'œil. Le premier sous-orbitaire, deux fois plus haut que long, a le bord antérieur presque parallèle à la bouche, sans épines ni dentelures, si ce n'est une légère proéminence obtuse vers le haut, et ne peut cacher le maxillaire, qui est dans le haut en prisme triangulaire, et s'aplatit et s'élargit dans le bas, où il dépasse d'un tiers la commissure des lèvres.

La mâchoire inférieure monte en avant de l'autre; la supérieure

---

1. Riss., Poissons de Nice, 1.ʳᵉ éd., p. 3o1, pl. 9, fig. 31; 2.ᵉ éd., p. 387.

a dans son milieu une échancrure obtuse, et l'inférieure une très-légère proéminence qui y répond, sans ressembler toutefois à ce qui a lieu dans les muges. De très-petites dents en velours, ou plutôt une espèce d'âpreté, garnissent chaque mâchoire sur une bande étroite. Le bout du vomer est rhomboïdal, large, convexe et garni d'âpretés semblables. Je n'en vois pas aux palatins, et je ne puis dire quelle est l'armure de la langue et des arcs branchiaux, attendu que ces parties sont enlevées sur l'individu que j'ai sous les yeux.

L'œil ne laisse pas beaucoup de largeur à la joue; le limbe du préopercule est très-large à sa partie inférieure; mais il n'y en a presque point au-dessus de l'angle, parce que son bord montant rentre par une courbe concave; d'où il résulte que l'angle fait une grande saillie en arrière. Les bords n'en sont pas dentelés, à proprement parler, mais striés et comme un peu déchirés.

L'opercule se termine en arc obtus. La membrane des ouïes est fendue jusque sous l'œil, et a sept rayons très-osseux. Toutes les pièces operculaires, ainsi que la joue, le sous-orbitaire, le crâne et le dessus du museau, sont garnis d'écailles; mais je n'en vois point aux mâchoires.

Il n'y a point d'armure particulière aux os de l'épaule.

La pectorale est médiocre, à peu près du huitième de la longueur totale, de forme ovale, et soutenue par dix-huit rayons. La ventrale est exactement sous la pectorale, à peu près de même grandeur, et a, comme d'ordinaire, une épine et cinq rayons mous. La première dorsale commence sur le milieu de la pectorale, à une distance de la nuque égale à la moitié de la longueur de la tête. Sa propre longueur est un peu moindre; sa hauteur, encore moindre, ne fait guère que le tiers de la hauteur du corps sous elle. Elle a sept rayons épineux médiocrement robustes, dont le premier est de moitié plus court, mais très-aigu. La seconde dorsale est à peu près de même longueur que la première, et un peu plus haute. Sa distance de la première est des deux tiers de la longueur de celle-ci. Elle a un rayon épineux très-pointu, de moitié plus court que les rayons mous, qui sont au nombre de dix.

L'anale commence vis-à-vis du point où la deuxième dorsale finit. Elle est à peu près des mêmes dimensions, et a deux rayons épineux et neuf mous. Le premier épineux a le tiers, et le second la moitié de la longueur des mous; l'un et l'autre sont grêles et pointus. La caudale est demi-fourchue, d'un peu plus du sixième de la longueur totale, et a dix-sept rayons.

Les écailles sont grandes, rondes, lisses, à peine un peu dentelées, tronquées en arrière et finement striées et crénelées à leur partie cachée. Autant que je puis les compter sur un individu mal conservé, il y en a une quarantaine sur une ligne entre l'ouïe et la caudale, et quelques autres qui s'avancent en pointe sur chaque côté de la caudale, et environ quinze ou seize sur une ligne verticale derrière les pectorales. La ligne latérale suit en ligne droite le quart supérieur de la hauteur, depuis l'ouïe jusqu'à la caudale. Les écailles qui lui appartiennent sont échancrées et relevées chacune d'un tube longitudinal.

L'individu que je décris, et le seul que j'aie vu, est long de près de vingt pouces. J'ai lieu de croire que c'est le même que M. Risso a fait représenter (1.re éd., pl. IX, fig. 31). Mais cette figure est trop mince, et le caractère du préopercule n'y est pas rendu.

La couleur de ce poisson, selon M. Risso, est d'un brun violâtre avec des reflets bleus, rouges et gorge-de-pigeon, c'est-à-dire à peu près semblables à ceux de l'acier bruni. L'iris est argenté, nuancé de noir; les nageoires d'un brun noir à reflets rougeâtres.

L'espèce est d'une rareté excessive; elle ne quitte, pour ainsi dire, pas le fond de la mer; et M. Risso, dans sa première édition, assurait qu'à Nice on n'en a pris, dans trente ans, que deux individus. Personne, en effet, n'en avait parlé avant ce naturaliste. Il dit que la chair en est ferme, tendre et d'un goût délicieux; dans sa deuxième édition il ajoute que la femelle est pleine d'œufs jaunes au printemps.

CHAPITRE VIII.

Des Ambasses.

Commerson a donné ce nom (qui, dans le sens qu'il y attache, signifierait *deux sous*) à un petit poisson de l'île de Bourbon, devenu pour nous le type d'un genre dont les caractères doivent se prendre dans la double arête dentelée du bord inférieur du préopercule, dans la dentelure du sous-orbitaire, dans la protractilité de la bouche, dans la petite épine couchée en avant de la première dorsale; peut-être même dans la longueur de l'épine de la deuxième dorsale, et dans quelques autres détails de ses proportions.

M. Hamilton Buchanan, dans son Histoire des poissons du Bengale, a décrit plusieurs poissons congénères de celui-là; mais il les comprend dans son genre *chanda*, en tête duquel il place deux *equula* (ses *chanda setifer* et *ruconius*): ce n'est qu'à commencer de sa troisième espèce, que son genre coïncide avec le nôtre.

L'AMBASSE DE COMMERSON.

(*Ambassis Commersonii,* nob.) [1]

L'espèce que nous décrivons la première, celle de Commerson, est une des plus grandes. Elle est commune à l'île

---

1. *Centropomus ambassis,* Lacép., t. IV, p. 273 ; *Lutjanus gymnocephalus, id.,* t. IV, p. 216, et t. III, pl. 23, fig. 3; *Chanda nalua,* Buchan., Poiss. du Gange, p. 107, pl. 6, fig. 36.

de Bourbon, et y passe pour donner un très-bon goût à la soupe, et de plus, on l'y confit dans une saumure, à peu près comme nous préparons les anchois sur les bords de la Méditerranée. C'est surtout dans un étang salé, appelé *Dugol,* le principal de l'île, qu'on la pêche assez abondamment pour donner lieu à un emploi lucratif : mais elle n'est point particulière à l'île de Bourbon. M. Leschenault en a envoyé plusieurs de Pondichéry, où l'on en prend en grand nombre à l'embouchure de la rivière d'*Arian-Coupang,* et où les naturels la nomment *sélintan :* on l'y estime beaucoup et on l'y donne volontiers aux malades. Plus récemment il nous en a été envoyé un individu de Mahé, sur la côte de Malabar, par M. Belenger; son nom sur cette côte est *moullée choudiim.* Elle habite aussi les côtes de l'île de Java. MM. Kuhl et Van Hasselt en ont envoyé de Batavia au Musée royal des Pays-Bas, des individus que nous ne pouvons distinguer en rien de ceux de Bourbon et de l'Inde.

M. de Lacépède, qui n'a connu ce poisson que par Commerson, en a fait son *centropome ambasse*[1] ; mais ses deux nageoires étant réellement contiguës, ou même un peu réunies, bien que la membrane en soit profondément échancrée, il ne peut demeurer dans les centropomes ni même dans les varioles, quoiqu'il ressemble d'ailleurs beaucoup, mais en très-petit, à la variole d'Égypte.

On ne doit point douter que ce ne soit un dessin de cette espèce, laissé par Commerson sans note qui en rappelât la correspondance avec sa description, qui a donné lieu à M. de Lacépède d'établir son *lutjan gymnocéphale*[2] ;

---

1. Lacép., t. IV, p. 273. — 2. *Idem,* t. IV, p. 216, et t. III, pl. 23, fig. 3.

il semble seulement que le dessinateur y ait marqué deux
rayons mous de plus à la dorsale. Nous avons tout lieu de
croire que c'est aussi le *sciæna safgha* de Forskal, p. 53,
n.° 67 : du moins la très-courte description qu'il en donne
n'a rien qu'on ne retrouve dans notre poisson.

Cet ambasse a le corps comprimé. Sa hauteur fait plus du tiers
de la longueur totale. Le chanfrein est légèrement concave; le museau court, obtus; l'œil grand, sans épines en avant; on n'en voit
qu'une très-petite sur l'arrière du sourcil. La mâchoire inférieure est
plus avancée, et la commissure descend quand la bouche est fermée;
mais cette bouche est bien protractile. Les dents sont en velours,
mais sur des bandes fort étroites aux mâchoires, au-devant du
vomer, aux palatins, et sur l'arrière d'une ligne osseuse et saillante
qui règne sur le milieu de la langue. Le sous-orbitaire a des dentelures aiguës; et, ce qui est remarquable, l'arête et le bord du
préopercule, dans sa partie au-dessous de l'angle, sont finement
dentelés, ce qui y fait deux lignes de dentelures, tandis qu'il n'y
en a pas au bord montant. L'opercule se termine en angle arrondi
et plat. Il y a des écailles sur la joue et les pièces operculaires :
celles-ci tombent facilement. Il en manque entre les yeux, au museau et aux mâchoires.

La dorsale ne commence que sur le milieu des pectorales. En
avant de sa base est une petite pointe couchée, que l'on ne découvre
qu'en la cherchant du doigt; puis vient son premier rayon, qui est
très-court, et le second, qui est le plus élevé et le plus fort, d'un
quart moins haut que le corps cependant. Les suivans diminuent
de manière à rendre cette première partie triangulaire, et à ce que
la membrane descende presque jusqu'au dos; puis le huitième, ou
le premier de la seconde dorsale, redevient tout d'un coup aussi
grand que le quatrième. Il est suivi de neuf rayons mous qui diminuent peu. L'anale a d'abord un premier rayon épineux très-petit,
ensuite deux forts et à peu près égaux, puis neuf mous. Elle est
un peu plus longue que la seconde dorsale. Les pectorales sont

assez longues et pointues. Les ventrales le sont un peu moins; leur épine est forte; elles sortent précisément sous la naissance des pectorales. La caudale est fourchue, et ses lobes pointus.

D. 7 — 1/9; A. 3/9; C. 17; P. 12; V. 1/5.

La ligne latérale suit à peu près la courbure du dos; ses tubes sont minces et simples. Les écailles en général sont grandes, minces et lisses.

Ce poisson est brillant. Commerson dit qu'à l'état frais son dos paraît d'un vert brunâtre. La couleur argentée de son péritoine se montre au travers des tégumens. Les opercules jettent un vif éclat d'argent; et une bande de la même couleur, mais moins éclatante, règne en ligne droite depuis les ouïes jusqu'à la queue. La membrane derrière le second rayon dorsal est pointillée de noir, et le bord de cette partie est noir ou noirâtre, ce qui fait comme une petite tache vers la pointe de la dorsale. Certains individus ont le dos légèrement pointillé de noir.

Il y en a de près de sept pouces de longueur.

L'estomac de l'ambasse est un sac assez grand, en forme de bourse plissée et rétrécie vers l'œsophage, qui occupe toute la longueur de l'abdomen. Du milieu de la face inférieure naît l'intestin, qui commence par être assez large, et qui remonte sur le foie jusqu'auprès du diaphragme. Il se rétrécit beaucoup, descend jusqu'à la hauteur du pylore, se porte de nouveau vers le diaphragme, se recourbe et se dirige obliquement jusqu'à l'arrière du pylore; il se renfle alors, puis subit un nouvel étranglement et se dilate un peu pour former le rectum, qui est très-court.

Il n'y a aucune appendice cœcale.

Le foie est très-petit, placé dans le côté gauche. Les œufs sont excessivement petits; les ovaires remplissent la moitié postérieure de l'abdomen. Ces différens viscères sont enveloppés par le péritoine, qui est épais, fibreux, et qui brille du plus vif éclat d'argent poli. Au-dessus est la vessie natatoire, qui va depuis le diaphragme jusqu'à l'arrière de l'abdomen. Ses parois sont tellement minces, qu'elles sont tout-à-fait transparentes, et que la lumière traverse

cette partie du corps du poisson presque sans aucun obstacle.
L'estomac était rempli de petites salicoques.

Le squelette de l'ambasse offre une particularité remarquable
dans ses côtes, qui, à commencer de la troisième paire, ont leur
moitié supérieure dilatée en une plaque ovale, mince, relevée à sa
face externe d'une arête longitudinale, qui se continue ensuite avec
la moitié grêle. Il y en a huit paires de cette forme, dont les deux
dernières joignent leur extrémité grêle à l'apophyse descendante de
la première vertèbre caudale, et ceignent ainsi en arrière la concavité de l'abdomen. Les deux paires antérieures sont très-petites et
fines comme des cheveux. Il y a ainsi dix vertèbres dorsales. Le
nombre des caudales est de quatorze.

Les épines des nageoires, soit dorsales, soit anales, vues à la loupe,
montrent des stries transversales, indices des articulations dont la
soudure les compose. Dans la nuque il y a deux interépineux qui
ne portent point de rayons. L'épine, couchée en avant, est une
apophyse de l'interépineux qui porte le premier aiguillon de la première dorsale.

On en retrouve beaucoup d'exemples, surtout dans la famille
des scombres.

L'AMBASSE DE DUSSUMIER.

(*Ambassis Dussumieri*, nob.)

M. Dussumier a rapporté de la côte de Malabar un ambasse très-semblable par les détails à celui de Commerson;

et qui a les mêmes nombres de rayons et les mêmes couleurs, mais
dont la forme est plus alongée. Sa hauteur est trois fois et demie
dans sa longueur. Outre le noir de derrière le deuxième rayon
de la dorsale, quelques individus en ont aux pointes de la caudale.

D. 7 — 1/9 ou 10; A. 3/9, etc.

L'ambasse de Dussumier a encore le tube intestinal plus simple
que le commun, et n'a, comme lui, aucune appendice cœcale.

L'œsophage se continue peu en arrière du diaphragme en un cul-de-sac excessivement court. En dessous commence l'intestin, qui fait un premier pli au tiers de la longueur de l'abdomen : il remonte vers le diaphragme, passe par-dessus l'œsophage, descend jusqu'aux deux tiers de l'abdomen; se reporte alors vers la crosse du premier pli; s'y replie de nouveau, et va se rendre à l'anus, sans éprouver aucun étranglement.

Le foie est très-petit, lenticulaire, entièrement du côté gauche.

La vessie natatoire est mince et très-transparente.

Le péritoine est argenté.

L'AMBASSE NALUA.

(*Ambassis nalua*, nob.)

Parmi les chanda de M. Buchanan, celui qui ressemble le plus à l'espèce de Commerson, est le *chanda nalua,* qu'il décrit p. 107, et représente pl. VI, fig. 36.

Sa figure fait cependant le corps plus haut, la tête plus courte et plus haute de la partie des joues; le front y est plus concave, et le museau plus renflé.

L'auteur compte onze rayons mous à la seconde dorsale, et dix à l'anale.

D. 7 — 1/11; A. 3/10.

Sa couleur est argentée, transparente, glacée de verdâtre vers le dos. Il y a des points noirs le long de la base de la dorsale et de l'anale, et sur une ligne longitudinale au-dessus des pectorales.

M. Buchanan ne donne pas les dimensions auxquelles atteint cette espèce, mais sa figure est longue de trois pouces et demi. On trouve ce poisson dans les eaux douces des parties basses du Bengale.

L'AMBASSE ÉLEVÉ.

(*Ambassis alta*, nob.)

Nous avons reçu deux autres ambasses du Bengale avec les dernières collections de M. Duvaucel.

Le premier a le corps beaucoup plus haut à proportion que le précédent. Sa hauteur n'est que deux fois et un tiers dans sa longueur. La ligne de son dos est très-convexe; celle de son front fort concave. Tout son corps est couvert de très-petites écailles.

La double dentelure du bas de son préopercule et celle de ses sous-orbitaires sont très-marquées, ainsi que l'épine couchée en avant de sa dorsale; mais la seconde épine de cette nageoire n'est pas si haute à proportion que dans notre première espèce. Elle n'a pas tout-à-fait moitié de la hauteur du corps sous elle. La huitième est un peu moindre, et est suivie de quatorze ou quinze rayons mous. Les rayons mous de l'anale sont au nombre de quatorze.

D. 7 — 1/15; A. 3/14.

Nos plus grands individus n'ont que deux pouces et demi. Ils paraissent avoir été argentés.

L'AMBASSE RANGA.

(*Ambassis ranga*, nob.)

Le *chanda ranga* de M. Buchanan, p. 113, et pl. XVI, fig. 38, nous paraît se rapporter de très-près à cet ambasse élevé, mais cet auteur ne lui donne que douze rayons mous à la deuxième dorsale, et quinze à l'anale; toutefois, comme dans ces petits poissons il n'est pas toujours facile de compter les rayons, nous ne nous arrêterions pas beaucoup à cette différence; mais il décrit sa première épine dorsale comme dentelée sur son tranchant, et c'est ce que nous ne trouvons pas dans nos individus.

Ce petit poisson est argenté, glacé de vert brillant. Une ligne argentée règne le long du dos, et sa transparence laisse voir l'argenté de son péritoine.

D. 7 — 1/12; A. 3/15, etc.

L'AMBASSE LALA.

(*Ambassis lala*, nob.)

Le *chanda lala* du même auteur, p. 114, pl. XXI, fig. 39, diffère aussi fort peu de son *ranga* et de notre *alta*.

Il lui représente seulement la première dorsale plus haute à pro-portion (elle a plus de moitié de la hauteur). Le tranchant de sa première épine est lisse; la seconde a de douze à quatorze rayons mous, et l'anale en a quinze. C'est un petit poisson du plus bel éclat doré, avec quelques bandes verticales obscures.

D. 7 — 1/14; A. 3/15?

L'AMBASSE OBLONG.

(*Ambassis oblonga*, nob.)

Nous donnons cette épithète au deuxième des ambasses recueillis par M. Duvaucel, parce qu'il est bien plus alongé que les précédens.

Sa hauteur est deux fois et deux tiers dans sa longueur. Il a aussi un peu de concavité au profil, et son épine couchée est fort mar-quée; mais les dentelures du bas de son préopercule sont peu sen-sibles, si ce n'est près de l'angle, et son sous-orbitaire ne paraît pas même en avoir. De petites dents coniques écartées forment une rangée à chaque mâchoire. Sa seconde épine dorsale n'a que moitié de la hauteur du corps. Il y a au dos quinze rayons mous, et à l'anale quatorze. Les écailles sont fort petites, et ne se voient guère que par le desséchement.

D. 7 — 1/15 ; A. 3/14.

Le seul individu que nous ayons, est long de deux pouces et demi. Il paraît avoir été argenté.

*L'*AMBASSE NAMA.

(*Ambassis nama.*)

C'est de cet ambasse oblong que l'on doit rapprocher le *chanda nama* de M. Buchanan, p. 109, et pl. XXXIX, fig. 39. Tout ce que l'auteur anglais en dit est conforme à ce que nous avons observé dans le précédent, à l'exception des rayons mous de la dorsale et de l'anale, dont il compte un de plus à chacune de ces nageoires, et des points noirs dont il les sème, ainsi que l'épaule, où même leur rapprochement forme, dit-il, une espèce de tache.

Son corps est transparent, et ses écailles ne paraissent point. On voit au travers des chairs l'argenté du péritoine, et une ligne argentée règne le long du dos.

D. 7 — 1/16 ; A. 3/15, etc.

Cette espèce est commune dans les étangs du Bengale, et arrive à trois et quatre pouces de longueur.

M. Buchanan décrit encore, p. 111, un *chanda phula* et un *chanda Bogoda*, et p. 112, un *chanda baculis*, qui semblent devoir être autant d'ambasses voisins des deux précédens, quoique l'auteur ne leur accorde point d'écailles. Ne les ayant pas vus, nous ne pouvons que placer ici les caractères que ce naturaliste leur assigne.

L'AMBASSE PHULE.

(*Ambassis phula*, nob.)

Le premier a quatorze rayons mous à la deuxième dorsale, treize à l'anale. Il ressemble d'ailleurs au *nama* par son corps long et transparent et par ses autres caractères, mais passe rarement deux pouces.

L'AMBASSE BOGODA.

(*Ambassis bogoda*.)

Le second a seize rayons mous à la deuxième dorsale, dix-sept à l'anale, et le corps long et transparent comme le précédent, qu'il ne surpasse point en grandeur.

L'AMBASSE BACULIS.

(*Ambassis baculis*.)

Le troisième a le corps court et haut comme le *ranga* et le *lala;* mais il est transparent et sans écailles sensibles, comme les précédens; il a treize rayons mous à la deuxième dorsale, et le même nombre à l'anale. Sa nuque a une tache jaune. Il ne passe guère dix-huit lignes. C'est dans le nord-ouest du Bengale qu'on le trouve.

Tous ces petits poissons paraissent remplir aux Indes les étangs et les mares, comme le font en Europe nos épinoches et quelques-unes de nos petites espèces de cyprins.

CHAPITRE IX.

Des Aprons. (Aspro, nob.)

Nous réunissons sous ce genre deux poissons fort semblables entre eux, quoique distingués par l'espèce, et qui ne diffèrent des perches proprement dites, d'une manière un peu essentielle, que par leur museau bombé en avant de la bouche et le grand écartement de leurs deux dorsales.

*L'*Apron proprement dit.

(*Aspro vulgaris,* nob.; *Perca asper,* L.) [1]

Le Rhône produit l'*apron,* surtout entre Lyon et Vienne. Il remonte aussi dans les affluens du Rhône. Nous nous sommes assuré que l'on en prend dans la Saône, dans le Doubs et dans l'Alaine; mais on ne le connaît pas dans nos rivières de l'ouest de la France.

C'est un petit poisson que les Lyonnais, au rapport de Rondelet, nommaient ainsi autrefois à cause de la rudesse de ses écailles; mais aujourd'hui les pêcheurs du Rhône ne le connaissent plus sous ce nom, et ils l'appellent *sorcier.* [2] Par son museau bombé, plus saillant que sa bouche, et

---

1. *Perca asper,* Bl., pl. 107, fig. 1 et 2; *Diptérodon apron,* Lacép., t. IV, p. 170.

2. Rien ne prouve mieux l'insuffisance de ces noms populaires qui varient d'un village à l'autre, et souvent se perdent après quelques générations, quand l'objet n'en est pas très-commun ou très-important. C'est M. Bredin, directeur de l'école vétérinaire de Lyon, à qui nous nous étions adressé pour avoir l'*apron,* et qui a mis la plus grande complaisance à nous le procurer, qui nous a appris son nouveau nom.

par les os caverneux et renflés de sa tête, il semblerait
appartenir à la famille des sciènes; mais ses dents palatines, l'armure de ses pièces operculaires, ses écailles rudes
et ses deux dorsales, bien séparées l'une de l'autre, le
ramènent nécessairement dans celle des perches. [1]

Rondelet l'a décrit le premier [2], et c'est d'après lui que
les autres auteurs [3] en ont parlé jusqu'à Willughby : celui-ci
paraît l'avoir vu à Ratisbonne; mais il en dit peu de chose,
et l'on n'est pas sûr qu'il ne l'ait pas confondu avec le zingle. [4]
C'est Marsigli qui le premier a mis les deux poissons en
regard, et les a bien caractérisés [5]; enfin, la description
minutieuse que Schæffer a donnée [6] de l'un et de l'autre
n'a plus rien laissé à désirer. [7]

L'apron, en effet, habite le Danube et ses affluens, comme
le Rhône, et peut-être en plus grand nombre; on le nomme
en Bavière et en Autriche *streber* ou *stræber,* nom que
l'on dérive de *streben* (faire effort), mais dont on n'explique pas pourquoi on l'a spécialement appliqué à l'apron.

Il paraît qu'il se trouve aussi dans le Rhin; M. Hartmann
assure qu'on le nomme *Kutz* à Bâle, et *pfifferl* en divers
endroits d'Allemagne. [8]

---

1. Nous-même avions placé l'apron et le zingle parmi les sciènes, tant que nous
ne les avions pas examinés directement. M. Lacépède met l'apron et le zingle dans
ses *diptérodons,* genre qui ne doit avoir ni dentelures au préopercule, ni piquans
à l'opercule; mais ces deux poissons ont l'un et l'autre caractère.

2. *De aspero pisciculo, Pisc. fluviat.,* p. 207. — 3. Gesner, pl. 40, fig. 3;
Aldrov., p. 615, et Jonst., t. XXVI, p. 18. — 4. Willughby, p. 294. — 5. *Danub.,*
t. IV, pl. 9, fig. 2 et 3, et p. 27 et 28. — 6. *Piscium bavarico-ratisbonensium pentas,*
p. 58 et 69, et pl. 3.

7. Il règne cependant encore quelque confusion dans leur synonymie. Klein,
Miss., t. V, p. 28, confond le streber ou l'apron avec le zingle; Gronovius, *Zoophyl.,* p. 92, n.° 303, en fait seulement une variété. Bloch, en citant ces deux auteurs, ne fait pas remarquer cette circonstance.

8. *Ichtyol. helvet.,* p. 68.

Georgii[1] avance, sans citer aucune autorité, que l'*apron* vit dans le Volga, le Jaïk, l'Irtisch et leurs affluens; mais peut-être s'en rapportait-il simplement à l'assertion de Pallas, qui a cru que son *berschik* ou *perca volgensis* ne différait point de l'apron, en quoi, certainement, il a commis une erreur, ainsi que nous l'avons vu ci-dessus, p. 87.

Le corps de l'apron est alongé, à peu près rond dans son milieu; un peu déprimé en avant. Sa tête fait un peu plus du cinquième de sa longueur totale, et la hauteur de son corps dans le milieu en est à peu près le sixième. Son ventre est un peu renflé; sa queue à peu près aussi longue que le reste de son corps (sans la tête), mais beaucoup plus mince. Sa tête est déprimée et large vers les ouïes; elle se rétrécit en avant pour former un museau mousse qui saille au-dessus de la bouche. Le crâne, l'intervalle des yeux, les opercules, sont écailleux, mais non le museau, ni la joue, ni les mâchoires. Les deux ouvertures de ses narines, assez rapprochées l'une de l'autre, sont entre l'œil et le bout du museau; la bouche, peu fendue, située sous le museau et courbée paraboliquement, a des dents en velours aux mâchoires, au chevron du vomer et aux palatins. La langue est lisse. Les yeux sont petits, et leur intervalle plus grand que leur diamètre. Les sous-orbitaires n'ont pas de cavités sensibles à l'extérieur dans le frais. Le préopercule est finement dentelé; mais sa dentelure ne paraît pas dans le frais, à cause de la peau qui l'enveloppe. L'opercule, convexe et arrondi, se termine par un piquant fort prononcé. Les ouïes et leurs membranes sont les mêmes que dans la perche. Toutes les écailles sont un peu âpres et ciliées. Elles ne paraissent pas sous la poitrine. Il y en a soixante-dix à quatre-vingts sur une ligne longitudinale, et environ vingt-cinq sur une ligne verticale. La ligne latérale est rapprochée du dos, et lui est même à peu près parallèle. Elle ne se marque que par une légère âpreté de plus à ses écailles.

---

1. Hist. nat. de Russ., 3.ᵉ part., p. 1925.

Les dorsales sont à peine plus longues que hautes et fort distinctes, séparées même par un espace qu'occupent six ou sept
écailles. La première a la coupe à peu près arrondie, et compte huit
rayons, tous épineux : le deuxième et le troisième sont les plus longs,
et le premier et le huitième les plus courts. Le premier n'a pas
moitié de la hauteur du second. La seconde dorsale a douze ou
treize rayons, dont le premier est épineux, court et faible, et le
second simple, quoiqu'articulé; les autres, articulés et branchus.
L'épineux est moitié moindre que celui qui le suit. L'anale commence sous le même point que la seconde dorsale, et finit un peu
plus tôt. Elle a douze ou treize rayons, dont le premier est épineux,
mais très-faible. La caudale est coupée un peu en croissant, et compte
dix-sept rayons. Il y en a quatorze aux pectorales, et, comme d'ordinaire, six aux ventrales, dont un épineux, mais faible. Ces ventrales sont plus longues que les pectorales, et d'une substance
charnue et épaisse.

B. 7; D. 8 — 1/12; A. 1/12; C. 17; P. 14; V. 1/5.

L'apron est en dessus d'un brun jaunâtre ou rougeâtre, avec
quatre ou cinq larges bandes obliques, nuageuses, noirâtres, dont
une sur la nuque, une sous la première dorsale, une sous l'intervalle de la première à la seconde, et une ou deux sur la queue. Elles
sont tantôt plus, tantôt moins avancées. Le dessous est blanchâtre;
les nageoires d'un gris jaunâtre.

Les intestins de l'apron ressemblent à plusieurs égards à ceux
de la perche. Il n'a que trois appendices fort petites au pylore. Son
estomac est en cul-de-sac peu alongé, obtus. Son intestin ne se
replie que deux fois, et ne fait ainsi qu'une anse courte. Le grand
lobe de son foie, qui est le gauche, est fendu en deux par une scis-
sure. Ses œufs sont gros à proportion, et ses deux ovaires bien
distincts et également développés. Ses vertèbres sont au nombre de
quarante-deux, dont vingt-cinq caudales.

Ce poisson demeure petit : il ne passe guère six ou sept
pouces, et ne pèse qu'une once; sa chair est blanche, légère

et agréable au goût. Il fraie en Mars; ses œufs sont petits et blanchâtres. Il se laisse transporter aisément. Sa nourriture consiste en vers et autres menus animaux aquatiques; il préfère les eaux pures et vives.

Ce n'est pas la peine de réfuter l'opinion des paysans des bords du Rhône, qui, du temps de Rondelet, prétendaient que l'*apron* vit des paillettes d'or qu'il ramasse dans le sable des rivières.

Selon les pêcheurs que M. Bredin a consultés, il y en a dans le Rhône trois variétés : la première, d'un gris noirâtre, devient la plus grande ; la seconde est d'un gris cendré ; la troisième est d'un jaune tirant sur le bronze : c'est celle qui demeure la plus petite. Le goût de la chair ne change point avec les couleurs.

Le CINGLE.

(*Aspro zingel,* nob.; *Perca zingel,* L.)

Le *cingle* ou plutôt le *zingel* (*perca zingel,* L.) est un grand apron qui vit dans le Danube et ses affluens. Ni Rondelet ni Salvien n'en ont parlé, et l'on doit croire qu'il est étranger aux eaux de l'Italie, comme à celles de la France. A la vérité, M. de Lacépède dit qu'on le nomme *cingle* en quelques contrées de la France, mais il n'y a que les naturalistes qui aient occasion de le nommer, car on n'en prend pas dans nos rivières.

Klein[1] croit que c'est l'*aspredo* que Caius dit être commun dans la rivière d'Yar, près de Norwich; mais il est certain que cet aspredo (en anglais, *ruffe*) est notre *gremille* (*perca cernua,* L.).

---

1. *Miss.,* t. V, p. 28.

Gesner avait reçu une mauvaise figure du cingle[1] souvent recopiée[2]; mais Marsigli[3], Schæffer[4], Bloch[5] et Meidinger[6], en ont donné de bonnes.

Son nom allemand varie; on le prononce aussi *zindel* et *zundel*. En Hongrie il s'appelle *kolez,* au dire des correspondans de Gesner; mais Marsigli, contre sa coutume, ne donne pas son nom dans les langues de ce pays. Je ne vois pas qu'il en soit question ni parmi les poissons de Pologne, ni parmi ceux de Russie.

Le cingle se rapproche des perches par les mêmes caractères que l'apron. Il a des dents en velours ou même en cardes aux deux mâchoires, au-devant du vomer et le long des palatins sur des bandes assez larges. Le rang antérieur de la mâchoire supérieure est plus fort. Le bord postérieur de son préopercule est finement crénelé, et il y a des dents plus fortes à son angle. Son opercule se termine par une assez forte pointe, sous laquelle en est en même temps une petite. Ses deux dorsales sont séparées par un intervalle de plusieurs écailles, etc.; mais il a aussi, comme l'apron, des caractères de sciène. Son museau obtus avance au-delà de sa bouche, soutenu par des sous-orbitaires caverneux. Le bord inférieur du préopercule, et toute la mâchoire inférieure, sont également caverneux, c'est-à-dire creusés de grandes fosses que la peau recouvre dans l'état frais, mais que l'on sent au toucher.

Du reste, le cingle diffère beaucoup de l'apron, ne fût-ce que par les nombres plus considérables des rayons de ses dorsales.

Son corps est peu élevé, et plutôt triangulaire que comprimé. Sa tête, un peu alongée, est aplatie en dessus. Sa queue, un peu grêle, est plus comprimée que son corps.

Sa hauteur, à l'endroit des pectorales, ne surpasse guère sa lar-

---

1. *Paralip.*, p. 19. — 2. Aldrov., p. 616; Jonst., t. XXVI, p. 19, etc. — 3. *Danub.*, t. IV, pl. 9, fig. 3. — 4. *Pisc. bavar. pentas,* pl. 3, fig. 1. — 5. Bl., pl. 105. — 6. *Pisc. Austr.*, pl. 4.

2.   19

geur vers l'abdomen, et est contenue plus de sept fois dans sa longueur totale. La longueur de la tête fait le quart de cette longueur
totale.

La largeur de cette tête entre les préopercules fait plus de moitié
de sa longueur, et sa hauteur au même endroit n'en fait que les deux
cinquièmes.

L'œil est vers le bord supérieur et au milieu de la longueur. Son
diamètre longitudinal fait le cinquième de la longueur de la tête,
et l'intervalle d'un œil à l'autre est un peu plus grand. Les deux
ouvertures de la narine sont l'une devant l'autre, assez rapprochées, un peu plus proches de l'œil que du bout du museau, et
entourées chacune d'une membrane tubuleuse. La bouche est sous
le museau, coupée en fer à cheval, fendue jusque sous les narines.
Ses lèvres sont médiocrement charnues. Le maxillaire se cache
presque entièrement sous un long sous-orbitaire.

La langue est lisse, large, plate et peu saillante.

Il y a des écailles sur le museau, sur le crâne, sur la tempe et
sur l'opercule; mais les mâchoires, les côtés du museau, le dessous
de l'œil, le bas de la joue et le dessous de la gorge, en sont dépourvus.

L'ouverture des ouïes est assez grande. La membrane est épaisse.
On y compte sept rayons.

L'os surscapulaire a son bord à peu près droit, oblique, mais
finement dentelé en scie. L'huméral est anguleux, et son angle a
trois dentelures pointues.

La pectorale, médiocre, de plus d'un tiers moins longue que la
tête, obtuse, a quatorze rayons articulés, dont le premier seul n'est
pas branchu. Il n'y a point d'écailles particulières, ni au-dessus ni
au-dessous d'elle. Les ventrales n'en ont pas non plus : elles sont
attachées un peu plus en arrière que les pectorales, plus grandes
qu'elles et plus charnues, écartées l'une de l'autre par de larges os
du bassin, et composées, comme à l'ordinaire, d'une épine et de cinq
rayons branchus.

La première dorsale commence à peu près vis-à-vis la base des
pectorales. Elle a treize rayons, tous épineux. Le premier et le

treizième sont les plus petits; le troisième et le quatrième les plus
hauts. Sa longueur est à peu près le cinquième de la longueur
totale, et sa hauteur le neuvième. Elle est séparée de la seconde par
un petit intervalle sans membrane. La seconde dorsale est un peu
plus longue et un peu moins haute que la première. Elle a un rayon
épineux très-petit et dix-neuf articulés, dont le premier est simple
et les autres branchus. Le dernier est profondément fourchu; ainsi
on pourrait en compter vingt-un. L'intervalle entre elle et la base
de la caudale fait le septième de la longueur totale.

L'anus est sous le milieu du corps, en y comprenant la caudale.

L'anale et la seconde dorsale commencent vis-à-vis l'une de
l'autre; mais l'anale est de deux cinquièmes moins longue que la
dorsale. On y compte un très-petit rayon épineux et treize rayons
mous. La caudale est du sixième de la longueur totale. Son échancrure n'entame qu'un tiers de sa longueur. Elle a dix-sept rayons
entiers, et trois ou quatre très-petits en dessus et en dessous.

D. 13 — 1/19 ou 20; A. 1/13; C. 17; P. 14; V. 1/5.

Les écailles sont assez petites; il y en a au moins quatre-vingt-
quinze sur une ligne, depuis l'ouïe jusqu'à la caudale, et au moins
trente sur une ligne verticale, depuis le ventre jusqu'à la première
dorsale. Leur partie extérieure est semi-circulaire. Sa surface est
âpre et son bord cilié. La partie cachée est coupée carrément, sillonnée de quelques rayons, finement striée en travers, et son bord
implanté divisé en quatre ou cinq crénelures rondes.

La ligne latérale est parallèle au dos et sans inflexion. Elle ne
se marque que par une tache à chacune des écailles sur lesquelles
elle passe.

La couleur du dos et des flancs est d'un gris jaunâtre; celle de
toute la partie inférieure est blanchâtre. Quatre bandes nuageuses
d'un brun noirâtre descendent obliquement en avant, et se mêlent
à des taches et à des points également nuageux sur les flancs. La
première de ces bandes est en avant de la première dorsale et sous
la base antérieure. La seconde, qui est plus petite, est sous sa moitié
postérieure; les deux autres sous les deux extrémités de la seconde

dorsale. Le museau et l'opercule sont brunâtres. Il y a sur la joue quelques bandes obliques d'un brun noirâtre.

A l'ouverture de l'abdomen on voit dans les deux tiers de la longueur le rectum marchant droit entre les deux laitances ou les deux ovaires. Au tiers antérieur est l'estomac, fort charnu, assez petit, et dont la pointe est obtuse. Le pylore est près du cardia. Il n'a que trois appendices cœcales, comme dans la perche. L'intestin ne fait qu'un repli situé dans le côté droit de l'abdomen, et occupant à peu près moitié de sa longueur. Il revient ensuite près du pylore, pour se replier une seconde fois et se rendre directement à l'anus. Le foie est petit, et confiné près du diaphragme. La vessie aérienne, comme dans la perche, est simple et à parois très-minces.

Le péritoine est vivement argenté; le mésentère et les épiploons deviennent très-gras.

On trouve dans la femelle des œufs blanchâtres et fort petits.

La tête osseuse du cingle est remarquable par les cavités des pièces qui la composent. Les sous-orbitaires, la mâchoire inférieure, le bord inférieur du préopercule, au lieu d'une surface plane ou d'un bord simple, offrent deux lames saillantes, jointes ensemble par des lames ou des barres transverses, qui interceptent des espèces de fosses ou de tambours, dont l'ouverture large est fermée à l'extérieur par la peau. Du reste (à la saillie du museau près) cette tête osseuse ressemble assez à celle de la perche. Le crâne est plat, et la crête verticale de l'occiput ne s'élève pas au-dessus du niveau du crâne.

Il y a à l'épine quarante-huit vertèbres; l'abdomen finit à la vingt-unième. La première dorsale commence sur la quatrième, et finit sur la dix-septième. La seconde commence sur la vingtième, et finit sur la trente-sixième ou la trente-septième.

Les côtes sont grêles et courtes. Les osselets interépineux n'ont rien de remarquable. Le corps de l'hyoïde a son bord inférieur aplati et élargi. Le bassin est aussi assez large.

Le cingle devient bien plus grand que l'apron; on en voit souvent de quinze pouces et plus, et qui pèsent deux à trois livres. Tous les auteurs s'accordent à représenter sa chair comme légère, blanche, friable, ferme et d'un très-bon goût. On le sert en Allemagne sur les tables les plus recherchées.

Ce poisson fraie au mois de Mars et d'Avril dans les eaux courantes, et dépose ses œufs sur les pierres et le sable; c'est alors qu'on en prend le plus, parce qu'il s'approche des bords. Le reste de l'année il se tient dans la profondeur et dans les endroits où le courant est peu rapide. Il vit de petits poissons, et ne redoute pas beaucoup les gros, si ce n'est le brochet. Peut-être ne serait-il pas bien difficile d'en enrichir quelques-uns de nos lacs et de nos rivières.

Nous ne connaissons pas de poisson étranger à l'Europe, qui puisse être rapporté au même genre que l'apron et le cingle.

CHAPITRE X.

Des Grammistes.

Bloch, dans son Système publié par Schneider, p. 182, a établi un genre de poissons qu'il a nommé *grammiste*, et il l'a fait reposer sur le caractère le plus bizarre et le moins susceptible de produire des rapprochemens heureux, dont jamais naturaliste ait imaginé de se servir, depuis que l'on fait des méthodes de nomenclature ; je veux dire sur les lignes longitudinales dont le corps de ces poissons est coloré : aussi y voit-on accumulées des espèces non-seulement de genres naturels très-différens, mais de familles très-diverses, des *spares* [1], des *dentex* [2], des *mésoprions* [3], des *labres* [4], des *pristipomes* [5], des *serrans* [6], des *diacopes* [7], des *térapons* [8], des *holocentrums* [9], des *diagrammes* [10], des *eques* [11], des *hœmulons* [12], des *cirhites* [13], etc.

Ce n'est pas à beaucoup près de cette indigeste réunion qu'il s'agit ici. Nous réduisons tout le genre des grammistes à l'espèce à laquelle *Artedi* avait déjà donné ce nom (dans le *Musée de Seba*, tome III, pl. 27, fig. 5, et p. 75) et

1. *Gr. unimaculatus*, Bl., pl. 308. — 2. *Gr. japonicus*, Bl., pl. 275. — 3. *Gr. chrysurus*, Bl., pl. 262. — 4. *Gr. bivittatus*, Bl., pl. 284, fig. 1 ; *Gr. variegatus.* — 5. *Gr. juba*, Bl., pl. 308 ; *Gr. Mauritii*, Bl., pl. 263 ; *Gr. hepatus* ; *Gr. furcatus.* — 6. *Gr. cabrilla.* — 7. *Gr. quinquevittatus*, Bl., pl. 239 ; *Gr. kasmira.* — 8. *Gr. servus*, Bl., pl. 238, fig. 1 ; *Gr. annularis* ; *Gr. quadrivittatus*, Bl., pl. 238, fig. 2. — 9. *Gr. ganham.* — 10. *Gr. diagramma*, Bl., pl. 320 ; *Gr. pictus* ; *Gr. vittatus* ; *Gr. striatus*, Seb., t. III, pl. 27, fig. 17. — 11. *Gr. acuminatus*, Seb., pl. 26, fig. 33. — 12. *Gr. trivittata* (Sic.). — 13. *Gr. Forsteri.*

On verra reparaître, dans le cours de notre ouvrage, tous ces poissons à leur véritable place.

aux espèces qui pourraient lui ressembler, non par les couleurs, mais par la conformation. Cette conformation est remarquable, surtout par sa ressemblance avec celle des *savonniers,* dont nous parlerons plus loin. En effet, les grammistes ont, comme les savonniers, des dents en velours, des épines à l'opercule et au préopercule, sans dentelure; une anale sans rayons épineux apparens; des écailles petites et noyées dans l'épiderme, au point d'échapper au toucher; mais la dorsale des savonniers est tout d'une venue, et n'a qu'un très-petit nombre d'épines, et au contraire, dans les grammistes, comme dans les varioles, les ambasses, etc., la partie épineuse de la nageoire est séparée de sa partie molle par une échancrure profonde. La sixième et la septième épine sont très-courtes; sa membrane finit au pied de la huitième, qui est grêle et se ralonge pour former le premier rayon de la partie molle.

Cette différence, très-apparente, a suffi pour que nous ne pussions laisser les grammistes avec les savonniers, auxquels ils ressemblent d'ailleurs pour tout le reste.

Le Grammiste oriental.

(*Grammistes orientalis,* Bl.) [1]

L'espèce la plus connue, ou le *grammistes orientalis* de Bloch, est décrite pour la première fois dans l'ouvrage de Seba; mais ce collecteur ne dit point d'où il l'avait tirée. M. Thunberg en décrit [2] une très-voisine, si ce n'est la

---

1. Édition de Schneider, p. 189 ; *Sciène rayée,* Lacép.; *Persèque triacanthe,* id.; *Persèque pentacanthe, id.; Bodian à six raies, id.; Centropome à six raies, id.*
2. *Perca bilineata,* Thunb., *Nov. act. Stockh.,* t. XIII, p. 142, pl. 5, 1792.

même, et nous apprend qu'elle vient de la mer des Indes; mais il ne fait pas remarquer ses rapports avec celle de Seba.

C'est bien sûrement aussi l'ASPRO *niger, lineis albis longitudinaliter pictus,* de *Commerson,* dont M. de Lacépède a fait sa *Sciène rayée* (*Sciæna vittata* [1]). Un léger repli de la peau forme sous le menton l'apparence d'un très-petit barbillon, que Commerson a pris pour un barbillon véritable : d'ailleurs, tout le reste de sa description s'accorde très-bien.

Tout nous prouve aussi que c'est l'un des individus de cette même espèce encore existans au cabinet, qui a été décrit par M. de Lacépède (tome IV, p. 398 et 424), sous le nom de *persèque triacanthe;* seulement il lui donne sur la langue des dents qui ne sont qu'au pharynx.

Cet individu venait de l'ancienne collection du Stadhouder. Nous en avons d'autres qui ont été apportés par feu Péron.

Tous sont petits, à peine de cinq ou six pouces de longueur. L'ensemble de leurs proportions ne diffère pas beaucoup de la perche commune. Tant que la peau n'est pas desséchée, on la croirait volontiers sans écailles, et l'on n'y voit en quelque sorte que des points disposés en quinconce et réguliers comme une espèce de tricot. Les dents sont en fin velours; la tête est assez haute; le maxillaire large; le sous-orbitaire petit; la gueule fendue jusque sous l'œil; la mâchoire inférieure avance plus que l'autre; la langue est lisse et très-libre; les ouïes bien fendues et à sept rayons; le préopercule et l'opercule ont chacun trois pointes. Il y a sept épines assez fortes à la première dorsale, dont la seconde et la troisième sont les plus hautes; la sixième et la septième percent

---

1. T. IV, p. 323.

à peine la peau. Le premier rayon de la deuxième dorsale est simple,
mais si flexible qu'à peine peut-on le croire épineux. Le reste de
cette nageoire a treize rayons à peu près égaux. L'anale a huit rayons,
tous mous, et s'il s'y trouve des épines, ce sont tout au plus de
très-petits vestiges cachés sous la peau, et si frêles que le doigt même
ne peut les sentir. Je croirais cependant qu'il y a réellement trois de
ces vestiges. La caudale est arrondie; les nageoires paires n'ont rien
de remarquable.

D. 7—1/13; A. 3/8; C. 17; P. 14; V. 1/5.

Ce petit poisson est d'un brun noir, marqué de lignes longitudinales blanches, le plus souvent au nombre de sept de chaque
côté, avec une impaire le long du dos et une autre le long de la
gorge, qui, arrivée aux ventrales, se bifurque et demeure double
jusqu'à l'anale. Les nageoires sont jaunâtres. La base de la pectorale
et celle de chaque ventrale ont un peu du blanc des raies qui y
aboutissent. Arrivées à la tête, quelques-unes de ces lignes se dé-
tournent de leur direction, et forment un réseau sur la joue.

Mais il y a des individus où les nombres des lignes diffèrent assez pour que des naturalistes habiles en aient fait
des espèces particulières. Ils n'ont que six raies de chaque
côté, sans compter les impaires. Tel était celui qu'a décrit
Thunberg à l'endroit cité.

Nous en avons même vu un où l'on n'observe de chaque
côté que quatre raies, mais qui d'ailleurs ressemble en tout
à l'espèce ordinaire.

Ce grammiste à quatre raies est la *persèque pentacanthe,*
de M. de Lacépède (tome IV, p. 3g8 et 424), qui n'y a
compté que cinq épines à la première dorsale, trompé par
l'extrême petitesse de la première et de la dernière.

Le *bodian à six raies* de M. de Lacépède (tome IV,
p. 285 et 3o2) est encore une variété de ce grammiste
où le nombre des lignes est réduit à trois de chaque côté

2.   20

Le reste des caractères est conforme. L'auteur ne compte que neuf rayons à l'anale, faute d'avoir recherché sous la peau les trois petits vestiges qui lui ont paru n'en faire qu'un.

A tous ces doubles emplois il faut ajouter enfin le *centropome à six raies,* de M. de Lacépède (tome V, p. 689 et 690). En examinant ses papiers, nous avons retrouvé la note de feu Noël, sur laquelle il a établi cette espèce, et qui est accompagnée d'une mauvaise représentation de la variété de notre grammiste actuel, qui a six raies de chaque côté, sans compter les impaires.

Un individu, pris à Neros-Banhos, et donné au cabinet du Roi par M. Bosc, a sept raies d'un côté et huit de l'autre.

Le foie du grammiste oriental est petit; le lobe gauche est mince, élargi et profondément échancré en arrière. Le droit est pointu, grêle, et recouvre la vésicule du fiel, qui est petite, globuleuse, suspendue à un canal cholédoque assez long, et qui reçoit de nombreux vaisseaux hépatocystiques. L'œsophage est très-large, plissé longitudinalement par des rides très-grosses; il se termine en un estomac étroit, conique, pointu, qui atteint jusqu'à l'arrière de l'abdomen. La branche montante naît au quart de la distance du pharynx à la pointe de l'estomac : elle est très-courte. Il y a quatre appendices cœcales assez grosses et de longueur médiocre. L'intestin est court, fait deux replis assez près l'un de l'autre; sur la dernière portion, un peu au-delà du cardia, il y a un étranglement sensible qui correspond en dedans à une valvule assez épaisse. La rate est petite et placée à droite de l'intestin sous la pointe du foie.

La vessie natatoire est assez large; mais elle n'occupe en longueur que la moitié antérieure de la distance du diaphragme au fond de l'abdomen. Les reins sont gros, et forment deux cordons le long de l'épine. Ils débouchent presque directement dans une vessie urinaire assez grande, cylindrique, et qui se porte d'abord en arrière, puis se replie pour venir déboucher derrière le rectum.

Le squelette du grammiste oriental ressemble à celui des serrans; mais je ne lui trouve que treize vertèbres à la queue.

DES PERCOÏDES A UNE SEULE DORSALE.

La seconde division des poissons analogues à la perche, celle où la partie épineuse de la dorsale est assez unie à sa partie molle pour ne former ensemble qu'une nageoire, est infiniment plus nombreuse que celle des percoïdes à deux dorsales distinctes, et l'on a été obligé, pour y mettre quelque ordre, de recourir à des caractères assez minutieux.

Bloch a tiré les siens des dentelures du préopercule et des épines de l'opercule; mais il les a souvent assez mal appliqués, et l'on voit, dans sa distribution, des poissons de la famille des labres et de celle des sciènes venir se placer au milieu des perches.

Le même défaut se rencontre plus ou moins dans les ouvrages de ses successeurs, parce que, s'attachant trop à ces caractères extérieurs, ils n'ont pas établi leurs premières divisions sur des différences plus essentielles.

La précaution que nous avons prise d'écarter d'abord tous les poissons qui n'ont pas des dents aux mêmes parties de la bouche que la perche commune, nous a fait éviter plusieurs de ces embarras.

Néanmoins il nous reste encore un nombre si considérable d'espèces, que nous sommes obligés de recourir à des caractères subordonnés pour nos subdivisions.

Nous tirons les premiers des dents, qui sont tantôt égales et en velours, comme celles de la perche commune et du bar, tantôt mélangées plus ou moins de canines ou de dents plus longues et plus pointues que les autres.

Ensuite nous considérons l'opercule, dont la partie osseuse est tantôt mousse ou arrondie, tantôt terminée en deux ou trois pointes plus ou moins aiguës.

Nous arrivons alors au préopercule, qui peut avoir les bords lisses, ou dentelés, ou armés de diverses manières.

Enfin les os des mâchoires, lisses ou écailleux, nous fournissent encore des subdivisions ultérieures, auxquelles nous ajoutons, pour distinguer certains genres, des caractères frappans pris de quelques autres parties, comme des ventrales ou d'autres nageoires.

CHAPITRE XI.

Des Serrans.

Parmi ceux de ces poissons qui sont armés en partie de dents canines, notre premier genre sera celui des *serrans,* que Bloch confondait parmi ses holocentres. Nous lui attribuons le nom de *serran,* parce qu'il est donné par nos pêcheurs aux espèces de ce genre les plus communes dans nos mers, et parce qu'il vient probablement du latin *serra* et peut désigner la dentelure de leur préopercule, qui est à peu près égale, comme celle d'une scie.

Cette dentelure, jointe aux deux ou trois épines plates de leur opercule et aux dents longues et aiguës qui se trouvent mêlées en plus ou moins grand nombre parmi les dents en velours de leurs mâchoires, forment leur caractère.

Il faut remarquer toutefois que cette dentelure du préopercule s'atténue par degrés, au point d'être absolument insensible, et que l'on passe ainsi, presque sans s'en apercevoir, de ces serrans à préopercule bien sensiblement dentelé à des poissons d'ailleurs entièrement semblables, où le bord du préopercule est entier. Ces poissons cependant sont en fort petit nombre; et bien que Bloch ait fait de ce bord lisse le caractère de son genre bodian, la plupart des espèces qu'il y a placées ont en effet un préopercule finement dentelé.

Les serrans ont d'ailleurs le crâne et les opercules écailleux, ainsi que la joue; mais ils varient par les tégumens du museau et des mâchoires, qui tantôt semblent nues, tantôt offrent des écailles plus ou moins sensibles.

Nos mers d'Europe, et surtout la Méditerranée, possèdent cinq ou six espèces, que nous chercherons à bien faire connaître, et dont les trois principales deviendront pour nous autant de chefs de file auxquels nous comparerons les innombrables espèces des mers plus éloignées.

Celles qui se rapportent à la première de ces espèces se ressemblent par leur petite taille, la délicatesse de leurs proportions et les agrémens de leurs couleurs. Leurs mâchoires sont nues. On les connaît assez généralement sous le nom commun de *perches de mer*.

Le *mérou* en diffère par une beaucoup plus grande taille et par de petites écailles à la mâchoire inférieure.

Le *barbier* a une taille analogue à celle des perches de mer, et à des couleurs encore plus vives il joint le caractère de porter sur toute sa tête et sur ses mâchoires des écailles semblables à celles du corps.

———

Des petites espèces de Serrans, connues dans la Méditerranée sous le nom de Perches de mer.

Nous avons vu qu'Aristote[1] a bien connu la perche d'eau douce; mais il parle aussi de perches auxquelles il attribue des caractères qui ne peuvent convenir à ce poisson. Telle est celle dont il dit qu'elle a de nombreuses appendices au pylore, comme le mulet, le rouget et le

———

1. *Hist. anim.*, l. II, c. 13.

spare, et celle qu'il range parmi les poissons saxatiles avec ses tourds [1]. Ce dernier passage a dû faire penser qu'il s'agissait d'un poisson de mer, et cette idée prend de la consistance par la comparaison de ce qu'en disent d'autres auteurs. Pline [2], par exemple, nomme la perche parmi les saxatiles avec la murène et le congre; Oppien [3] dit qu'elle se tient auprès des rochers de mer couverts d'algues. Les anciens avaient donc une perche de mer en même temps qu'une perche d'eau douce. Des auteurs modernes ont cru retrouver la première dans quelques serrans qui se nomment encore aujourd'hui à Rome *percia* [4], à Venise *sperga* [5], et dans nos ports de Provence et de Languedoc, *perche* ou *perco de mer* [6], et qui ressemblent en effet assez à la perche commune par les dentelures et les épines de leur tête, par leurs écailles âpres, par leurs belles couleurs et par les bandes transversales plus ou moins foncées de leur corps. Nos côtes de la Méditerranée en possèdent deux et peut-être trois espèces à peine longues de huit ou dix pouces, que les pêcheurs vendent pêle-mêle, et que les naturalistes n'ont pas trop bien distinguées. [7]

---

1. *Hist. anim.*, l. VIII, c. 15. — 2. *Hist. nat.*, l. IX, c. 16. — 3. *Halieut.*, l. I.ᵉʳ, vers 124. — 4. Salviani, Rondelet. — 5. Martens, Voyage à Venise, t. II, p. 425. — 6. Rondelet, Risso, etc.

7. A Rome, on en confond au moins deux espèces sous le nom de *Percia*, Salviani, p. 225 et 228. A Gênes, on les appelle *Bolassos* selon Bélon, et *Bolaccio* selon M. Viviani. A Nice et à Marseille, outre le nom de *perche de mer*, on leur donne, selon Brunnich, Risso et Rondelet, ceux de *serran*, de *serratan* et de *serrango*, qui paraissent d'origine espagnole, et qui viennent peut-être du latin *serra* (une scie), soit à cause des dentelures de leur préopercule, soit à cause des épines de leur dorsale. Ce sont aussi, à ce qu'il paraît, les *channi* ou les *channo* des Turcs ou des Grecs modernes.

Le SERRAN ÉCRITURE.

(*Serranus scriba,* nob.; *Perca scriba,* Lin.)

La première espèce[1] se reconnaît à son museau pointu, à son profil rectiligne et même un peu concave, et à des lignes ou des traits irréguliers, qui forment sur son crâne, sur son museau et sur sa joue, comme une sorte de caractères d'écriture inconnue. Comme elle nous servira de type pour un nombreux sous-genre, il convient que nous en décrivions les formes en détail.

La longueur de sa tête fait plus du tiers de sa longueur totale. La plus grande hauteur de son corps est à peu près au-dessus du milieu des pectorales, et fait plus du quart de cette même longueur totale. Son épaisseur est les deux cinquièmes de sa hauteur. L'œil a son bord postérieur à peu près au milieu de la longueur de la tête, et la distance d'un œil à l'autre est égale à leur diamètre.

La bouche est fendue obliquement jusque sous le bord antérieur de l'œil. Quand elle est fermée, la mâchoire inférieure est plus avancée que l'autre, et c'est elle qui forme la pointe du museau. Le

---

1. Elle n'est représentée d'une manière un peu caractérisée que par *Salviani,* p. 227, fig. 92, sous le nom de *phycis;* mais peut-être est-ce aussi elle que le même auteur a représentée p. 225, fig. 89. Elle est confondue avec les autres sous le *perca marina* de Linnæus; mais c'est elle aussi que Linnæus décrit plus particulièrement sous le nom de *perca scriba. Brunnich* l'avait évidemment sous les yeux quand il a décrit son *p. marina,* et *La Roche* pour son *holocentrus marinus.* On ne peut pas douter non plus que ce ne soit d'elle que M. *Spinola (Ann. Mus.)* ait fait son *hol. argus.* Nous ne doutons point que l'*hol. fasciatus* de Bloch, p. 240, n'en soit un dessin fait sur un individu desséché et décoloré, et nous nous sommes assuré à Berlin que son *hol. maroccanus* est encore de la même espèce. Enfin, c'est bien sûrement aussi le *lutjan écriture* de Risso, 1.ʳᵉ édition, p. 264. Dans sa 2.ᵉ édition il reproduit ces espèces que nous croyons factices, sous les noms de *serranus argus, fasciatus, scriba,* p. 373 — 375.

dessous de ses branches est lisse. La mâchoire supérieure est peu protractile; mais la bouche est susceptible de beaucoup de dilatation. Les lèvres, peu charnues, se dilatent néanmoins vers la commissure en membranes assez larges. Le maxillaire est large et tronqué carrément à son extrémité postérieure. Il n'a point d'écailles, non plus que le museau, les mâchoires et le sous-orbitaire. Celui-ci est rhomboïdal, sans dentelures, et ne recouvre pas le maxillaire lors de la rétraction des mâchoires. Les narines sont plus près de l'œil que du bout du museau. Leur ouverture antérieure est fort rapprochée de l'autre, très-petite, un peu tubuleuse, et garnie d'une très-petite membrane ou filament pointu. La joue, le derrière du crâne et les pièces operculaires sont écailleux. Le préopercule est arrondi, et son bord très-finement et presque également dentelé, si ce n'est dans les deux tiers antérieurs de sa partie inférieure, où il est entier. Le bord membraneux de l'opercule finit en pointe un peu mousse; mais sa partie osseuse se termine par trois épines plates et aiguës. Les ouïes sont extrêmement fendues; leur membrane a sept rayons, dont le supérieur est plat et dilaté. Les dents sont en velours aux deux mâchoires, sur une bande un peu plus large dans le milieu, et qui se rétrécit vers la commissure. A la mâchoire supérieure, le rang extérieur est plus fort et en crochet, surtout les deux ou trois antérieures de chaque côté; et il y en a de plus, derrière elles, deux ou trois autres encore plus fortes. A la mâchoire inférieure il y a aussi un rang de dents en crochets qui s'élèvent parmi les autres; mais ce sont les latérales qui y sont les plus fortes, au nombre de trois ou quatre. Au palais, des dents fines et en velours sont disposées sur une petite plaque en forme de chevron sur le devant du vomer et sur une bande longitudinale étroite à chaque palatin. La langue est longue, étroite, pointue, très-libre, et sans aucunes dents; mais les râtelures des branchies sont âpres, et les pharyngiens sont armés de dents en velours. L'os surscapulaire est peu distinct et finement dentelé au bout; l'os huméral n'a point de dentelures ni d'épines. Le coracoïdien se montre derrière l'aisselle de la pectorale, comme une lame verticale en forme de faux. Les écailles sont de grandeur médiocre. On en compte environ soixante-

dix sur la longueur, et vingt-cinq sur la hauteur. Leur partie extérieure est un arc de cercle; à la loupe, elle paraît pointillée et son
bord très-finement cilié. La partie cachée est coupée carrément,
striée en rayons, et son bord radical crénelé. La ligne latérale est
parallèle au dos, et trois fois plus près du dos que du ventre. Elle
se marque par un petit trait oblique relevé sur chacune de ses
écailles. La dorsale commence au-dessus de la base de la pectorale.
Sa distance au bout du museau est de plus du tiers de la longueur
totale, et sa longueur est encore un peu plus considérable. Elle a
dix aiguillons assez forts, très-pointus, dont les huit derniers ont
en hauteur à peu près le tiers de celle du corps. Les deux premiers
sont un peu plus courts, surtout le premier. La partie molle est un
peu plus haute que la partie épineuse. Son angle postérieur est
arrondi, et elle a quatorze rayons branchus. La membrane, dans la
partie épineuse, est plus courte que les rayons, et donne derrière
chacun d'eux un filament pointu qui le dépasse. Elle a dans les
intervalles de tous ses rayons une bande étroite et pointue de petites écailles, qui occupent à peu près moitié de sa hauteur. La
distance de l'anus au bout du museau est supérieure d'un quart à
sa distance au bout de la queue. L'anale naît à peu près vis-à-vis
du troisième rayon mou de la dorsale, et finit vis-à-vis du onzième.
Elle a trois rayons épineux forts et pointus, et sept mous : le premier épineux est moitié plus court que les deux autres; la membrane entre ces épines est plus courte qu'elles, et donne des lanières
comme à la dorsale. Entre les rayons mous il y a des bandes étroites
de petites écailles. La distance de la dorsale à la caudale est d'un
peu plus du dixième de la longueur totale. La longueur de la caudale est de près du sixième. Elle est coupée carrément, et a dix-sept
rayons, dont les deux extrêmes simples, et deux ou trois petits à la
racine de chaque bord. Il y a des bandes étroites de petites écailles
dans chaque intervalle des rayons. Les pectorales approchent du
quart de la longueur totale; elles sont un peu pointues et soutenues
par treize rayons, dont le sixième et le septième sont les plus longs.
Les ventrales sont un peu moins longues que les pectorales, et
coupées en pointes aiguës. Leur épine est forte, acérée et de moitié

moins longue. Elles ont cinq rayons mous, dont le second forme la pointe.

D. 10/14; A. 3/7; C. 17; P. 13; V. 1/5.

Ce poisson a de très-belles couleurs; mais non-seulement elles ne se conservent pas long-temps après la mort, elles changent aussi avec l'âge et la saison d'une manière prodigieuse. Ce qu'elles ont de plus constant, consiste dans les lignes irrégulières, étroites, qui dessinent le dessus du crâne, l'intervalle des yeux, le museau et la joue; dans cinq bandes larges, obscures, qui descendent verticalement de la racine de la dorsale et se perdent vers le ventre; et dans les taches rondes et serrées qui font paraître la nageoire du dos et celle de l'anus comme réticulées. Assez souvent quelques-unes des bandes verticales sont divisées en deux, de sorte qu'on peut en compter six ou sept.

Quant aux nuances qui colorent le dessin que nous venons de décrire, le fond en est d'ordinaire roussâtre; et, en y regardant de près, on voit qu'il se décompose en une teinte orangée dans le milieu de chaque écaille, et en un reflet lilas à sa base et à son bord; mais quelquefois aussi l'orangé devient jaune, et alors la couleur générale prend un ton olivâtre. Quand le lilas domine, alors le poisson paraît bleuâtre. Les bandes verticales sont d'un brun foncé, plus ou moins tirant au roux. Les traits irréguliers de la tête, ou ce qu'on a nommé *l'écriture*, sont d'un bleu argenté plus ou moins vif, finement liséré de noirâtre, et les intervalles qui les séparent sont tantôt du plus beau rouge aurore ou cramoisi, tantôt d'un brun roussâtre ou olivâtre. Les nageoires verticales sont grises ou lilas, avec des taches d'un bel aurore ou d'un rouge vif, qui, sur la partie épineuse de la dorsale, sont assez irrégulières, mais qui, sur la partie molle, ainsi que sur l'anale, sont rondes, tranchées, et disposées en bandes serrées, divisant obliquement les rayons. Il y a aussi de ces taches sur les ventrales et le long de chaque rayon de la caudale. Dans certains momens, elles pâlissent et deviennent jaunes ou blanches. Les lanières derrière chaque épine dorsale sont d'un beau rouge. La pectorale a ses rayons d'un jaune jonquille, et sa membrane d'un blanc transparent, avec une ou deux lignes aurore sur sa base.

M. Péraudot nous en a donné un bel individu, pêché sur les côtes de la Corse, long de neuf pouces, d'un rouge vineux, assez foncé, mais d'ailleurs avec les mêmes taches et nuances que nous venons de décrire.

Nous possédons plusieurs individus, venus de différens points de la Méditerranée, qui diffèrent assez notablement par les couleurs du reste de l'espèce, sans nous offrir cependant des caractères assez importans pour croire qu'ils soient autre chose qu'une variété. Les traits sur le crâne et sur les joues y sont à peine visibles, et même ils disparaissent entièrement dans quelques-uns. Les joues, ainsi que le dessous des branches de la mâchoire inférieure, sont tachetés de gros points rougeâtres assez foncés. Une bande obscure sur la fin de l'opercule, et une autre petite en avant de la base de la pectorale, augmentent le nombre des bandes transversales du corps. Il en est venu de tels de nos côtes de Provence, de Malte, de Naples et d'Alexandrie d'Égypte.

Le foie du serran est peu volumineux, et il se compose de deux lobes d'inégale grosseur : le gauche est le plus fort; ils sont tous deux triangulaires; le bord supérieur est échancré. La vésicule du fiel est longue, grêle et étroite; elle s'appuie sur l'estomac. Ce viscère est un très-grand sac, arrondi à son extrémité. La branche montante naît assez haut; elle est courte. Il y a auprès du pylore sept appendices cœcales, longues et assez grosses. La dernière à droite est cachée entre les plis de l'intestin; les autres sont libres sous l'estomac. L'intestin est de longueur médiocre; il fait deux replis et plusieurs ondulations. La vessie aérienne est grande, simple, à parois minces et argentées.

Mais ce que ces poissons ont surtout de remarquable et même d'unique, c'est l'organisation de leurs parties génitales. Les anciens ont dit du *channa* que tous les individus de l'espèce sont femelles[1]; mais, comme on n'est que trop porté à le faire dans ces derniers temps, on n'avait donné aucune attention à une assertion contraire

---

1. Arist., l. VI, c. 12, et Ovid., *Halieut.*, vers 107 :
   « *Ex se concipiens channe gemino fraudata parente.* »

aux analogies. Il paraît cependant qu'ils sont tous réellement hermaphrodites. Cavolini[1] a disséqué et dessiné leur ovaire, et a montré dans sa partie inférieure une portion glanduleuse blanchâtre, toute pareille à une laitance, à un testicule de poisson. Il assure qu'en ayant ouvert un très-grand nombre, il n'en a trouvé aucun où il n'ait observé cette réunion d'organes des deux sexes. Je puis confirmer l'assertion de Cavolini pour les individus que j'ai examinés aussi en assez grand nombre. Au bas de chaque ovaire j'ai toujours vu une bande blanche, faisant deux angles, adhérente à la face interne du sac du côté inférieur, qui, si je l'avais observée seule et sans les œufs qui adhéraient un peu au-dessus, m'aurait certainement paru une véritable laitance. Quand l'ovaire était vide, et qu'il fallait le secours de la loupe pour voir les petits ovules attachés aux houppes de l'ovaire, la bande blanche était très-petite, presque réduite à un simple trait; quand, au contraire, l'ovaire était plein d'œufs prêts à être pondus, la bande blanche était grosse et avait l'apparence d'une forte glande. Son développement paraît donc suivre celui de l'ovaire, et être en rapport avec le temps du frai.

Indépendamment de ce qu'on voit du squelette à l'extérieur, il offre les particularités suivantes :

Le dessus de leur crâne est arrondi, lisse; ses crêtes ne commencent que sur le cinquième postérieur. Il y a deux sillons entre les yeux. Ses vertèbres sont au nombre de vingt-quatre, dont dix abdominales. Sur les deux premières sont deux interépineux qui ne portent point de rayons; le troisième porte les deux premiers rayons, et s'enfonce au-devant de la troisième apophyse épineuse; le dernier répond à la dix-huitième vertèbre. Ceux des rayons épineux ont tous en arrière une grande crête. Le premier interépineux de l'anale qui porte les deux premiers rayons, est long et fort; les autres sont grêles. La lame en éventail qui porte la caudale, est formée de l'union des apophyses des trois dernières vertèbres. Les côtes sont grêles, et ont chacune un appendice latéral. Les quatre

---

1. Dans son Traité de la génération des poissons, p. 85 de la traduction allemande.

dernières s'attachent à des apophyses transverses descendantes, dont la dernière paire s'unit en une lame échancrée, mais sans former d'anneau.

Ce serran se tient sur les fonds de roches, et a la chair très-savoureuse; mais il dépasse rarement le poids d'une demi-livre[1]. On en prend toute l'année[2], et il est très-abondant sur les marchés, où il se fait remarquer par ses belles couleurs.[3]

Cavolini dit qu'il vit de petits crabes, de cloportes et de petits poissons, et assure qu'il fait surtout ses délices du poulpe (*sepia octopodia, L.*); qu'il se tient en embuscade à l'entrée du trou où ce mollusque se retire, et que, pour peu qu'il en voie sortir le bout d'un tentacule, il s'empresse de le saisir.[4]

Le SERRAN PROPREMENT DIT.

(*Serranus cabrilla*, nob.; *Perca cabrilla*, Lin.)[5]

La seconde de nos espèces se reconnaît à l'absence des traits sur la tête, à trois ou quatre bandes qui lui traversent obliquement la joue et s'étendent sur son opercule, à neuf ou dix bandes qui occupent verticalement la moitié supé-

---

1. Martens, Voyage à Venise, t. II, p. 425. — 2. Risso, 2.ᵉ édit., p. 374.

3. Nous l'avons vu partout.

4. Cavolini, Traité de la génération des poissons, p. 85 de la traduction allemande.

5. A en juger par les lignes longitudinales, ce doit être celui-ci que SALVIANI a représenté sous le nom de χαvη ou d'*hiatula*. Il ne serait pas impossible que ce fût aussi le *channa* de RONDELET, p. 183. C'est très-certainement encore le *perca cabrilla* de LINNÆUS; la variété B du *perca marina* de BRUNNICH, l'*holocentrus virescens* de BLOCH, pl. 233, et les *holocentres jaune* et *serran* de RISSO, 1.ʳᵉ édit., p. 293 et 294; *serranus cabrilla* et *flavus* de la seconde, p. 375 et 376. Sonnini en a donné une bonne figure dans son Voyage en Turquie et en Grèce, pl. 1.

rieure de son corps, et à quelques autres bandes qui s'étendent longitudinalement sur les côtés, depuis la tête jusqu'à sa queue.

Elle a le museau sensiblement plus court, et le chanfrein un peu plus convexe que la précédente. Son œil est plus grand; son préopercule un peu moins arrondi, et ses dentelures vers la partie de l'angle un peu plus fortes. Sa mâchoire inférieure a la face inférieure de ses branches chagrinée et vermiculée par de petits traits de la peau.

Dans son état le plus brillant, le fond de la couleur est d'un gris jaunâtre avec des teintes bleuâtres; les bandes obliques de la tête et les bandes longitudinales du corps sont d'un beau rouge aurore ou vermillon; quelquefois même ce vermillon s'étend sur tout le corps. Les bandes verticales sont d'un brun-roux foncé. Leur partie inférieure s'élargit et devient plus foncée, ce qui forme comme une suite longitudinale de taches brunes, régnant depuis l'angle du préopercule jusqu'à la racine supérieure de la queue. Cet ensemble de couleurs augmente de beauté dans certains momens où les intervalles des bandes rouges de la tête et des flancs deviennent d'un bleu-clair plus ou moins vif. Le dessous de la mâchoire est d'un beau rosé, et le dessous du ventre d'un orangé clair; mais il y a des saisons et des individus où ces teintes si vives deviennent sombres et se changent en brun ou en olivâtre. La dorsale a sa base assez écailleuse et de la couleur du dos; mais sa moitié supérieure a dans sa partie épineuse des bandes alternativement aurore et lilas, et dans sa partie molle des taches rondes, lilas ou transparentes, semées sur un fond aurore. Il y a aussi trois bandes aurore et lilas sur l'anale. Le fond de la caudale est lilas, semé de taches aurore et de points transparens. Les pectorales ont leurs rayons aurore ou quelquefois jaunes. Les ventrales sont un peu plus pâles : elles n'ont point de taches.

D. 10/14; A. 3/8; C. 17; P. 14; V. 1/5.

Ce serran habite tout le bassin de la Méditerranée, et on le prend sur toutes les côtes de cette mer en aussi grande abondance que le précédent; mais il entre aussi dans l'Océan, et même il s'avance assez loin vers le Nord. M. Baillon en conserve un individu dans son cabinet, à Abbeville, qui a été pêché à l'embouchure de la Somme. M. Garnot nous en a envoyé de fort beaux, longs de neuf à dix pouces, pêchés à Brest : on y nomme l'espèce *fougère*. Les naturalistes de l'expédition de M. d'Urville en ont pris dans la baie d'Algésiras; et MM. Kuhl et Van Hasselt en ont envoyé de Madère, au Musée royal des Pays-Bas, qui avaient dix pouces de long. Le plus grand que nous ayons vu, est conservé dans le Musée de Berlin; il a près d'un pied. C'est à Ténériffe qu'il a été recueilli par M. Langsdorf.

Nous avons des individus entièrement semblables à cette espèce, à l'exception d'un peu moins de force dans les dentelures du préopercule, et de la disparition absolue des bandes longitudinales; mais nous ne croyons devoir les considérer que comme une variété d'âge et de saison : c'est parce qu'ils pourraient donner lieu à l'établissement de quelque espèce de la part d'observateurs peu attentifs, et que même cette erreur semble déjà avoir lieu, que nous les mentionnons ici. [1]

Les méprises des nomenclateurs touchant les deux poissons dont nous venons de parler, sont nombreuses et

---

1. C'est cette variété que paraît avoir particulièrement représentée Rondelet sous le nom de *perca marina*, et c'est elle aussi, autant que l'on en peut juger sur de mauvaises figures, que représente Aldrovande sous le même nom à ses pages 47 et 49. Quant au *perca marina* de Bélon, p. 269, il est difficile de dire si c'est la précédente ou celle-ci; mais nous ne pouvons presque pas douter que l'*holocentrus virescens* de Bloch ne soit une mauvaise figure de cette variété, faite d'après un individu desséché qu'on lui aura vendu à Amsterdam comme un poisson des Indes, ainsi que les marchands naturalistes de cette ville ont coutume d'appeler toutes les productions d'outre-mer.

difficiles à débrouiller. Willughby [1] décrit assez exactement notre première espèce; et c'est d'après lui qu'Artedi l'a insérée dans ses *Genera* (p. 40), mais déjà celui-ci lui donne sans distinction, dans sa *Synonymia* (p. 69), des synonymes appartenant aux deux espèces et à toutes leurs variétés. Linnæus, en l'introduisant dans son Système d'après Artedi, et avec ses synonymes, lui attribue une description et des caractères tirés d'un poisson de la mer du Nord tout différent, qui est le *perca norvegica* de Müller et d'Othon Fabricius [2] (*l'holocentre norvégien*, Lacép. [3]), et que nous verrons par la suite appartenir à la famille des scorpènes. En même temps, et comme pour embrouiller à plaisir la matière, Linnæus reproduisait l'espèce de Willughby, ou la première des nôtres, comme nouvelle, sous le nom de *perca scriba*. Depuis lors il y a eu deux *perca marina*. C'est le poisson de la mer du Nord que Pennant a fait graver sous ce nom, et c'est la figure de Pennant que Bonnaterre [4] a fait copier dans *l'Encyclopédie*, malgré les efforts que Brunnich [5] avait faits pour montrer combien ce poisson diffère de la véritable perche de mer des premiers ichtyologistes. Bloch, de son côté, n'ayant jamais bien connu les poissons de la Méditerranée, et trouvant des individus desséchés de ceux-ci dans des ventes publiques sans en connaître l'origine, les donnait comme nouveaux sous les noms d'*holocentrus fasciatus* [6] et d'*holocentrus virescens* [7], et il se doutait si peu des rapports de ce dernier avec le *perca cabrilla*, que, dans l'édition de Schneider, il met le ca-

---

1. *De pisc.*, p. 327. — 2. *Faun. Groënl.*, p. 167. — 3. T. IV, p. 390 et 394. — 4. Encyclopédie, Dictionnaire des poissons, pl. 54, fig. 210. — 5. *Ichtyol. Massil.*, p. 63. — 6. Bl., tabl. 250. — 7. Bl., tabl. 233.

2. 22

brilla dans un tout autre genre, dans celui des grammistes. M. de Lacépède, toujours confiant dans l'autorité de ses prédécesseurs, s'est vu dans le cas de placer trois fois dans son ouvrage notre première espèce : une première fois comme *holocentrus marinus*[1], d'après Artedi, mais en prenant le nombre des rayons dans Linnæus, qui n'avait compté que ceux de la scorpène; une seconde, comme *holocentrus fasciatus*[2], d'après Bloch; une troisième, comme *lutjanus scriptura*[3], d'après Linnæus. L'autorité de Bloch lui a fait aussi présenter la variété sans bandes de notre seconde espèce sous le nom d'*holocentrus vires-cens*[4], comme un poisson des Indes occidentales[5], tandis qu'il laissait la variété à bandes parmi les lutjans sous le nom de *lutjan serran*[6], d'après le *perca cabrilla* de Linnæus. Cependant, comme aucune de ces descriptions ne s'accordait avec la nature, chaque observateur qui revoyait nos espèces, les croyait encore nouvelles; et c'est ainsi que MM. Viviani et Spinola[7] donnaient à la première un quatrième et un cinquième nom, ceux de *labrus argus* et d'*holocentrus argus*.

M. de Laroche[8] est le premier qui, marchant sur les traces de Brunnich, a rendu au *perca marina* ses vrais caractères, et au *perca norvegica* son existence séparée et sa vraie place parmi les scorpènes; mais il n'a pu rectifier complétement leur synonymie.

---

1. T. IV, p. 376. — 2. *Ib.*, p. 380. — 3. *Ib.*, p. 229. — 4. *Ib.*, p. 357.

5. Il n'est pas inutile de remarquer que Bloch, dans son grand ouvrage, dit son *holocentrus virescens* des Indes occidentales, et que, dans son Système publié par Schneider il prétend qu'il est de Java.

6. T. IV, p. 205. — 7. Ann. du Mus., t. X, p. 372. — 8. *Ib.*, t. XIII, p. 350.

Ce ne sont pas là en effet toutes les erreurs dont ces serrans ont été l'objet.

Notre seconde espèce, dans son état le plus coloré, ou le *perca cabrilla* de Linnæus, est aussi l'*hiatula* ou χάνη de Salviani et le *canna* des Napolitains. Il y a la plus grande apparence que c'est le *chani* des Turcs, mentionné par Forskal [1], et en effet c'est elle que Sonnini représente sous ce nom [2]. Par conséquent elle est encore le *labrus chanus* de Gmelin, et l'*holocentre chani* de M. de Lacépède. [3]

Ce nom d'*hiatula* n'est qu'une traduction faite par Gaza du mot grec χάννη ou χάνη, employé par Aristote, et que Gaza a supposé apparemment venir du verbe χαίνω (je bâille). L'application que Bélon et Salviani en ont faite aux serrans, était principalement fondée sur l'emploi qui se fait aujourd'hui du nom de *canna* à Naples, et de celui de *chani* ou *channo* chez les Turcs et chez les Grecs modernes à l'un de ces poissons; mais l'observation de Cavolini sur leurs organes sexuels, dont nous avons parlé, en a fourni une preuve presque démonstrative.

Linnæus avait détourné ce nom pour un poisson d'Amérique (l'*hiatule gardénienne*, Lacép. [4]), dont il faisait un labre [5], et Bonnaterre l'a ramené à celui de Salviani, mais en le plaçant parmi les labres contre toute analogie. [6] M. de Lacépède a reproduit ce labre hiatule de Bonnaterre parmi ses bodians, sous le nom de *bodianus hiatula* [7]; en sorte que notre deuxième poisson revient quatre

---

1. *Faun. arab.*, p. 36, n.° 32. — 2. Voyage en Grèce et en Turquie, t. I.ᵉʳ, p. 281, et pl. IV, fig. 3. — 3. T. IV, p. 347. — 4. Lacép., t. II, p. 523. — 5. *Labrus hiatula*, L.; *Labre de la Caroline*, Bonnaterre, pl. de l'Encycl. méth. explic., p. 113. — 6. *Labrus hiatula*, Bonnat., *loc. cit.*, p. 116, et pl. LII, fig. 198, copiée de Salviani. — 7. Lacép., t. IV, p. 297.

fois dans son ouvrage : comme *holocentre verdâtre,* comme *lutjan serran,* comme *holocentre chani* et comme *bodian hiatule.*

Du PETIT SERRAN A TACHE NOIRE SUR LA DORSALE, *ou* SACCHETTO *des Vénitiens.*

(*Serranus hepatus,* nob.; *labrus hepatus,* L.)

On trouve dans les anciens auteurs grecs le nom d'ἥπατος, que Gaza traduit par *jecorinus,* pour désigner un poisson dont ils rapportent plusieurs caractères. Aristote [1] dit que ses appendices cœcales sont peu nombreuses : selon Eubulus, dans Athénée [2], il n'a point de fiel, et selon Hégésandre sa tête contient deux pierres rhomboïdales et brillantes comme des coquilles. Dans un autre endroit d'Athénée [3] on lit que ce poisson se nomme autrement, λεϐίας; que Dioclès le range parmi les saxatiles; que selon Speusippe il ressemble au *phagre;* qu'Aristote lui attribue des habitudes solitaires, le régime carnivore, des dents pointues et engrenant les unes dans les autres, une couleur noire, des yeux très-grands à proportion de son corps, et un cœur triangulaire et blanchâtre [4]; enfin, qu'Archestrate le dit grand. Sur ce dernier point, Archestrate s'accorde avec *Élien* [5], qui parle de l'*hepatus* comme d'un poisson très-grand, mais paresseux, qui nage mal et qui s'éloigne peu des cavités où il fait sa retraite, et d'où il tend des embûches aux poissons faibles. *Oppien* [6] en rapporte exactement

---

1. *Hist. anim.,* liv. II, chap. 17. — 2. *Deipn.,* liv. III, p. 108. — 3. *Ibid.,* liv. VII, p. 301.

4. Le passage où Aristote disait tout cela, ne se retrouve pas dans ses œuvres.

5. *Hist. anim.,* liv. IX, chap. 38. — 6. *Halieut.,* liv. I, vers 145 et suiv.

la même chose, et doit avoir emprunté son passage ou d'Élien ou d'une source commune. Enfin, dans un autre endroit[1], Élien fait entendre que c'est un poisson court, dont les yeux sont rapprochés, et qui a une barbe.

Le plus grand nombre de ces indications conduit, selon moi, à l'églefin (*gadus eglefinus*). Quelques-unes, sans doute, tel que le petit nombre des appendices, ne s'y accordent pas; ce qui a presque toujours lieu dans ces notions éparses recueillies dans les anciens; mais ce qui est bien sûr, c'est qu'aucune d'elles ne répond aux poissons où la légèreté des modernes a voulu les retrouver, et moins qu'à tout autre à celui dont nous parlons dans cet article, et auquel le nom d'*hepatus* est cependant demeuré contre toute espèce de vraisemblance.

Rondelet[2] l'avait donné à un sargue, et Bélon[3], à ce qu'il paraît, à un petit crénilabre qu'il dit s'appeler *sacchetto* à Venise.

C'est Willughby[4] qui a le premier décrit notre espèce avec exactitude; et le nom de *sacchetto,* qu'elle porte aussi, lui fait demander si elle ne serait pas la même que celle de Bélon.

Artedi[5], par une confusion encore plus extraordinaire, a mis ensemble comme variétés d'une seule espèce, ce *sacchetto* de Willughby, qui est un serran, l'*hiatula* de Salviani et le *channa* de Rondelet, qui sont d'autres serrans, et le *sacchettus* et le *channadella* de Bélon, qui sont des crénilabres. Il a placé cette espèce complexe dans le genre des labres, et c'est ainsi que s'est formé l'être ima-

---

1. *Hist. anim.*, liv. XV, chap. 2. — 2. Rondelet, *de Pisc.*, p. 147. — 3. Bél., *Aquat.*, p. 265. — 4. Willughby, *de Pisc.*, liv. IV, chap. 30, p. 326. — 5. *Synon.*, p. 53.

ginaire auquel Linnæus a donné le nom de *labrus hepatus.*
On comprend qu'il n'était pas facile d'y reconnaître notre
poisson, d'autant que la tache noire de sa dorsale, qui
est sa marque la plus distinctive, avait été négligée dans
le caractère spécifique ; aussi reparaît-il dans Brunnich [1]
comme une espèce à part, dont Gmelin a fait son *labrus
adriaticus.*

Enfin Bloch [2], l'ayant acheté dans une vente en Hollande,
le reproduit encore, comme entièrement nouveau, sous le
nom d'*holocentrus striatus.*

Il est arrivé de là que M. de Lacépède l'a porté trois
fois dans son histoire : comme *labre hépate* [3], comme *lutjan
adriatique* [4], et comme *holocentre triacanthe* [5], ce qui n'a
pas empêché M. de Laroche de le donner une quatrième
fois, toujours comme nouveau, sous le nom d'*holocentrus
siagonotus* ou d'*holocentre à mâchoires ponctuées* [6]. Quiconque lira avec attention les descriptions que nous venons
de citer, se convaincra, comme nous, qu'elles se rapportent au même poisson, qui est celui que nous allons
décrire. C'est l'*holocentre hépate* de Risso. [7]

Le *sacchetto* ressemble beaucoup, par sa forme et par la disposition de ses couleurs, à notre premier serran (*S. scriba*, nob.). Il a
le dos un peu plus bombé, et le museau plus court à proportion,
et demeure toujours plus petit. C'est à peine s'il passe quatre pouces.
Sa tête prend le tiers de la longueur totale, et elle est un tant soit
peu plus courte que la hauteur mesurée au milieu des pectorales.

L'œil est assez grand ; il fait près du tiers de la longueur de la
tête. Le sous-orbitaire est écailleux, avancé jusqu'au bout du museau,

---

1. *Icht. Mass.* p. 98, n.° 11. — 2. Bl., p. 235, fig. 1. — 3. T. III, p. 456.
— 4. T. IV, p. 222. — 5. T. IV, p. 376. — 6. Ann. du Mus., t. XIII, p. 352,
pl. 22, fig. 8. — 7. Icht. de Nice, p. 292.

et il recouvre en grande partie le maxillaire. Celui-ci n'a point d'é-
cailles : il est coupé carrément à son extrémité libre.

Le préopercule est entièrement écailleux; son pourtour est dentelé
également et finement dans toute son étendue. Son angle est très-
arrondi. L'opercule est écailleux et a trois épines, dont celle du
milieu, qui est la plus forte, n'est point aplatie, comme dans beaucoup d'autres serrans.

La mâchoire inférieure dépasse à peine la supérieure. Ses branches
sont nues en dessous; et sur leur surface on voit s'ouvrir un assez
grand nombre de petits pores qui les rendent comme ponctuées.

Les dents aux deux mâchoires sont en cardes fortes; celles du
bord extérieur le sont beaucoup plus que les autres; et il y en a
deux mitoyennes plus grandes en dedans à la mâchoire supérieure.
Les dents du chevron du vomer sont un peu plus faibles que celles
des intermaxillaires; mais elles sont plus fortes que celles des palatins. Ces dents ne diffèrent du *serr. scriba* que parce que les crochets du rang externe sont d'égale longueur. La langue est lisse,
pointue et très-libre.

L'ouverture des ouïes est grande; on compte sept rayons à leur
membrane.

La dorsale commence au-dessus de la pectorale, et elle s'étend
jusqu'au dernier tiers de la longueur totale. Elle est soutenue par
dix rayons épineux, à peu près égaux entre eux, excepté le premier, qui est de moitié plus court. La partie molle est un peu plus
élevée que les épines; elle compte onze rayons, tous branchus. La
pectorale est un peu arrondie supérieurement; elle est aussi longue
que les trois quarts de la tête : on y compte quinze rayons. Les
ventrales sont triangulaires; leur épine est courte et forte : elles ont
en outre cinq rayons branchus. L'anale naît tout près de l'anus,
sous le second rayon mou de la dorsale; elle a trois rayons épineux,
dont le second est le plus fort; on en compte sept ensuite, tous
branchus. Elle se termine avant la fin de la dorsale. La caudale est
coupée carrément. Elle a quinze rayons, dont le supérieur et l'inférieur sont simples. Il y en a deux ou trois petits dessus et dessous,
qui n'atteignent pas l'extrémité de cette nageoire.

Les écailles sont médiocres, presque triangulaires : on en compte plus de quarante dans la longueur. Leur bord libre est dentelé ; leur surface nue est finement grenée, et leur racine est striée par rayons qui partent du centre et se rendent au bord radical, qui est droit.

La ligne latérale est située au quart supérieur de la hauteur ; elle demeure parallèle au dos dans toute sa longueur.

La couleur est grise, mêlée de rouge, avec cinq bandes transversales noires à reflets d'argent, et le ventre est orné de lignes dorées et bleu clair.

La nageoire du dos est grise, marquée de quelques points noirs entre les rayons épineux ; et elle porte sur les premiers rayons mous, près de son bord supérieur, une tache noire arrondie.

Les ventrales, qui paraissent noires dans l'alcool, sont, d'après M. Risso, d'un bleu verdâtre. Les pectorales sont jaunes, et la caudale est marquée de petits points rouges ou jaunes.

Brunnich a décrit une variété de couleur grise ; mais elle avait de même les bandes transversales et les lignes de la gorge ainsi que nous venons de les décrire.

Le poisson que M. de Laroche a observé, doit en être encore une variété à corps gris argenté uniforme, sans aucune autre tache que celle de la dorsale.

Il est probable que ces différences de couleurs sont causées par l'âge ou plutôt par les saisons.

L'estomac est en forme de sac à parois très-minces, n'ayant de plis que vers l'œsophage. A peu près de son milieu et du côté droit naît le pylore, qui a cinq appendices cœcales. Ce que j'ai pu voir du foie, me fait croire qu'il est petit, situé au côté gauche.

L'intestin a les parois très-minces, et est un peu renflé vers le pylore ; il fait un repli près de la pointe de l'estomac, remonte un peu au-dessus du pylore, d'où il se reporte directement à l'anus.

Les ovaires sont deux grands sacs pleins de petites houppes d'œufs très-petits. Ils s'ouvrent dans un oviducte commun.

La vessie aérienne est simple, de grandeur médiocre, à parois minces, argentées. Elle est attachée par sa face inférieure au péritoine, qui est entièrement argenté.

J'ai trouvé dans l'estomac un petit crabe et une petite crevette.

Malgré la différence du nombre des épines de la dorsale, il y a dans le squelette du sacchetto, comme dans ceux des premiers serrans, vingt-quatre vertèbres, et en général toutes les parties de ce squelette sont à peu près les mêmes.

Ce poisson paraît se trouver abondamment dans toute la Méditerranée. Nous l'avons de Martigues, de Toulon, de Nice, de Naples et de Malte. Bélon et Brunnich l'ont observé dans l'Adriatique. Il se prend à Nice en Mai et en Septembre. La femelle s'approche de ces rivages en Août, pour y déposer ses œufs sous les galets.

Des Serrans étrangers voisins de ces premières espèces de la Méditerranée.

Les serrans que nous venons de décrire, n'ont été jusqu'à présent observés en grande abondance que dans la Méditerranée, ou dans des parages peu éloignés de la mer Atlantique.

Ils ne doivent pas s'avancer bien loin vers le Nord, car il n'en est fait mention dans aucune Faune des régions septentrionales; mais ils sont représentés, soit dans les mers de l'Inde, soit sur les côtes méridionales de l'Atlantique, par d'autres, de formes très-semblables, et qui ne leur cèdent point par l'éclat des couleurs. Ces espèces étrangères se rapprochent surtout de celles que nous venons de décrire, parce que leurs maxillaires et leurs mandibulaires ne sont pas recouverts d'écailles. Quelquefois la peau du mandibulaire est percée d'un grand nombre de

petits pores, ou est plissée par la contraction produite
dans l'alcool; et il faut alors observer avec attention,
pour ne pas confondre ces différens états de la peau avec
les petites écailles qui la recouvrent, dans les serrans dont
nous parlerons dans notre troisième subdivision.

Le Serran a bandelette.

(*Serranus vitta*, Quoy et Gaym., Atl. zoolog. du Voy. de
Freycinet, pl. 58, fig. 3.)

La première de ces espèces a été trouvée sur les côtes
des îles Waigiou et Rawak, au nord-ouest de la Nouvelle-
Guinée, par les naturalistes de l'expédition de M. le capitaine Freycinet.

Elle se reconnaît à la bande noire longitudinale, qui va depuis
l'œil jusqu'à la caudale par le milieu des flancs. La hauteur de son
corps n'est que le quart de sa longueur totale. Les dentelures de son
préopercule sont fines et égales; les dents canines de sa mâchoire
supérieure sont très-fortes. Son dos est gris, rayé de lignes brunes,
fines et obliques. Outre la bandelette noire, il y a encore le long
des flancs cinq petites lignes brunes; le ventre est argenté. Notre
individu est long de quatre pouces.

Les nombres de ses rayons sont:

B. 7; D. 11/12; A. 3/8 ; C. 17; P. 15; V. 1/5.

Le Serran galonné.

(*Serranus lemniscatus*, nob.)

Nous avons reçu une espèce assez semblable de l'île de
Ceylan, par les soins de M. Leschenault.

Son corps est plus haut; car la longueur n'est que le triple de la hauteur. Elle a en outre un rayon épineux de moins et trois rayons mous de plus à la dorsale, en sorte que ses nombres sont :

D. 10/15 ; A. 3/8 , etc.

La même bande brune, un peu moins tranchée, longe les flancs ; et il y en a une seconde, plus effacée, au-dessous d'elle.

Le seul individu que nous possédons est long de quatre pouces.

D'après M. Leschenault, les Indiens de Ceylan nomment ce poisson *mundjün-kank*.

Le Serran argentin.

(*Serranus argentinus*, nob.; *Holocentrus argentinus*, Bl.) [1]

C'est entre ces deux espèces que l'on doit placer le poisson que Bloch a décrit et figuré sous le nom d'*holocentrus argentinus*, pl. 235, fig. 2.

Il a le corps alongé comme le serran à bandelettes ; mais ses nombres sont ceux du serran galonné. Dans la planche de Bloch, la bandelette du corps est argentée, et elle est placée plus bas que la bandelette noire de nos deux espèces.

Nous ignorons la patrie de ce poisson, que Bloch avait acheté en Hollande.

Le Serran a deux rubans.

(*Serranus bivittatus*, nob.)

M. Plée nous a envoyé ce serran de la Martinique, et M. Poey nous l'a apporté de la Havane.

Il ressemble au *S. cabrilla* par ses formes générales, par son museau court, par la disposition des dents aux deux mâchoires,

---

1. *Hol. argentinus*, Bl., p. 235, fig. 2 ; *Hol. argenté*, Lacép., t. IV, p. 277.

et même aussi par la distribution des couleurs. On voit deux bandes brunes longitudinales de chaque côté du corps : une au-dessus de la ligne latérale, une autre au-dessous. Un large trait violet part de la nuque, va entre les yeux, et se bifurque en passant sur chaque narine ; un autre, plus petit, sur le sous-orbitaire, se rend au bout du museau ; et un troisième, parallèle au second également sur le sous-orbitaire, se prolonge sous l'œil et le cerne ; enfin, il y en a un quatrième, plus court, sur le préopercule.

La partie épineuse de la dorsale paraît avoir été bordée de violet pâle. Sur la partie molle on voit deux séries parallèles de points violets carrés, encore très-apparens. Quelques traits irréguliers violets colorent la caudale, qui est faiblement échancrée.

Les dentelures de l'angle du préopercule sont fortes et prolongées en un petit faisceau ; le bord vertical descend très-obliquement d'avant en arrière. Les trois épines de l'angle de l'opercule sont plus rapprochées que dans le *S. cabrilla*. Le dessus du crâne est un peu moins bombé, et l'œil est plus grand. Les nombres sont :

D. 10/12 ; A. 3/7 ; C. 17 ; P. 16 ; V. 1/5.

La taille de cette espèce varie de quatre à cinq pouces.

Les trois espèces suivantes nous ont été rapportées du Brésil par M. Delalande. Elles sont assez semblables entre elles et au *serranus bivittatus ;* et leurs formes comme les siennes rappellent celles du *serranus cabrilla.*

Le SERRAN A PRÉOPERCULE RAYONNÉ.

(*Serranus radialis,* nob.) [1]

La première a l'angle de son préopercule élargi, arrondi et fortement dentelé par huit pointes acérées, qui en dépassent le bord et qui sont les prolongemens d'autant de crêtes arrondies qui sillonnent le limbe. Le bord montant est un peu incliné en arrière et

---

1. *Serran boursin,* Quoy et Gaymard, Voyage de l'Uranie, p. 316.

finement dentelé. Les dents des mâchoires sont plus faibles que celles du *S. cabrilla.*

La couleur paraît avoir été verdâtre, avec trois séries longitudinales de grosses taches nuageuses irrégulières le long du dos et des flancs. Le ventre n'offre aucune tache. La partie épineuse de la dorsale s'abaisse auprès de la partie molle. Elle offre une bande longitudinale violette sur le milieu de sa hauteur, et la dorsale molle a des taches nuageuses de la même couleur. La caudale, très-peu échancrée, est peinte de points et de traits violets irréguliers. Les individus de cette espèce atteignent à près de huit pouces de longueur.

Ses nombres sont :

D. 10/12; A. 3/7; C. 17; P. 17; V. 1/5.

Les naturalistes de l'expédition de M. le capitaine Freycinet ont retrouvé cette espèce à Rio-Janéiro. Ils l'ont décrite dans la partie zoologique du voyage, p. 316, sous le nom de *serran boursin.*

Suivant eux, le poisson frais a le dos brun, le ventre et les nageoires inférieures rosées; la dorsale et la caudale tachetées de brun.

Le SERRAN RAYONNANT.

(*Serranus irradians,* nob.)[1]

Notre seconde espèce

a non-seulement les mêmes fortes stries disposées en rayons à l'angle du préopercule, mais encore plus de la moitié inférieure du limbe est sillonnée par de profondes stries, dont les arêtes dépassent le bord montant, et y forment des dentelures, dont les pointes acérées sont dirigées vers le haut. Les dentelures de la moitié supérieure du bord montant sont fines et serrées. Des bandes transversales

---

1. Quoy et Gaymard, Voy. de l'Uranie, part. zool., p. 313, pl. 58, fig. 2.

brunes, d'inégale largeur, descendent sur les flancs. La première traverse la nuque et l'opercule, et la dernière entoure la naissance de la caudale. Leur nombre varie dans les différens individus, depuis huit jusqu'à treize. Ces bandes sont croisées par quatre autres longitudinales, dont les deux inférieures sont plus étroites et plus pâles que les supérieures. La dorsale est d'égale hauteur dans toute son étendue; elle est rayée longitudinalement de violet, et la caudale est chargée de gros points de cette même couleur.

Les nombres sont :

D. 10/12; A. 3/7, etc.

MM. Quoy et Gaymard, qui ont observé cette espèce, fraîche, à Rio-Janéiro, disent que le fond de la couleur est jaunâtre, et que les joues sont traversées par trois ou quatre raies bleuâtres.

Nous en avons des individus qui ont sept pouces de long.

Cette espèce avance, vers le Sud, jusqu'à Montévidéo, d'où M. d'Orbigny vient de nous en envoyer des individus.

Le Serran a deux faisceaux.

(*Serranus fascicularis*, nob.)

Une troisième espèce

se distingue au premier coup d'œil par la disposition des dentelures du préopercule, qui forment deux faisceaux de pointes très-fortes, rayonnées, hérissant la moitié inférieure du bord montant. Ces deux faisceaux sont séparés par un arc rentrant, dans lequel on ne voit que trois dentelures écartées. Le haut du bord est oblique et finement dentelé; le bord horizontal est lisse. Des bandes brunes traversent le corps. La dorsale est rayée de bandelettes jaunes, lisérées de lilas, et sur la queue il y a des taches jaunes.

D. 10/12; P. 15; V. 1/5; A. 3/7; C. 15.

Nous n'en possédons qu'un seul individu, long de six pouces.

Le Serran de la Conception.

(*Serranus Conceptionis*, nob.)

MM. Lesson et Garnot ont rapporté de la Conception du Chili un petit serran voisin du *S. radialis;* mais

qui n'a que quatre épines à l'angle du préopercule. Le bord vertical et le bord horizontal sont dentelés. Les épines de l'opercule sont fortes. Ses écailles sont petites. Sa couleur paraît avoir été uniforme, sans bandes ni taches, brune sur le dos, et argentée sous le ventre. La partie épineuse de la dorsale est marbrée de violet, et la portion molle est rayée obliquement de jaune et de violet. La caudale est sans taches, et les ventrales sont noirâtres.

Ses nombres sont :

D. 10/12; A. 3/8; C. 17; P. 17; V. 1/5.

La longueur de ce poisson est de quatre pouces et demi.

Le Serran a tache dans l'aisselle.

(*Serranus humeralis*, nob.)

Les deux mêmes naturalistes ont rapporté de la côte du Chili une autre espèce,

dont les formes se rapprochent davantage du *serranus scriba*. Son front est cependant moins concave. Ses dents sont plus petites et plus égales. Le préopercule a le bord finement et également dentelé dans toute son étendue. Le bord membraneux de l'opercule se prolonge assez loin en arrière de l'épine, qui est forte. Le surscapulaire n'a que de très-fines dentelures. Le dos est brun, et cette couleur s'étend sur le fond blanc du ventre par six bandes verticales. L'opercule est brun; les joues et le dessous de la gorge sont tachetés de points bruns.

Une grande tache brune arrondie se voit au-devant et auprès de la pectorale, dont la base porte une bande brune. Le reste de cette nageoire est blanc. Les autres nageoires sont brunes.

Les nombres des rayons sont :

D. 10/14; A. 3/7, etc.

L'individu est long de quatre pouces.

Le Serran nouleny.

(*Serranus nouleny*, nob.)

M. Leschenault nous a envoyé de la côte de Coromandel, sous le nom de *nouleny*,

une petite espèce de serran à museau obtus, comme le *Cabrilla*. Les dentelures du préopercule sont très-fines le long du bord vertical; à l'angle elles sont un peu plus fortes. Les dentelures du scapulaire sont aussi très-prononcées. Les deux épines de l'angle de l'opercule sont très-aplaties et assez faibles. Les dents canines de la mâchoire supérieure, quelquefois au nombre de quatre, sont fortes, ainsi que les dents latérales de la mâchoire inférieure. M. Leschenault nous apprend que ce poisson, frais, a le dos jaune doré, le ventre rose, la tête et les nageoires paires rougeâtres; la caudale jaune doré.

La dorsale s'abaisse un peu vers ses derniers rayons épineux. Les nombres sont :

D. 11/12; A. 3/8; C. 17; P. 16; V. 1/5.

Nos individus n'ont pas cinq pouces de long.

Le Serran a joues nues.

(*Serranus gymnopareius*, nob.)

Le Cabinet du Roi possède, sans indication d'origine,

un petit serran dont les formes sont semblables à celles du serran écriture; et qui se distingue de tous les autres, parce que la peau qui revêt le préopercule est en grande partie nue et sans écailles. Un simple cercle d'écailles entoure l'œil et le bord inférieur du préopercule. L'opercule lui-même en a peu. Les dentelures du préopercule, qui est arrondi, sont fines, et il n'y en a que sur le bord montant. Sept à huit bandes brunes transversales se voient sur le corps; les trois dernières montent jusque sur la dorsale molle. Il y a quelque trace d'une bande longitudinale. La caudale est carrée.

Les nombres sont :

D. 9/17; A. 3/7; C. 17; P. 14; V. 1/5.

L'*epinephelus striatus*, représenté par Bloch à la planche 33o, est une espèce très-voisine de celle-ci, si ce n'est la même.

Bloch a coloré sa figure par deux bandes brunes longitudinales, traversées par sept autres qui remontent sur la dorsale. Le fond est gris, un peu brunâtre sur le dos. La caudale, brune, est un peu échancrée.

Les nombres sont indiqués :

D. 12/12; A. 3/7; C. 17, etc.

Bloch donne la Jamaïque pour la patrie de cette espèce.

Des Serrans à maxillaires fortement écailleux, ou des BARBIERS.

Cette subdivision dans le genre immense des serrans a fourni à Bloch le type de son genre *anthias;* mais il y a des passages tellement gradués de ces maxillaires à fortes écailles, à d'autres qui n'en ont que de très-petites, et à d'autres encore où l'on n'en aperçoit plus du tout, qu'il nous a paru plus convenable, à l'exemple de M. de La-

cépède, de ne point faire de ces anthias un genre particulier, et néanmoins, pour faciliter l'étude des espèces,
nous présentons ici, rassemblés en un petit groupe, celles
où ce caractère d'écailles, très-apparentes sur le bout du
museau et jusque sur les maxillaires, se marque le plus
distinctement. Ce sont de jolis poissons, qui ont les plus
grands rapports de conformation et d'habitudes avec les
serrans communs que nous avons placés en tête du genre.

Le Barbier de la Méditerranée.

(*Labrus anthias*, L.; *Serranus anthias*, nob.)[1]

Le barbier est un des plus beaux poissons de la Méditerranée, et des plus faciles à caractériser. La longue épine
flexible qui s'élève sur son dos, les filets qui prolongent
ses ventrales, et les deux lobes de sa caudale, surtout
l'inférieur, suffiraient pour le distinguer de tous les autres
poissons; enfin, l'éclat de l'or et du rubis dont brillent
ses écailles, auraient dû attirer de tout temps l'attention
des naturalistes. Cependant il n'a été vu que d'un petit
nombre d'entre eux, et la plupart l'ont mal classé. Ce n'est
ni un labre, comme l'a cru Linnæus, ni un lutjan, comme
l'a supposé M. de Lacépède. Sous tous les rapports généraux il appartient aux serrans.

Son préopercule est dentelé, et la partie osseuse de son opercule se termine par trois piquans, dont les deux inférieurs sont
très-aigus. Il a aussi les dents en velours des serrans, et leurs
canines aiguës; et même en arrière de la canine inférieure il en a

---

1. *Anthias primus*, Rondelet, p. 188; *Anthias sacer*, Bl., pl. 315; *Lutjan anthias*,
Lacép., t. IV, p. 197.

une seconde, plus forte et plus crochue. Toutes ces dents sont
sur des bandes fort étroites; mais ce qu'il est bon de remarquer,
c'est que les latérales de la mâchoire supérieure forment de petits
crochets dirigés en avant et non en arrière, comme il arrive le
plus souvent. La langue est mince, courte et lisse.

Le museau de ce poisson est court; son profil un peu bombé;
sa mâchoire inférieure plus longue que l'autre, et leur commissure
descend un peu en arrière quand elles sont fermées. Les dentelures
de son préopercule sont fines, excepté les deux ou trois de l'angle,
qui sont un peu plus fortes et très-aiguës. Il y a aussi quelques
dentelures au bord inférieur de son subopercule. Des écailles un
peu rudes et ciliées couvrent toute sa tête, son museau, son
maxillaire et ses mandibulaires, aussi bien que sa joue et toutes ses
pièces operculaires. La partie épineuse de sa dorsale a tantôt dix,
tantôt onze rayons, de hauteur médiocre et assez égale, excepté le
troisième, qui s'élève deux ou trois fois plus que les autres. Chacune
de ces épines a derrière elle une lanière membraneuse, et la troisième porte la sienne très-près de sa pointe, ce qui lui donne l'air
d'un fouet de cocher [1]. La partie molle de cette dorsale compte
quinze rayons, et s'élève un peu en pointe en arrière.

La caudale est fourchue, et ses branches se prolongent en pointes,
surtout l'inférieure, qui dépasse l'autre du double. Elle a, comme
à l'ordinaire, dix-sept rayons. Les nageoires ventrales ont aussi le
nombre ordinaire; leur second, et surtout leur troisième rayon,
sont très-prolongés, et forment un filet qui atteint jusqu'au milieu
de l'anale. Les épines de l'anale, au nombre de trois, sont un peu
plus fortes que celles de la dorsale, sans l'être beaucoup. Elles ne
sont suivies que de sept rayons mous. Les pectorales sont médiocres
et de dix-sept rayons.

La ligne latérale, plus convexe vers le haut qu'il ne faudrait pour
être parallèle au dos, se recourbe sous la fin de la dorsale, pour

---

1. On lui a supposé aussi quelque rapport avec un rasoir, et cherché à expliquer
par-là le nom de *barbier* donné à ce poisson. Il faut avouer que c'est au moins un
rapport très-éloigné.

suivre ensuite en ligne droite le milieu de la queue. Elle se marque
par un tube simple, mais assez gros, sur chaque écaille. La queue
derrière la dorsale et l'anale devient plus grêle que le corps. Il y a
quelques petites écailles sur la base de la caudale; mais les autres
nageoires ont leur membrane nue.

La couleur du barbier est d'un beau rouge nacarat ou rose, ou
même écarlate, avec un éclat métallique, qui, sur les flancs, prend
une teinte dorée et devient un peu argenté sous le ventre. Les côtés
de sa tête sont ornés de trois bandes d'un beau jaune d'or, dont
l'une part de dessus l'œil; l'autre de son bord postérieur; la troisième, partant du museau, passe sous l'œil : toutes les trois se rendent parallèlement vers les ouïes, et la troisième en dépasse même
l'ouverture, pour gagner la base de la pectorale. Sur le chanfrein
se voient des lignes transverses et irrégulières d'un vert bronzé,
et il règne le long du dos, tout près de la base de la nageoire, une
suite de dix ou douze petites taches de la même couleur, mais
nuageuses et irrégulières. Ces couleurs, déjà si vives, deviennent
encore plus agréables par les reflets irisés qu'elles prennent au
moindre mouvement. Les nageoires sont nuancées de rouge et de
jaune. L'iris de l'œil est doré. Quelques teintes bleuâtres ou de couleur d'acier se montrent quelquefois sur une bande latérale.

Le barbier a le foie petit : le lobe gauche est coupé carrément;
son bord est menu, quelquefois échancré. Le lobe droit est pointu;
la vésicule du fiel est très-petite. L'œsophage est court, et il donne
dans un estomac dont le cul-de-sac est court, pointu, et a peu de
capacité. La branche qui naît auprès du cardia descend vers le bas
de l'abdomen; elle est presque aussi grosse que l'œsophage. Le
pylore est à son extrémité. Il n'y a que quatre appendices cœcales :
une du côté droit, une très-petite dans la région moyenne, et
deux autres plus longues que la première du côté gauche. Le duodénum remonte sous le diaphragme, entre les lobes du foie; il se
rétrécit, et l'intestin descend jusqu'auprès de l'anus, d'où il remonte
un peu pour se replier bientôt, revenir auprès de l'anus, et remonter
de nouveau jusque dans le premier repli du duodénum. Il se rend
alors directement à l'anus. La rate est petite, noirâtre, placée à côté

du cul-de-sac de l'estomac. La vessie natatoire est petite, quoiqu'elle occupe presque toute la longueur de la cavité abdominale. Ses parois sont excessivement minces. Le péritoine est d'une belle couleur d'argent mat.

Le squelette du barbier a deux vertèbres à la queue de plus que celui des serrans communs, auquel il ressemble d'ailleurs par ses détails, avec cette différence cependant, que les râtelures de ses branchies sont beaucoup plus grêles, plus longues et plus nombreuses, surtout celles du premier arceau.

Ce beau poisson ne devient pas très-grand. Il passe rarement sept ou huit pouces, et peut-être n'atteint-il jamais un pied. C'est dans les lieux rocailleux qu'il habite, et il s'y tient d'ordinaire dans la profondeur. Toute la Méditerranée paraît le produire : nous l'avons de Nice, comme de Naples et de Sicile.

Mais il faut bien se garder de croire que ce soit, comme le disent Linnæus et ses copistes, le poisson représenté pl. 25 de Catesby. Cet auteur lui-même ne rapportait sa figure qu'au quatrième anthias de Rondelet, c'est-à-dire à un labre.

On le nomme à Nice *sarpananso*, comme l'apogon; c'est à Montpellier que le nom de *barbier* est en usage, selon Rondelet, le premier des naturalistes qui l'ait fait connaître [1], et même long-temps le seul ; car c'est de lui que tous ceux qui en ont parlé, jusqu'à Bloch et à M. Risso, ont emprunté ce qu'ils en ont dit, et c'est sa figure qu'ils ont copiée [2]; ce qui prouve que ce poisson doit être assez rare dans les parages de France et d'Italie.

1. *Anthia prima species*, Rondelet, p. 188. — 2. Gesner, p. 55; Aldrov., p. 86; Jonston, pl. 16, fig. 1 ; Willughby, pl. 10, 5, fig. 3, et p. 325.

Bloch en a donné une figure médiocre [1] dans son IV.ᵉ volume, imprimé en 1797, pl. 315, et ce qui est bien singulier, il oublie entièrement que déjà il en avait donné une en 1792 sous un autre nom [2], d'après le dessin envoyé par Pennant d'un individu pris à Gibraltar, oubli d'autant plus extraordinaire, que cette figure est bien meilleure que celle du grand ouvrage.

Rondelet est aussi celui qui a imaginé que ce pouvait être l'un des poissons nommés *anthias* par les anciens; et qui s'en rapporterait à l'assurance avec laquelle Bloch et ceux qui l'ont suivi attribuent à ce barbier les habitudes que les anciens racontent de leurs anthias, croirait sans aucun doute que l'application de ce nom est incontestable, et que l'anthias est aussi certainement connu que la torpille ou la pastenague. Cependant rien n'a été hasardé plus légèrement, et même, si quelque chose en cette matière peut être susceptible de preuve, c'est qu'aucun des caractères attribués à des anthias ne convient au barbier.

Selon Aristote, l'anthias, autrement nommé *aulopias* [3], vit en troupe, et jette ses œufs l'été [4]. Les pêcheurs d'éponges le nomment *poisson sacré,* parce que là où il se tient, il n'y a pas de poissons voraces, et l'on peut plonger en sûreté. [5]

Mais pour les plongeurs du temps de Pline, c'étaient les poissons plats qui étaient *sacrés,* et dont la présence leur garantissait qu'ils ne seraient pas dévorés par les monstres marins. [6]

---

1. Les ventrales et le lobe inférieur de la queue y sont trop courts; et on n'y voit pas les piquans de l'opercule ni les canines.

2. *Perca Pennanti,* Écrits de la soc. des naturalistes de Berlin, t. X, pl. 9, fig. 1. — 3. *Hist. anim.,* l. VI, c. 10. — 4. L. VI, c. 16. — 5. L. IX, c. 37. — 6. Pline, l. IX, c. 46.

Quant à l'anthias, Pline[1] se borne à en rapporter deux traits singuliers. Les pêcheurs des îles Chélidonies usent de beaucoup de précaution pour le prendre, et l'apprivoisent en quelque sorte en se présentant plusieurs jours de suite vêtus de la même manière, et l'habituant à recevoir d'eux du pain, dans lequel ils finissent par cacher l'hameçon; mais sitôt qu'un anthias est pris, les autres, pour le délivrer, viennent avec les épines en forme de scie, dont leur dos est armé, couper la corde qui le retient.

C'est des Halieutiques d'Ovide que Pline avait emprunté ce dernier détail[2] qu'Élien rapporte un peu autrement.[3]

On croit aussi devoir rapporter à l'anthias un passage des fausses Halieutiques, où il est dit que l'*antheris* a le corps beau comme une fleur, et que dans son énorme ventre se trouve une pierre bleue marquée d'étoiles dorées, qui, arrosée de sang de chouettes, a la propriété de rendre invisible.[4]

Assurément on ne voit dans ces contes ridicules rien

---

1. L. IX, c. 59.

  2. *Anthias his tergo quæ non videt utitur armis.*
    Vim spinæ novitque suæ versoque supinus
    Corpore lina secat fixumque intercipit hamum.
        Hal., vers 46 — 48.

3. *Hist. anim.*, liv. I, chap. 4.

  4. *Antheris est tergo prorsus florente decorus*
    Hujus in immensa residet lapis abditus alvo
    Cæruleus, stellasque gerit velut aurea cæli
    Tecta micant, postquam Phœbus cava tartara adivit,
    Nec curru nocturna volat Phœbea nitente
    Hunc si cecropiæ suffusum cæde volucris
    Quis gerat hic poterit medios impune vagari
    Per populos : incedentem non ulla videbunt
    Lumina nigranti veluti res aere septas.
        Hal. alt., vers 92, *sq.*

qui puisse caractériser un poisson plutôt qu'un autre; mais les auteurs qui entrent dans quelque description, ne nous permettent pas de douter qu'il ne faille chercher l'anthias bien loin du barbier.

Selon Élien [1], l'anthias est un poisson de haute mer. Lorsque l'on en prend dans les filets, ils cherchent à s'élancer au dehors; mais on les perce d'un glaive, et souvent, pour y échapper, ils se jettent à la terre [2]. En parlant, dans un autre endroit [3], de l'aulopia, que nous avons vu, d'après Aristote, être le même que l'anthias, il dit que c'est un grand poisson (κητώδης), qui se pêche près des îles de la mer de Toscane; qui n'égale pas les plus grands thons pour la taille, mais qui est plus fort qu'eux; qui se défend contre les pêcheurs et demeure souvent victorieux, et qui est surtout robuste des mâchoires et de la nuque; que l'on attire par le moyen de quelques individus que l'on a apprivoisés; dont l'œil est grand et bien ouvert, les mâchoires fortes, le dos bleu foncé, le ventre blanc; et qui a de la tête à la queue une ligne dorée qui se termine en cercle.

Oppien répète deux fois que l'anthias n'a pas de dents. [4] Il en fait quatre espèces, toutes grandes (μεγακήτεα [5]), une jaune, une blanche, une d'un rouge noir, enfin une que l'on nomme évope ou aulope, parce que son œil est entouré d'un cercle noir [6]. Il veut qu'on donne à l'anthias un labrax pour appât [7], ce qui prouve bien qu'il était d'une autre taille que le barbier. Long-temps de suite on en attire en

---

1. L. I, c. 4. — 2. L. XII, c. 47. — 3. L. XIII, c. 17. — 4. L. I, vers 250, et L. III, vers 328. — 5. Vers 254. — 6. Vers 255 — 258. — 7. L. III, vers 192 et 287.

leur offrant des perches ou des corbs[1], ce qui marque qu'ils méritaient, par leur grandeur et leur valeur, que l'on consumât à leur recherche tant de temps et d'autres poissons.

Le pêcheur même, après avoir pris et tiré l'anthias dans son bateau, a encore de grands combats à lui livrer pour s'en rendre maître : il faut que ses camarades lui prêtent leurs secours; souvent il est renversé par l'impétuosité du poisson. Les autres anthias cependant approchent dans l'intention de délivrer leur semblable, et au lieu de cela le blessent souvent de leurs aiguillons. Ils ne peuvent rompre la ligne, parce que leur gueule est sans armes.

Le callichte, ajoute-t-il, est de cette force, et les orcines et les autres cétacés, par où il entend seulement des poissons de grande taille.

Après cela, rapportez-vous-en à des écrivains qui supposent que c'était pour un poisson long de huit pouces que l'on se donnait tant de peine et de fatigue. Admirez surtout le nouveau traducteur d'Oppien, qui, dans sa liste des synonymes, écrit sans autre réflexion à côté du nom ancien Ἀνθίας, le nom méthodique de notre petit poisson : *lutjan anthias.*

Ce serait en vain qu'on voudrait s'éclaircir par *Athénée :* dans son indigeste compilation il mêle tout. L'anthias, selon les auteurs qu'il cite, est le même que le *callichtys.* Il assure qu'on l'appelle aussi *callionyme, ellops* et *tekos;* et quant au *poisson sacré,* cette épithète, selon lui, appartient également au dauphin et au pompile.[2]

On peut juger par ce passage que les nomenclatures

---

1. L. III, vers 211 et 354. — 2. *Deipnos.,* l. VII, art. *Anthias.*

2.   25

populaires des poissons n'étaient pas moins confuses chez les anciens Grecs que parmi nous.

Celle des Grecs modernes ne nous est d'aucun secours en cette occasion. C'est le *gymnètre* qu'ils nomment aujourd'hui *anthias*, suivant Bélon [1], et le gymnètre ne peut pas être le poisson pour la pêche duquel on se donnait tant de peine et on s'exposait à tant de dangers.

Pour moi, si j'étais obligé de me prononcer sur le poisson qui a porté ce nom autrefois, je dirais au moins de l'anthias d'Élien que c'est le *germon* (*scomber alalonga*). Il est un peu moindre que le thon, qu'il accompagne souvent; il va en grandes troupes. Son dos est bleu; son ventre blanc. On voit sur ses flancs une ligne argentée. On ne peut pas dire qu'il manque de dents; mais il les a plus faibles même que le thon. On en prend en abondance près des côtes de Sardaigne, et l'on y en prendrait encore davantage, si l'on faisait les mailles des madragues un peu plus petites que pour le thon.

Certainement bien des poissons décrits par les anciens, et que l'on croit avoir reconnus, ne l'ont pas été sur autant de caractères.

A la vérité, il n'y a point de germons, ni d'espèces voisines, qui soient blancs, jaunes ou rouge-noir, comme Oppien le dit de ses anthias; mais nous sommes si accoutumés à voir le même nom appliqué chez les anciens aux êtres les plus différens, que nous ne devons pas nous étonner qu'Oppien ait entendu celui d'anthias autrement qu'Élien. Peut-être a-t-il voulu parler du mérou, du cernier ou de tel autre très-grand acanthoptérygien : tou-

1. *Aquatil.*, p. 136.

jours est-il certain qu'il n'a point désigné, par l'épithète de μεγακήλεα, le barbier, petit poisson qui passe à peine cinq ou six pouces.

Des Serrans étrangers les plus voisins du Barbier.

Parmi les poissons étrangers qui réunissent les caractères généraux des serrans avec un maxillaire fortement écailleux, il en est qui ont aussi une caudale fourchue, et même nous en connaissons deux espèces qui ont encore, comme la nôtre, un rayon dorsal prolongé.

Le Barbier du Brésil.

(Serranus Tonsor, nob.)

L'une d'elles vient des côtes de l'Amérique méridionale sur l'Atlantique. C'est M. Delalande qui l'a rapportée du Brésil. Elle ressemble tellement au barbier de notre Méditerranée, qu'il faut la plus grande attention pour l'en distinguer.

Ses caractères consistent à avoir des dentelures un peu plus fortes au préopercule, des ventrales plus longues, trois rayons mous de moins à la dorsale, et un de moins à l'anale, en sorte que les nombres y sont :

D. 10/12; A. 3/6, etc.

Ceux des autres nageoires sont les mêmes qu'au barbier de la Méditerranée.

Le BARBIER DE BOURBON.

(*Serranus Borbonius*, nob.)

M. Leschenault nous a envoyé la seconde espèce de l'île
de Bourbon : ses caractères sont plus tranchés, du moins
quant aux couleurs.

Elle a, comme la nôtre, le profil court et convexe, la nuque élevée,
et une dentelure fine au préopercule. On voit trois fortes dents à
l'angle de ce dernier os, et l'opercule osseux se termine par trois
piquans. Le bord inférieur du sous-opercule et celui de l'interopercule sont fortement dentelés.

Les épines de sa dorsale ont en arrière un petit filament. C'est
la troisième qui est la plus longue. Les lobes de sa queue se prolongent beaucoup. Ses canines sont peu marquées. Les nombres
de ses rayons sont les mêmes qu'au barbier de la Méditerranée,
excepté qu'il en a deux mous de plus à la dorsale.

Dans son état actuel, ce poisson paraît d'un gris doré, avec de
grandes taches ovales et brunes sur tout le corps.

L'Amérique possède deux autres espèces qui, par les
longues fourches de leur queue et les écailles de leur
maxillaire, se rapprochent aussi du barbier, bien qu'elles
n'aient pas sa longue épine dorsale, et que la fourche supérieure de leur caudale soit la plus longue.

Le BARBIER PORTE-FOURCHE.

(*Serranus furcifer*, nob.)

L'une d'elles vient du Brésil; et, si l'on excepte l'égalité
des rayons de sa dorsale, sa physionomie est absolument
semblable à celle du barbier commun.

Elle a de même le museau court et bombé; des écailles sur toutes les parties de la tête et des mâchoires, trois épines à l'opercule, et le préopercule finement dentelé. Les deux dentelures inférieures sont courtes et un peu plus larges et plus écartées que les autres. Les dents palatines sont en velours ras, fin, et sur une bande courte et fort étroite. Ses pectorales sont un peu plus longues qu'au barbier ordinaire, et ses nageoires verticales ont de petites écailles sur une grande partie de leur surface. Les ventrales ne sont pas prolongées.

D. 9/18; A. 3/9; C. 17; P. 19; V. 1/5.

Dans son état actuel (dans la liqueur), sa couleur est roussâtre, et l'on voit de chaque côté de son dos trois petites taches rondes qui paraissent lilas. Il y en a une quatrième à la queue.

Le Barbier *appelé le* Créole *à la Martinique.*

(*Serranus creolus,* nob.)

L'autre de ces espèces nous a été envoyée par M. Plée de la Martinique, où elle est connue sous le nom de *créole;* et M. Ricord nous l'a apportée de Saint-Domingue, où on l'appelle *batard-rond-grif.*

Son crâne et sa nuque sont moins bombés, et sa dorsale moins haute et moins écailleuse, que dans la précédente.

D. 9/19; A. 3/9; C. 17; P. 19; V. 1/5.

Dans la liqueur sa couleur est un rouge incarnat plus ou moins doré, avec trois petites taches de chaque côté du dos, et une quatrième au côté de la queue, qui, dans la liqueur, paraissent violettes. Une bande longitudinale noirâtre règne sur le milieu de la hauteur de la dorsale.

Des individus, très-frais, rapportés par M. Ricord, ont le corps rouge, plus foncé sur le dos, plus rose sous le ventre. Seize ou dix-huit traits parallèles raient les flancs en montant obliquement vers le dos. Sa tête tire sur l'orangé. Une tache d'un orangé vif occupe l'aisselle de sa pectorale. Sa dorsale est tachetée de vert.

Ce poisson est rare dans la baie de Port-au-Prince. Il se mange.

Nous le croyons le même que le *rabirubbia de lo alto*, de Parra (pl. 20, fig. 2), qui, selon cet auteur, est incarnat, et a la dorsale tachetée de vert, et deux taches vertes de chaque côté de la queue : au moins doit-il en être fort voisin.

Bloch (Syst., p. 309) soupçonne, mais à tort, que ce pourrait être une variété de l'autre *Rabirubbia* (Parr., pl. 20, fig. 1) qui est notre *Mesoprion chrysurus*.

Parra assure qu'à la Havane c'est une des espèces les plus estimées.

Le foie du créole est très-petit, et ne forme qu'un seul lobe, placé en entier dans l'hypocondre gauche. La vésicule du fiel est petite. L'œsophage est court et débouche dans le côté gauche de l'estomac, qui est situé en travers dans l'abdomen, et dont la pointe est aiguë et dirigée vers les parois inférieures du ventre. Le pylore s'ouvre à la partie inférieure et antérieure de l'estomac. Il y a à gauche sept appendices cœcales, courtes et très-minces. Au côté droit il y en a quatre, dont trois sont très-longues. L'intestin est long et grêle; il fait quatre replis. Il y a une vessie natatoire assez grande, et dont les parois sont très-minces.

Le squelette du créole a dix vertèbres abdominales et quatorze caudales, et ressemble en général à celui des serrans.

Le BARBIER, *dit le* GROS-YEUX *à la Martinique.*

(*Serranus oculatus*, nob.)

M. Plée nous a envoyé de la Martinique une espèce de serran que l'on y nomme le *gros-yeux*, et qui pourrait à elle seule former un groupe à part, par la réunion d'un maxillaire écailleux avec un museau et des mâchoires sans écailles; mais que, d'après son ensemble, nous croyons devoir ranger à la suite des barbiers.

Sa forme est belle et élancée. Sa caudale divisée en fourches longues et pointues. Sa dorsale assez fortement échancrée entre les épines et les rayons mous, et son œil beaucoup plus grand que dans les autres serrans; enfin, sa couleur, d'un bel aurore doré, achève de le rendre remarquable, et nous le croyons digne d'être décrit en détail.

La longueur de sa tête est trois fois et demie dans sa longueur totale. La plus grande hauteur de son corps, au-dessus des pectorales et vers le tiers antérieur, fait le quart de sa longueur, et sa plus grande épaisseur au même endroit est moitié de cette hauteur. A partir de là, le corps diminue jusqu'à la racine de la queue, qui n'a plus en hauteur que le douzième ou le treizième de la longueur totale. Le profil va en descendant par une courbe légèrement convexe. Le diamètre de l'œil est le tiers de la longueur de la tête, et l'œil est à peu près à égale distance du museau et de l'ouïe. Son iris est large et doré. L'intervalle des yeux est égal à leur diamètre, plat et un peu concave; la gueule est fendue jusque sous le quart antérieur de l'œil seulement. Le crâne, le museau, le sous-orbitaire, sont sans écailles. On voit quelques traits saillans sur le crâne, rappelant un peu, mais très-faiblement, les palmures des holocentrums et des myripristis. Sur le sous-orbitaire et la mâchoire inférieure on voit des pores et de petites lignes enfoncées, rameuses comme des veines; mais le maxillaire a sa partie dilatée, et qui ne rentre pas sous le sous-orbitaire, couverte d'écailles très-prononcées. La joue, le limbe du préopercule et les trois operculaires, sont aussi écailleux. La dentelure du préopercule est presque imperceptible, et il n'y a à l'opercule que deux pointes plates et courtes, mais toutefois aiguës. Les dents sont, à la mâchoire supérieure, en velours, sur une bande étroite et un rang extérieur de petits crochets, parmi lesquels il y en a quatre ou six de plus grands, surtout deux en avant, qui toutefois ne le sont pas autant à proportion que dans beaucoup d'autres serrans. A la mâchoire inférieure les dents sont en fin velours en avant, et en crochets très-petits et serrés sur les côtés. Le chevron à l'avant du vomer, et les palatins, en ont des bandes étroites en velours. La langue est lisse, libre, obtuse.

La dorsale commence au-dessus du tiers antérieur des pectorales. Sa première épine est de moitié (et quelquefois des trois-quarts) plus courte que la seconde, qui, ainsi que la troisième, fait à peu près en hauteur les deux cinquièmes de celle du corps à cet endroit. Les autres vont en diminuant jusqu'à la dixième, qui est la dernière et la plus basse, et qui répond à peu près au dessus de l'anus. Il y a ensuite onze rayons mous, tous un peu plus longs que cette dixième épine. L'anale commence sous le second rayon mou de la dorsale. Elle a trois épines, dont la première fort petite, les deux autres assez faibles, et huit rayons mous. Ces deux nageoires finissent un peu en pointe en arrière. Ni l'une ni l'autre n'a apparence d'écailles, et même les épines de la dorsale se peuvent cacher en partie entre les écailles du dos. L'espace nu entre ces nageoires et la caudale fait le cinquième de la longueur totale. Les branches de la caudale finissent en pointe aiguë, et ont chacune le quart de la longueur du poisson. Au-dessus et au-dessous de sa base on sent plutôt qu'on ne voit de petites pointes qui rappellent celles des holocentrums. Elle a dix-sept rayons entiers, en partie couverts d'écailles. Les pectorales sont pointues et un peu moindres du quart de la longueur; elles ont seize rayons; leur aisselle est nue. Les ventrales sortent à peu près sous leur base, et sont un peu moins longues; leurs rayons sont comme à l'ordinaire. Au-dessus de leur base est une écaille demi-elliptique, et entre elles une écaille triangulaire.

D. 10/11; A. 3/8; C. 17; P. 16; V. 1/5.

On compte environ cinquante-cinq écailles sur une ligne longitudinale entre l'ouïe et la caudale, et dix-huit ou vingt sur une ligne verticale, à l'endroit le plus haut. Leur bord visible n'est pas parfaitement circulaire; elles paraissent à l'œil nu seulement un peu striées sur leur disque. Leur limbe est plus argenté, et à la loupe on y voit les petits points qui en rendent la surface inégale, ainsi que les très-petits cils qui la bordent. La partie cachée a neuf stries en éventail et autant de dentelures à son bord radical. La ligne latérale se courbe exactement comme le dos, et lui demeure parallèle. A l'endroit où le corps est le plus haut, sa distance du dos est du quart de la hauteur. Elle se marque par une élevure ovale vers la base de chaque écaille et par deux pores saillans vers son limbe.

L'individu que nous avons décrit, et qui est conservé dans la liqueur, est long de neuf pouces. Plus récemment il en est venu un, avec les collections laissées par M. Plée, long de près de deux pieds.

———

Des Serrans dont la mâchoire inférieure seulement est garnie de très-petites écailles, ou des MÉROUS.

Il nous reste maintenant une quantité innombrable de serrans de toutes tailles, reconnaissables au caractère que je viens d'indiquer, et que l'on ne peut presque plus distinguer que par leurs couleurs. Ils ont aussi leur type dans la Méditerranée ; c'est

Le GRAND SERRAN BRUN, *nommé plus particulièrement* MÉROU.

(*Perca gigas*, Brunnich et Gmel.; *Serranus gigas*, nob.)

La Méditerranée possède deux grandes percoïdes à dorsale unique, mais de beaucoup supérieures aux serrans communs par la taille, dont les ichtyologistes du seizième siècle n'ont point parlé, et que ceux du dix-huitième eux-mêmes ont assez peu connues : ce sont le *mérou* et le *cernier*.

Le mérou, qui fait l'objet du présent article, se porte

2. 26

aussi dans l'Océan, et on en a pris quelquefois dans le golfe de Gascogne. Il n'a rien qui puisse le faire distinguer génériquement des petits serrans, *S. scriba* et *cabrilla,* si ce n'est de très-petites écailles, visibles à la mâchoire inférieure; mais, comme espèce, sa taille et sa couleur brune le font aisément reconnaître, et c'est avec raison que Brunnich, le premier auteur qui en ait fait mention, le nomme *perche géant* (*perca gigas*), nom sous lequel il a reparu dans Gmelin, et dont l'épithète lui est restée quand il a passé dans le genre des serrans. [1]

Le nom de *mero* ou *merou* est espagnol, et les Dictionnaires de cette langue l'expliquent par *merula,* ce qui suppose qu'il désigne un labre; mais peut-être cette explication n'est-elle pas assez précise. Selon *Cornide,* les Galliciens auraient un *mero* de haute mer, qui serait notre serran écriture (*P. scriba,* L.) et un *mero* de côte, petit labre d'un bleu noirâtre, qu'il croit le *labrus merula,* L. Ce qui est certain, c'est que les pêcheurs de nos côtes de Provence et de Gascogne appliquent le nom de *mérou* au poisson que nous allons décrire. *Brunnich* le témoigne pour les premiers, et *Borda* [2] pour les seconds. A Nice, on l'appelle *anfoussou,* selon M. Risso [3], et à Iviça, *nero anfos,* selon M. de Laroche. [4]

Dans l'une et l'autre mer il atteint deux et même trois pieds de longueur, et pèse jusqu'à soixante livres. [5]

On n'en a encore qu'une seule figure, et fort médiocre, dans Duhamel. [6]

---

1. *Holocentrus gigas,* Schn., p. 322; *Holocentre mérou,* Lacép., t. IV, p. 377.
2. Dans Duhamel, Pêches, II.ᵉ part., sect. 4, chap. 3, p. 38.
3. Poissons de Nice, p. 289. — 4. Ann. du Mus., t. XIII, p. 318. — 5. Brunnich, Duhamel et Risso, *loc. cit.* — 6. Pêches, II.ᵉ part., sect. 4, pl. 9, fig. 1.

Nous ne savons autre chose de ses habitudes, si ce n'est qu'à Nice il s'approche des rivages aux mois de Mai et d'Avril. M. de Laroche en a vu à Iviça pendant les mois d'hiver; mais c'était dans la haute mer qu'on les avait pris. Il dit que dans cette île sa chair est estimée et a quelque chose d'aromatique, et qu'il y pèse souvent de dix à vingt livres.

Ce poisson a le corps proportionnellement assez court. Sa plus grande hauteur est vers les pectorales, et fait un peu moins des sept huitièmes de la longueur totale. Sa plus grande épaisseur fait plus de la moitié de la hauteur. A partir de la dorsale, le profil descend obliquement jusqu'au bout du museau. La longueur de la tête est contenue deux fois et deux tiers dans la longueur totale. Elle est toute couverte d'écailles, à l'exception des lèvres et du maxillaire.

L'œil est de moyenne grandeur, un peu elliptique; il est éloigné du bout du museau de deux fois son diamètre longitudinal.

Dans le poisson frais, le sous-orbitaire est entièrement caché par la peau. Dans le poisson desséché ou dans le squelette on le voit composé de deux pièces, dont l'antérieure est la plus grande; elles sont toutes deux caverneuses; leur forme est à peu près celle d'un rectangle alongé.

Le préopercule a son bord montant un peu arqué, légèrement échancré au-dessus de son angle inférieur, qui est très-obtus. Il est dentelé dans toute son étendue par de petites dents qui augmentent de grandeur à mesure qu'elles se rapprochent de l'échancrure. A l'angle, les dents deviennent plus larges et sont elles-mêmes divisées en deux ou trois dentelures. Le bord inférieur est droit, caverneux et légèrement festonné.

Le bord membraneux de l'opercule est assez large, très-mince vers sa partie libre, qui montre la peau sans aucunes écailles.

L'opercule, à peu près triangulaire, est couvert d'écailles aussi grandes que celles du tronc. Il se termine par trois pointes aplaties, dont la mitoyenne est la plus grande. Dans les grands individus, cette pointe du milieu devient une espèce de cuilleron par l'élargissement que prend son extrémité. Le sous-opercule et l'interopercule sont alongés, sans dentelures. Dans le poisson frais on aperçoit à peine leur séparation.

L'os surscapulaire est petit et très-peu visible. Il n'a rien de remarquable. L'os de l'épaule est étroit, de médiocre longueur, et recouvert par la peau nue; mais il naît de son angle supérieur un repli de la peau qui va s'attacher à la pectorale, et qui est couvert de petites écailles semblables à celles du tronc. Le long de l'os de l'épaule est une rangée verticale d'écailles un peu plus grandes que les autres.

Les deux ouvertures de la narine sont situées au-dessus de l'angle antérieur de l'œil. Elles sont rapprochées l'une de l'autre. L'antérieure est tubuleuse et plus petite que la postérieure, qui se présente comme un trou arrondi.

Le maxillaire est alongé, coupé carrément à son extrémité postérieure, pointu à l'antérieure, et n'est pas recouvert quand la bouche est fermée.

Les lèvres sont charnues; les intermaxillaires sont plus courts que les maxillaires. Ils portent une rangée de dents crochues, assez fortes, dont les deux du milieu sont les plus grandes. Derrière celles-ci en sont d'autres en carde très-forte. Elles diminuent de force vers la commissure. Les dents de la mâchoire inférieure sont plus fortes et sur une bande plus étroite que celles de la mâchoire supérieure. Vers l'angle de la gueule il n'y a même plus que deux rangées de dents crochues, et celles de la deuxième rangée sont plus fortes que celles de la première. Il y a un groupe de dents en cardes au chevron du vomer, et une rangée étroite le long de chaque palatin. Quand la bouche est fermée, la mâchoire inférieure dépasse notablement la supérieure.

Les branches de la mâchoire inférieure sont larges et couvertes de très-petites écailles.

Les ouïes sont très-fendues; leur membrane est large, sans écailles. On y compte sept rayons.

Les écailles du corps sont petites; on peut en compter plus

de cent sur une ligne longitudinale, à partir des ouïes jusqu'à la
naissance de la queue, et plus de quarante dans une ligne verticale
à la hauteur des pectorales. Elles sont encore beaucoup plus petites
sous la gorge et la poitrine que sur les flancs. Une écaille détachée
du corps a la forme d'un carré long, dont la longueur est double
de sa hauteur. Le bord de la racine est dentelé, parce qu'il reçoit
l'extrémité de huit côtes qui partent du centre de l'écaille, et se
rendent en rayonnant à ce bord. Le reste de l'écaille est finement
strié par des stries parallèles, qui sont un peu grenues sur la
partie nue. Cette partie n'est que le cinquième de l'écaille entière,
de sorte que les écailles sur le poisson paraissent encore beaucoup
plus petites qu'elles ne le sont réellement.

La dorsale commence immédiatement vis-à-vis de la pointe du
bord libre de l'opercule. La hauteur de sa partie épineuse est plus
des trois quarts de sa longueur. On y compte onze rayons très-
forts, dont le quatrième est le plus long; le premier est de moitié
plus court. La partie molle est arrondie, un peu plus haute que la
partie épineuse; on y compte quinze ou seize rayons, tous rameux.
Elle est garnie de petites écailles jusqu'aux trois quarts de sa hauteur. La membrane qui réunit les épines de cette dorsale est aussi
couverte de petites écailles qui s'étendent même sur le quart inférieur de chacune des épines.

L'anale commence sous le cinquième rayon mou de la dorsale,
et finit avant celle-ci; on y compte trois épines fortes, dont la première est moitié de la troisième, qui est la plus longue. La partie
molle est arrondie, et plus haute que la nageoire entière n'est
longue. On y compte huit rayons mous, tous rameux. Elle est,
comme la dorsale, couverte de petites écailles, dont les groupes se
terminent en petites bandelettes étroites entre les parties branchues
des rayons.

La portion de la queue entre la dorsale et la caudale, est comprimée. La distance de la fin de la dorsale à la caudale est égale à
la hauteur de la queue, et ne fait que le tiers de la hauteur du tronc,
mesurée en avant des pectorales. La distance entre la fin de l'anale
et la caudale est d'un quart plus grande. Il y a une distance assez

grande entre l'anus et la nageoire anale. Cet orifice s'ouvre au milieu de la longueur totale. La queue porte les rayons de la caudale, suivant une ligne presque droite. Cette nageoire est arrondie. Sa longueur, qui égale sa hauteur quand elle est étendue, fait le cinquième de la longueur totale. On y compte quinze rayons, dont le supérieur et l'inférieur sont simples; tous les autres sont branchus. Il y en a en outre trois ou quatre en dessus et en dessous beaucoup plus petits. La membrane qui réunit ces rayons est couverte de petites écailles disposées comme celles que nous avons observées sur la partie molle de la dorsale et de l'anale.

Les pectorales sont grandes, alongées et arrondies dans les trois quarts de leur bord inférieur. On y compte dix-sept rayons, dont le premier est simple; le sixième est le plus long. Cette nageoire est couverte de très-petites écailles sur la moitié antérieure. L'aisselle n'a point d'écailles.

Les ventrales sont attachées, au-dessous des pectorales, très-près l'une de l'autre; elles sont plus petites que les pectorales. Leur épine est médiocre, moitié plus courte que les rayons mous, que l'on y compte au nombre de cinq, tous articulés et recouverts, sur les deux tiers antérieurs, de très-petites écailles. La membrane qui les réunit n'en a qu'à la base, et cette membrane attache le sixième rayon au ventre dans plus de la moitié de la longueur de ce rayon. On ne voit aucune écaille dans l'aisselle.

La ligne latérale est située au quart de la hauteur; elle est parallèle au dos dans toute l'étendue de la dorsale, et elle se porte ensuite droit à la queue. Elle est marquée par un petit trait relevé sur l'angle supérieur de chaque écaille.

La langue est médiocre, libre, pointue, lisse.

Les râtelures des branchies sont armées de dents en cardes assez fortes.

La couleur du mérou, suivant Brunnich, est jaune, avec des nébulosités d'un brun obscur. Sa tête est rousse en dessous, ainsi que le dehors des pectorales.

Duhamel dit que le dos jusqu'à la ligne latérale est de couleur brune qui s'éclaircit sur les flancs, et que le ventre est argenté.

Un individu de près de dix-huit pouces, que M. Savigny nous a rapporté de Naples, est brun, avec des taches assez grandes, et grisâtres. Le dessous du ventre est jaunâtre. Les nageoires sont noirâtres. Un individu, d'environ un pied, est plus foncé et d'un brun presque uniforme, avec des nageoires noirâtres. Un troisième, qui a plus de deux pieds, et qui nous a été envoyé de Sicile par M. Biberon, est, comme le premier, d'un brun marbré de grisâtre.

Les intestins du mérou sont plus amples que ceux des petits serrans, et le nombre de ses appendices cœcales va à dix-neuf ou vingt. Le cul-de-sac de son estomac est court, gros et obtus. Ses parois sont fort épaisses, et ses plis intérieurs très-gros. A la grandeur et à la force des os près, son squelette est le même que celui des serrans. Il a aussi dix vertèbres abdominales et quatorze caudales.

Des Serrans étrangers qui se rapprochent du Mérou.

Nous aurions bien voulu pouvoir subdiviser la longue série d'espèces dont nous allons parler, d'après quelques caractères pris de leurs formes; mais il n'y en a point d'assez fixes pour remplir ce but.

Bloch, à la vérité, divise les poissons que nous regardons comme des serrans, en six genres, et qui s'en rapporterait aux caractères qu'il leur assigne, croirait cette division fort régulière. Trois de ces genres ont le museau sans écailles, et trois autres l'ont écailleux. Parmi les premiers, les holocentres ont des dentelures au préopercule, des épines à l'opercule; les bodians ont le préopercule entier et l'opercule épineux; les lutjans, le préopercule dentelé et l'opercule sans épines. Les mêmes distributions ont lieu parmi les seconds : les épinéphélus auraient les pièces operculaires comme les holocentres; les anthias, comme les lutjans, et les céphalopholis, comme les bodians. Mais quand on en vient à l'examen des espèces, on trouve que ces caractères ont été appliqués faussement, et que même quelques-uns n'étaient pas susceptibles d'applications exactes. Ainsi, le principal des anthias, notre barbier, est bien loin d'avoir des opercules sans épines: au contraire, ses opercules se terminent par trois épines aiguës. Il s'en faut de beaucoup que tous les bodians aient le préopercule entier, et même il n'est peut-être tel dans aucune des espèces que Bloch range dans ce genre; mais les dentelures de cette pièce y deviennent seulement de plus en plus menues, et s'y cachent par degrés sous la peau. Il en est de même des écailles du bout du museau : elles passent par degrés insensibles de la force de celles du barbier à la petitesse de celles du mérou, sans que l'on puisse fixer une limite facile à saisir.

Ces motifs, joints à la ressemblance générale qu'offrent d'ailleurs tous ces poissons, nous ont obligé de faire abstraction de ces petites écailles du museau et des dentelures plus ou moins fortes du préopercule, comme caractères génériques, et de réunir toutes les espèces qui ont les caractères des mérous, c'est-à-dire des dents en crochets, un opercule épineux, et de très-petites écailles sur la mâchoire inférieure.

Nous en formerons cependant des groupes pour faciliter le travail de ceux qui voudront les reconnaître; mais en ayant plus d'égards à leurs rapports d'ensemble, et même à la distribution générale de leurs couleurs, qu'à des détails trop variables pour seconder en quoi que ce soit leur première étude.

Nous commencerons par celles qui ressemblent le plus au mérou de nos côtes, réunissant, comme lui, à des dentelures assez fortes à l'angle du préopercule des teintes plus ou moins uniformes sur le corps. La plupart deviennent, comme lui, assez grandes.

Les côtes méridionales de la Méditerranée en nourrissent deux espèces, et il y en a quelques autres sur les côtes américaines de la mer Atlantique.

Le Mérou d'Alexandrie.

(*Serranus Alexandrinus*, nob.)[1]

Notre première espèce a été rapportée de l'Égypte par M. Geoffroy. Elle est tellement semblable au mérou, que nous ne l'en avons distinguée qu'après un examen minutieux et détaillé; mais cet examen, fait entre individus de même taille, nous a offert les différences suivantes :

L'œil du mérou d'Alexandrie est plus grand; son diamètre fait le cinquième de la longueur de la tête, tandis qu'il n'en est que le sixième dans notre mérou. Le bord du préopercule est plus arrondi, moins échancré vers l'angle; les dentelures du bord montant sont moins profondes; celles de l'angle forment seulement deux ou trois épines assez fortes, simples et non aplaties.

Le maxillaire est un peu plus large, et les écailles qui en recouvrent une partie sont beaucoup plus visibles.

Le bord membraneux de l'opercule forme un angle moins ouvert, parce qu'il est droit ou même un peu concave supérieurement, tandis que dans le mérou il est très-manifestement convexe.

La partie molle de la dorsale est plus basse; les épines de l'anale sont un peu plus longues.

D'ailleurs ses nombres de rayons sont les mêmes.

---

1. Cette espèce n'est pas décrite dans le grand ouvrage sur l'Égypte.

Sa couleur paraît avoir été brune, sans taches ni marbrures, sur tout le corps et sur les nageoires.

L'individu que nous avons observé est long de dix pouces.

Il est impossible de n'être pas frappé de la grande ressemblance qui existe entre notre poisson et celui que Bloch a représenté pl. 327, sous le nom d'*epinephelus afer*.

Nous ne balancerions même pas à les regarder comme identiques, si le poisson de Bloch n'avait pas la pectorale assez courte et de couleur jaune, tandis qu'elle est alongée et brune dans le serran que M. Geoffroy nous a donné. Bloch donne aussi un ou deux rayons mous de plus à la dorsale.

D. 11/18; A. 3/9, etc.

Ce poisson de Bloch lui avait été envoyé d'Acara, sur les côtes de la Guinée, par le docteur Isert, selon lequel l'espèce devient grande, a la chair blanche et agréable, et se tient sur les bas-fonds à peu de distance de l'embouchure des fleuves.

Le Mérou bronzé, *ou* Dalouze de Damiette.

(*Serranus æneus*, Geoff.) [1]

La seconde espèce, qui atteint aussi une taille à peu près égale à celle du mérou, a été de même découverte sur les côtes d'Égypte par M. Geoffroy Saint-Hilaire. Il l'a fait graver dans le grand ouvrage d'Égypte, et son fils vient d'en publier la description [2]. Elle porte à Damiette

---

1. Égypte, pl. 21, fig. 2, et Isid. Geoff., Poissons d'Égypte, p. 208, in-8.°
2. Dans l'édition in-8.° publiée par M. Panckoucke.

le nom de *dalouse,* et M. Geoffroy l'a nommée *serranus œneus.*

Son corps est un peu plus alongé que celui du mérou ; sa tête, plus courte ; ses épines de l'angle de l'opercule sont plus fortes, non aplaties, ni divisées en dentelures. Elle a d'ailleurs, comme le mérou, le maxillaire dépourvu d'écailles, tandis que la mâchoire inférieure en est couverte. Les dents sont semblables. Les nageoires sont également écailleuses ; mais la caudale est plus arrondie. Ses couleurs diffèrent beaucoup de celles du mérou. Le dos et les flancs sont variés de vert clair sur un fond vert foncé. Le ventre est blanc. Une belle couleur de vert-pré colore les lèvres. La dorsale est, comme le dos, verte, assez foncée, variée de vert plus clair. Les nageoires pectorales et la caudale sont verdâtres ; l'anale est verte, bordée de bleu ; les ventrales ont la base et le bord externe blancs, le milieu vert, et l'extrémité bleue. Le côté de la tête est traversé par trois lignes blanches, obliques de haut en bas et parallèles au bord supérieur de l'opercule. La première descend de l'angle du préopercule au milieu du sous-opercule. La seconde va de l'œil à l'angle postérieur de l'interopercule. La troisième, de l'angle du maxillaire traverse le milieu de l'interopercule. L'iris de l'œil est doré et la pupille bleue.

L'individu que M. Geoffroy a donné au Cabinet du Roi, et qu'il a rapporté de Damiette, est long d'un pied.

Ses nombres sont :

D. 11/16 ; A. 3/9 ; C. 17 ; P. 19, V. 1/5.

Le Mérou nègre d'Amérique.

(*Serranus Morio,* nob.)

Les mers d'Amérique nourrissent un serran qui atteint une taille presque aussi considérable que notre mérou, et qui lui ressemble aussi par un grand nombre de points. Un individu de trente pouces de long, et que nous avons

reçu de New-York par M. Milbert, comparé a un mérou
de même taille, nous a fourni les caractères suivans :

Ses formes sont aussi trapues. Sa tête est plus grosse, sans être
plus longue. La mâchoire inférieure n'avance pas autant au-devant
de la supérieure. L'œil est plus petit et placé plus haut sur la joue.
Les dentelures de l'angle du préopercule sont plus nombreuses
et plus fortes. Le bord montant n'offre aucune sinuosité.

Les dents de la mâchoire inférieure sont plus fortes ; les premiers
rayons épineux de la dorsale sont plus longs, et les derniers, au
contraire, sont plus courts ; la caudale est coupée en un croissant
peu profond.

Les nombres des nageoires sont :

D. 11/17 ; A. 3/9 ; C. 17, etc.

Bien qu'un poisson qui atteint une aussi grande taille
doive être remarquable, nous ne trouvons pas dans M. Mitchill la description de cette espèce : au reste, elle se trouve
aussi plus au Midi. M. Ricord nous l'a rapportée de Saint-
Domingue, où elle porte le nom de *nègre.* Suivant ce
naturaliste, le poisson frais présente

de grandes marbrures d'un brun vineux plus ou moins foncé sur
un fond gris. La tête est plus rougeâtre. L'extrémité des maxillaires,
les mâchoires inférieures, et la membrane branchiostège, sont rouges.
La partie épineuse de la dorsale est plus foncée que la portion molle.
La caudale est brune ; l'anale est rouge-orangé, bordée de brun ; les
pectorales orangées, et les ventrales tachetées de gros points rouges.

Le Mérou a museau aigu.

(*Serranus acutirostris,* nob.)

Nous avons reçu cette espèce du Brésil par M. Delalande.

Elle a le museau plus pointu que la plupart des espèces voisines.

La dentelure du préopercule est très-fine. L'épine moyenne de l'opercule est la plus forte et la plus aiguë; elle est aplatie. Les écailles sont petites; il en monte aussi sur la base de la dorsale et de l'anale. La caudale est coupée en croissant assez profond, et en partie recouverte d'écailles.

Les dents qui bordent la mâchoire supérieure sont fortes et coniques; les autres sont en cardes assez fines; en bas, toutes les dents sont en cardes, médiocrement grosses, et seulement sur deux rangs. Les canines sont peu fortes.

D. 12/16; P. 15; V. 1/5; A. 3/11; C. 18.

Ce poisson paraît tout brun sur l'empaillé. Les nageoires sont de la même couleur; les bords de la dorsale et l'anale paraissent plus foncés.

Les individus de cette espèce deviennent assez grands. Celui qui a servi à notre description a près de deux pieds. La tête fait le tiers de sa longueur totale.

Le Mérou écarlate.

(*Serranus apua*, nob.)[1]

Feu M. Delalande nous a aussi envoyé un mérou que nous croyons avoir reconnu pour le *piratiapia* de Margrave.

Il ressemble plus au nègre qu'à notre mérou de la Méditerranée. Les dents de sa mâchoire inférieure sont un peu plus fortes et sur une bande plus étroite. Les dentelures de l'angle du préopercule forment quatre pointes aiguës. La caudale n'est point échancrée; mais elle est coupée très-carrément.

Nos individus ont un pied environ.

Les nombres sont:

D. 11/17; A. 3/9; C. 15; P. 16; V. 1/5.

---

1. *Piratiapia*, Margr., p. 158, *Lib. princ.*, t. I, p. 315; *Bodianus apua*, Bl., p. 229; *Bodian apua*, Lacép., t. IV, p. 296.

Les couleurs de nos individus sont aujourd'hui réduites à un brun roussâtre, avec des points noirs sur les joues. Les nageoires impaires sont bordées d'un trait noir qui est liséré de blanc. Mais dans le dessin colorié du prince Maurice (*lib. prim.*, *fol.* 315) ce poisson est peint d'un beau rouge, avec de gros points noirs sur le dos, et de plus petits sur le ventre et sur les joues. Les nageoires sont rouges, bordées de noir et lisérées de blanc.

Bloch a copié fidèlement le trait et les couleurs de ce dessin, mais il en a triplé la grandeur.

Pison ajoute à ce que Margrave dit du piratiapia, que pendant l'été ce poisson vit parmi les rochers, et que pendant l'hiver il remonte dans les fleuves.

Le MÉROU A CROUPE NOIRE, *ou* CHERNA *des Espagnols d'Amérique.*

(*Serranus striatus*, nob.) [1]

Nous devons à M. Plée plusieurs individus de cette belle espèce, qui est répandue dans tout le golfe du Mexique, et qui est très-voisine de la précédente par ses formes.

Des trois épines de l'opercule, c'est la supérieure qui est la plus petite. Les dentelures du préopercule sont très-fines. Le dessous de l'œil est semé de plusieurs points noirs. On voit sur le chanfrein deux bandes longitudinales, allant vers le bas des orbites. Il y en a quatre ou cinq verticales larges et irrégulières sur le corps et deux sur la queue. Le dessus de la queue derrière la dorsale est marqué d'une grande tache noire carrée. La nageoire caudale est assez grande et arrondie.

Les nombres des rayons sont :

D. 11/17; A. 3/8; P. 17; V. 1/5; C. 16.

---

1. *Anthias striatus*, Bl.; *Lutjanus striatus*, Lac.; *Sparus chrysomelanurus*, Lac.; *Anthias Cherna*, Bl. Schn.

Bloch a copié dans son ouvrage, à la planche 324, une figure de ce poisson, faite par le père Plumier, et lui a donné le nom d'*anthias striatus*. Cette figure représente bien la tache noire de la queue; mais les bandes verticales n'y sont pas très-exactes, et l'on n'y voit point les deux raies longitudinales de la tête.

Au surplus, les bandes sont sujettes à quelque variété, et il y en a même dans les teintes générales; car nous avons vu dans la collection de MM. de Sessé et Mocigno une figure très-bien peinte de ce poisson, où le fond de la couleur tire au vert du côté du dos et au lilas du côté du ventre.

M. Plée nous dit que les bandes disparaissent peu après la mort, et que, dans le frais, les bords des nageoires sont jaunes.

Cet *anthias striatus* de Bloch est devenu le *lutjan strié* de M. de Lacépède (t. IV, p. 234); mais une autre copie du dessin de Plumier, faite par Aubriet, avec cette indication : *Chrysomelanus piscis*, Plum., où le copiste a oublié les dentelures du préopercule et les épines de l'opercule, a donné lieu à M. de Lacépède de reproduire l'espèce parmi les spares sous le nom de *spare chrysomélane* (t. IV, p. 160).

Parra, dans son Histoire des poissons de la Havane, a donné, pl. 24, p. 50, une assez bonne figure de ce poisson. Il nous apprend que les pêcheurs appellent les grands individus *cherna de lo alto*, et les petits *cherna chica*.

Malgré la ressemblance frappante de sa figure et l'accord de sa description, Bloch, dans son Système posthume, ne s'est point aperçu de l'identité, et a reproduit de nouveau ce poisson sous le nom d'*anthias cherna*.

Il est heureux qu'il n'ait pas fait une troisième espèce de la figure gravée depuis long-temps dans Seba (t. III, pl. 27, fig. 9), qui est aussi fort exacte.

M. Plée, dans la note qui accompagnait le premier individu qu'il a adressé au Cabinet du Roi, dit qu'on nomme l'espèce *vieille* à la Martinique, et dans celles qu'il a laissées sur les individus de Porto-Rico, il ajoute qu'elle porte dans cette dernière île, lorsqu'elle n'est pas très-grande, le nom de *cabrilla*, qui est le nom espagnol du serran le plus commun de la Méditerranée; mais elle atteint, dit-il, le poids de soixante à quatre-vingts livres, et c'est alors qu'elle se nomme *tierno* (ou plutôt *cherno*). Sa chair est molle, mais agréable.

M. Poey nous apprend que c'est un des poissons les plus abondans à la Havane, et qu'il y passe pour un bon manger; mais il réduit son poids à trente ou quarante livres.

M. Ricord vient de nous le rapporter aussi de Saint-Domingue, où on le confond avec le *nègre* que nous avons décrit plus haut. On l'estime au Port-au-prince, et il y atteint jusqu'à trois pieds de longueur.

Le Mérou de Mentzel.

(*Serranus Mentzelii*, nob.)

Nous avons encore un très-grand mérou du Brésil reconnaissable à la grosseur de sa tête, à son museau court et obtus, et dont le chanfrein se relève un peu au-dessus des yeux. Les rayons épineux de sa dorsale sont cachés dans une peau épaisse, ce qui fait paraître la nageoire un peu plus basse qu'elle n'est réellement. Le corps de ce poisson, conservé dans la liqueur.

paraît brun, avec de grandes marbrures nuageuses sur le dos et quelques lignes sur le ventre, qui se prolongent jusque vers la queue, où elles s'anastomosent entre elles. Les pectorales, de grandeur moyenne, sont arrondies, blanchâtres à leur base et noirâtres à l'autre extrémité. La caudale est coupée carrément, et noirâtre. Les nageoires dorsale et anale sont bordées de noir.

Les nombres sont :

D. 11/16; A. 3/8; C. 17, etc.

A l'état frais, le fond de la couleur est noirâtre, avec de grandes marbrures d'un jaune d'or ferrugineux. L'intérieur de la bouche est rougeâtre.

M. Delalande nous a rapporté un individu qui est long de deux pieds huit pouces.

Margrave n'a pas parlé de cette espèce, quoique nous croyions pouvoir affirmer qu'il l'avait observée pendant son voyage. Nous avons trouvé dans le recueil de figures du prince Maurice mis en ordre par le docteur Mentzel, un grand dessin fait à la pierre noire et au pastel, qui nous paraît représenter l'espèce que nous décrivons; c'est pourquoi nous lui avons donné le nom de *Mentzel*.

Le Mérou a ailes bicolores.

(*Serranus dichropterus*, nob.)[1]

Bloch a figuré à sa planche 234, sous le nom d'*holocentrus ongus*, un serran qu'il dit être originaire du Japon et s'y appeler *ikan-ongoe*, et c'est de ce nom d'*ongoe* qu'il a tiré son épithète spécifique. Nous devons faire remarquer cependant que ce mot n'est pas japonais; c'est un adjectif de la langue malaise, que l'on trouve très-souvent

---

1. *Holocentrus ongus*, Bl., p. 234; Lac., t. IV, p. 380.

2.   28

cité dans Valentyn, et que ce voyageur traduit par *pourpre.*
Ikan-ongoe veut donc dire poisson pourpre. En vingt
occasions nous avons vu Bloch confondre le japonais et
le javanais; mais en celle-ci il a commis une erreur bien
plus grave : son poisson n'est ni du Japon, ni de Java,
mais d'Amérique. M. Lichtenstein nous ayant permis d'examiner l'individu même de Bloch, nous l'avons reconnu
identique avec une espèce que nous avons reçue en grand
nombre du Brésil. Il est facile de voir que Bloch avait
acheté son poisson empaillé chez quelque marchand de
Hollande, et qu'il a été induit en erreur par le nom que
cet homme y avait attaché. Nous croyons donc devoir
changer une épithète qui annoncerait une tout autre mer
que celle qu'habite vraiment l'espèce. L'enluminure de
Bloch est assez arbitraire, car le poisson sec montre tout
au plus les taches du ventre, que nous observons plus facilement sur nos individus plus frais : d'ailleurs, les pectorales et les ventrales paraissent avoir été noires, et non pas
jaunes, et on ne voit pas de traces des points ou des lignes
qu'il a fait peindre sur les nageoires impaires.

La forme de ce poisson est celle de toutes les espèces voisines,
et n'offre rien de remarquable : les dentelures de son préopercule
sont assez fortes, et vers l'angle il y en a trois ou quatre plus fortes.
La caudale est arrondie. Les épines de la dorsale sont assez hautes
et peu fortes. Les pectorales sont rondes. Tout le corps paraît brun,
avec des traits disposés en ligne interrompue sous le ventre. Les
nageoires sont bordées de noir. Un trait noir le long de la joue
borde la portion sous laquelle se replie le maxillaire. Ce trait fait
aisément reconnaître le poisson.

Nos différens individus n'ont pas plus d'un pied.

Les nombres des nageoires sont :

D. 11/17; A. 3/8; C. 17, etc.

Le MÉROU ONDULÉ.

(*Serranus undulosus*, nob.)

Les côtes du Brésil nourrissent une espèce très-voisine de la précédente par les formes, mais qui s'en distingue facilement

par les quatre lignes brunes ou noirâtres qui parcourent un peu obliquement ses joues, et se continuent sur le corps en faisant des ondulations. Les trois supérieures vont de l'œil au bord de l'opercule; et la quatrième part de la pointe antérieure du maxillaire, et se termine à l'angle du préopercule. Le corps est couvert de lignes sinueuses, plus pâles, anastomosées entre elles sur le dos. Les nageoires sont lisérées de noirâtre.

Les nombres sont :

D. 11/17; A. 3/11; C. 17; P. 15; V. 1/5.

M. Delalande et MM. Quoy et Gaymard en ont rapporté un grand nombre d'individus qui ne dépassent pas huit pouces.

Le MÉROU A GROSSES ÉPINES.

(*Serranus pachycentron*, nob.)

Nous avons trouvé parmi les poissons desséchés du Cabinet du Roi une espèce remarquable par

la grosseur des trois épines aplaties de l'opercule. Le bord inférieur de cet os, ainsi que celui du subopercule, est finement dentelé. Le bord du préopercule est arrondi et très-finement dentelé. Les dents canines sont très-courtes; les écailles petites, ciliées, et celles des côtés relevées par une petite carène dont la succession forme de petites stries fines le long des flancs, au nombre d'environ trente. La ligne latérale suit la courbe du dos jusqu'à la fin de la dorsale, de sorte qu'elle coupe obliquement la plupart de ces stries. Toutes les nageoires sont arrondies. On leur compte en rayons :

D. 9/16; A. 3/8; C. 16; P. 16; V. 1/5.

Sur le seul individu que nous ayons vu, la couleur est uniformément brune; sa longueur est d'environ sept pouces.

La mer des Indes n'est pas moins féconde que celle d'Amérique en serrans analogues au mérou par l'uniformité de leurs teintes, et dont quelques-uns même ont encore des dentelures assez marquées à l'angle du préopercule; mais dans la plupart ces dentelures sont faibles, et il y en a plusieurs où elles sont tellement effacées sur tout le bord de cette pièce, que Bloch avait cru devoir en faire son genre des bodians. Nous commencerons leur énumération par une des espèces les plus remarquables par la distribution singulière de ses couleurs.

Le MÉROU JAUNE ET BLEU.

(Serranus flavo-cœruleus, nob.)

Commerson paraît l'avoir observé le premier, et en a laissé deux dessins et une description; mais, comme il ne dit pas que cette description se rapporte à aucun des deux dessins, ces trois documens, malgré la facilité qu'il y avait de s'assurer de l'identité de leur objet, ont produit dans l'ouvrage de M. de Lacépède trois espèces factices, qui doivent être réduites à une seule.

Pour faire mieux apprécier cette assertion, nous décrirons d'abord cette espèce d'après un individu rapporté de l'Isle-de-France par MM. Quoy et Gaymard, naturalistes de l'expédition du capitaine Freycinet.

Ce poisson rappelle tout-à-fait le mérou, par ses formes et par ses dentelures plates et fortes à l'angle du préopercule. Son corps est un peu plus court à proportion. Les trois épines de l'opercule sont aplaties; mais la supérieure et l'inférieure sont fort petites, à peine sensibles. La caudale est un peu échancrée en croissant peu profond; les autres nageoires sont arrondies.

La couleur de l'individu, conservé dans la liqueur, paraît d'un brun noirâtre sur le dos, sur la tête et sur les flancs. Auprès des pectorales on voit quelques taches qui paraissent avoir été bleu-pâle. La queue, en arrière des nageoires dorsale et anale, est jaune, ainsi que toutes les nageoires. Il y a un peu de noir à l'extrémité des ventrales.

Nous comptons pour les rayons des nageoires:

D. 11/17; P. 18; V. 1/5; A. 3/8; C. 15.

Tel est le poisson que MM. Quoy et Gaymard ont fait graver à la planche 57, figure 2, de l'atlas zoologique du voyage de l'Uranie, sous le nom de *serran bourignon*.

Leur figure, faite d'après le frais, nous apprend que, pendant la vie, ce qui paraît brun était d'un bleu foncé et pur, et que les taches de la tête et des flancs étaient plus pâles que le fond.

Si l'on compare maintenant cette description à celle qui se trouve dans les manuscrits de Commerson, l'identité de l'espèce devient manifeste. Ce naturaliste plaçait ce poisson dans son genre *aspro,* qui correspond en général à nos percoïdes à dorsale unique; et voici la phrase par laquelle il le caractérise : *Aspro cærulescens, pinnis omnibus et cauda etiamnum basi luteis.* Tout le reste de la description, les nombres des rayons, ne conviennent pas moins exactement.

C'est d'après cette description que M. de Lacépède a établi son *holocentre jaune et bleu* (tome IV, p. 366, n.° 2).

Mais les dessins, qui appartenaient tout aussi clairement à cette espèce, ont donné lieu à en établir deux autres : le premier, fait au crayon et assez correct, mais où les écailles ne sont pas indiquées, est intitulé *aspro, vulgo platre faraud,* le *faret,* et est devenu l'*holocentre gymnose* (Lacép., t. IV, p. 367 ; et t. III, pl. 27, n.° 2); l'autre, qui est probablement fait d'après la peau séchée, est à la plume et enluminé de noir et de jaune. Les nombres des rayons n'y sont pas rendus exactement, et les dentelures du préopercule n'y sont pas marquées. Il a produit le *bodian grosse tête* (t. III, p. 474, et pl. 20, n.° 2).

C'est à l'Isle-de-France que Commerson a observé cette espèce en 1769; elle y portait le nom vulgaire de *dos jaune.* Il nous apprend qu'elle vit de crabes et de petits poissons, qu'elle avale en entier. Sa chair est estimée, et n'est point nuisible.

Le Mérou de Sonnerat.

(*Serranus Sonnerati,* nob.) [1]

Sonnerat nous a rapporté de Pondichéry ce serran, et quelque temps après M. Leschenault nous a mis à même de le mieux connaître par des individus en meilleur état, et accompagnés de notes instructives.

Le préopercule est arrondi; il n'y a que quelques crénelures vers son bord. Les trois épines de l'opercule sont très-fortes. Dans le sec, ce poisson ne paraît être que d'une seule teinte rougeâtre; mais selon M. Leschenault, qui l'a vu frais, il est d'un rouge très-vif, et a sur la tête des lignes bleues qui forment un réseau à mailles

---

1. *Perca rubra,* Sonnerat; *Sin panmi,* Leschenault.

rondes. Ces lignes paraissent encore un peu sur les poissons que ce voyageur nous a procurés. Les nageoires sont arrondies.

Voici les nombres de leurs rayons:

D. 9/15; A. 3/9; C. 15; P. 17; V. 1/5.

Nos individus n'ont pas plus d'un pied; mais M. Leschenault nous dit qu'il y en a de trois pieds. On prend cette espèce pendant toute l'année dans la rade de Pondichéry, où les pêcheurs la nomment *sin panni*. Elle est bonne à manger.

M. Dussumier nous en a rapporté deux individus de Ceylan, dont le corps est également d'un beau rouge; mais où le réseau bleu ne s'étend pas autant sur les joues. Leurs nageoires verticales sont lisérées de noir.

Le Mérou bordé.

(*Serranus marginalis,* nob.) [1]

Une espèce très-voisine est celle que Bloch a représentée pl. 328, fig. 1, sous le nom d'*epinephelus marginalis*. Déjà Seba en avait figuré un très-jeune individu à la planche 27, n.° 3, du tome III. Commerson en a rapporté des individus desséchés pris à l'Isle-de-France, et en a laissé un dessin fait sur le frais que M. de Lacépède a fait graver, t. IV, pl. 7, fig. 2, sous le nom d'*holocentre rosmare*, voulant par cette épithète fixer l'attention sur les deux dents canines de la mâchoire supérieure. Mais dans notre méthode ce caractère est devenu générique pour nos serrans. Il n'a pas d'ailleurs reconnu l'identité de ce dessin de Commerson avec la figure de l'*epinephelus marginalis* de

---

1. *Holocentre rosmare*, Lacép., t. IV, pl. 7, fig. 2 ; *Holocentrus marginatus*, ejusd.

Bloch, d'où il résulte que dans le même genre cette espèce revient une seconde fois comme *holocentrus marginatus*.

Les épines de l'angle du préopercule sont plus fortes qu'au précédent; l'épine moyenne de l'opercule est plus alongée, et en général le poisson est plus svelte. Les individus secs de Commerson paraissent pâles avec un bord noir à la membrane qui unit les rayons épineux de la dorsale; mais la figure nous apprend que dans l'état frais ils étaient d'un rouge clair.

M. Dussumier en a observé un à Ceylan, qui était d'un rouge pâle sur le dos et presque jaune-citron sous le ventre.

Les nombres des rayons sont:

D. 11/15; A. 3/10; C. 18; P. 17; V. 1/5.

La longueur est d'environ dix pouces.

Dans un voyage précédent, M. Dussumier l'avait trouvé aux îles Séchelles.

Bloch ne dit pas d'où il a eu son individu, et les couleurs dont il l'a peint sont imaginaires.

Le MÉROU OCÉANIQUE.

(*Serranus oceanicus*, nob.)[1]

Commerson a laissé un dessin fait au crayon rouge, représentant ce poisson pris à l'Isle-de-France,

d'une couleur rouge sur le dos, et s'affaiblissant jusqu'à devenir très-pâle sous le ventre. Cinq bandes nuageuses, d'un rouge plus foncé, descendent du dos sur les flancs; le bord de la partie épineuse est d'un rouge plus foncé.

Les nombres sont:

D. 11/16; A. 3/8; C. 16; P. 16; V. 1/5.

---

1. *Holocentre océanique*, Lacép., t. IV, pl. 7, fig. 3; *Perca fasciata*, Forskal. p. 40, n.° 39; *Holocentre Forskal*, Lacép., t. IV, p. 377.

M. de Lacépède a fait graver ce dessin sous le nom d'*holocentre océanique*.

Les individus desséchés par Commerson, et que nous croyons devoir rapporter à cette espèce, sont tellement décolorés, que nous ne pouvons plus y apercevoir aucunes traces de bandes transverses. Ils sont d'un blanc jaunâtre uniforme.

Leur longueur est de plus d'un pied.

M. Ehrenberg nous a donné un individu de la même espèce pris à Massuah, sur la mer Rouge.

Les épines de l'angle du préopercule sont un peu plus fortes encore que celles du précédent. Il y a six bandes verticales et l'apparence d'une bande oblique sur la joue. La dorsale est bordée de noir, et les nombres sont les mêmes que dans les individus de Commerson.

Nous croyons bien que c'est ce poisson que Forskal a décrit dans son *perca fasciata*.

Il le dit rouge, avec quatre bandes transverses blanches. Sur le bord de la dorsale, derrière chaque rayon épineux, est un petit triangle noir. Les parties molles de la dorsale et de l'anale sont bordées de jaune. Nous ne trouvons pas, à la vérité, ce caractère dans nos individus décolorés.

Forskal avait eu ce serran, pris à l'hameçon, au cap Mohammed.

Le Mérou petit zanana.

(*Serranus zananella*, nob.)

C'est ici que nous devons placer le poisson dont Commerson a laissé une figure, qui porte le nom de *petit zanana.* Elle a été faite au fort Dauphin de Madagascar, et M. de Lacépède l'a fait graver dans son ouvrage, t. III, pl. 27, fig. 1, sous le nom de *labre, que l'on doit vraisemblablement rapporter au guaze.* Il est impossible de douter, à la seule inspection de la figure, que ce ne soit un serran; ce qui est rendu plus certain par le nom d'*aspro* que Commerson a écrit sur le dessin.

Ce poisson, dessiné au crayon, est représenté rouge, un peu plombé sur le dos, avec la partie molle de la dorsale et de l'anale, la caudale et les pectorales noirâtres. Les ventrales sont rouges, bordées de noir.

Les nombres des rayons sont exprimés :

D. 9/17; A. 3/9; C. 13 (mais il est probable que le dessinateur en a oublié); P. 16.

Nous croyons que M. de Lacépède s'est tout-à-fait trompé quand il a rapproché ce dessin du *labrus guaze* de Gmelin, qui est établi d'après Lœfling.

Les nombres indiqués pour ce labre,

D. 11/16; A. 3/10; C. 15; P. 16; V. 1/5,

sont bien ceux des serrans; mais la phrase caractéristique ne donne aucun caractère qui puisse en fixer le genre avec quelque certitude, et l'espèce était des côtes de l'Amérique.

Le MÉROU ORANGÉ.

(*Serranus aurantius,* nob.)

M. Dussumier nous a rapporté des Séchelles un serran semblable aux précédens,

mais que son préopercule arrondi et sans épines rapproche du mérou de Sonnerat. Il n'a que neuf épines à la dorsale. Son corps et ses nageoires sont d'un rouge-orangé vif et sans aucunes taches ni bandes. L'individu est long de sept pouces.

Ses nombres sont :

D. 9/17 ; A. 3/8 ; C. 17, etc.

L'epinephelus ruber de Bloch, pl. 331 (*serranus ruber, nob.*), ne diffère de cet orangé que

parce que Bloch lui compte deux rayons épineux de plus à la dorsale et un rayon mou de moins, de sorte que les nombres sont :

D. 11/10 ; A. 3/9, etc.

Bloch lui donne pour patrie le Japon.

Le Mérou urodèle.

(*Serranus urodelus,* nob.) [1]

Forster a laissé, sous le nom de *perca urodela,* la description d'un serran pourpre d'Otaïti, dont Bloch a fait une variété du *bodianus miniatus* ou *perca miniata* de Forskal ; mais nous verrons que ce poisson de Forskal est une diacope. Ainsi le rapprochement de Bloch est tout-à-fait inexact. Nous avons retrouvé le dessin de l'espèce de Forster parmi ceux que ce voyageur a laissés dans la bibliothèque de Banks.

C'est un serran à préopercule arrondi, d'une belle couleur sanguine, un peu pourprée. Il y a sur la caudale deux traits obliques convergens à la pointe, et dont le bord est blanc.

Les nombres sont :

D. 9/15 ; A. 3/8 ; C. 17 ; P. 16 ; V. 1/5.

---

1. *Perca urodela,* Forster ; *Var. Bodiani miniati,* Bl., Schn., p. 333, n.° 10.

Le Mérou rose.

(*Serranus roseus*, nob.)

Nous avons trouvé parmi les dessins de Parkinson, de la
bibliothèque de Banks, la figure d'un serran également originaire d'Otaïti, qui doit être voisin de l'espèce précédente.

Le préopercule est arrondi; le corps est rose, ainsi que les nageoires, qui sont bordées de jaune. On ne peut y distinguer les
nombres des rayons.

Le Mérou a anale bordée.

(*Serranus analis*, nob.)

Une espèce très-voisine a été rapportée de la Nouvelle-
Irlande par MM. Lesson et Garnot.

Le corps paraît avoir été blanc-jaunâtre ou rosé, sans aucune
tache; les nageoires sont arrondies et jaunâtres; l'anale seule est
bordée d'un petit liséré noir ou violet foncé. Les dentelures du
préopercule sont presque effacées; les épines de l'opercule médiocres; les dents en cardes, longues; les nageoires arrondies.
Les nombres sont:

D. 9/13; A. 3/8; C. 17; P. 15; V. 1/5.

Longueur, sept pouces.

Le Mérou a dorsale bordée.

(*Serranus limbatus*, nob.)

MM. Quoy et Gaymard ont pris à l'île Guam, pendant
la relâche qu'y fit M. le capitaine Freycinet, un petit serran
long de deux pouces, dont le corps est un peu moins haut que celui
du précédent, et qui a le préopercule dentelé tout le long du bord.

L'angle fait une saillie, à cause d'une petite échancrure qui est au bas du bord montant, mais sans recevoir de tubérosité de l'interopercule : ainsi ce ne peut être une diacope. Les épines de l'opercule sont faibles; la caudale est coupée carrément. Le dos paraît avoir été rougeâtre; les flancs et le ventre argentés; les nageoires jaunes, et la dorsale bordée de noir sur toute la longueur.

D. 10/11; A. 3/9; C. 17, etc.

Le Mérou boelang.

(*Serranus boelang*, nob.)

Ce serran, originaire des mers de l'Inde, se distingue aisément de tous les précédens, parce qu'il n'a qu'une seule rangée de dents fines sur chaque palatin.

Le préopercule est arrondi, un peu festonné et finement dentelé. Les trois épines de l'opercule sont médiocres; celle d'en haut est écartée des deux autres. Les écailles sont ciliées; les nageoires arrondies et alongées.

Les nombres de leurs rayons sont assez particuliers :

D. 8/16; A. 3/8; C. 16; P. 14; V. 1/5.

La couleur de l'individu sec est d'un brun clair; les nageoires sont plus foncées. On ne voit aucune trace de taches.

Sa longueur est de sept pouces.

Une notice, écrite en hollandais derrière ce poisson, nous apprend qu'on le nomme en malais *ikan boelang boelang;* que sa chair est insipide : presque personne n'en mange. Il meurt au moment où on le tire de l'eau. Les écailles tiennent si peu à la peau, qu'elles tombent dès qu'on les touche. Quand il est mort depuis quelque temps, et qu'il commence à se pourrir, il prend une couleur vert-de-mer.

Je ne trouve pas dans Valentyn de figure qui puisse se

rapporter à cette espèce. Un poisson se trouve indiqué dans cet auteur sous le nom d'*ikan boelan;* mais, à en juger par la figure, ce doit être parmi les nombreuses espèces de Girelles (Julis) que nous pourrons le retrouver.

Le MÉROU PAILLE EN QUEUE.

(*Serranus phaeton,* nob.)

Nous ne pouvons découvrir dans les auteurs aucun indice de cette espèce, sans contredit la plus remarquable du genre, et que nous avons trouvée au Cabinet du Roi sans note sur son origine. C'est ici que nous croyons devoir la placer, à cause de la faiblesse de ses dents palatines, qui nous paraît la rapprocher du boelang; mais sa queue la distingue de tous les poissons connus jusqu'à présent.

Les deux rayons du milieu de la caudale, qui est fourchue, se prolongent chacun en un filament presque aussi long que le corps, et sont retenus ensemble par une membrane qui leur sert de fourreau; les autres rayons de la caudale sont forts et comprimés; les dentelures du préopercule sont extrêmement fines. Les épines de l'opercule sont faibles; l'inférieure est à peine visible. Il y a deux canines fortes, mais courtes, à la mâchoire supérieure, et les dents palatines et vomériennes sont fines, très-peu sensibles. Les pectorales sont arrondies; elles paraissent noires. La dorsale est un peu mutilée. Nous ne pouvons rien dire sur la couleur de ce poisson, dont le Cabinet du Roi ne possède qu'un seul individu, sec et tout décoloré. On ignore sa patrie.

Voici ses nombres :

D. 9/11? A. 3/9; C. 14; P. 17; V. 1/5.

Longueur, six pouces, sans le filet de la queue.

Ici finissent les serrans analogues au mérou dont le corps est d'une couleur uniforme, ou marbrée et nuageuse.

La mer des Indes en possède d'autres dont le corps est
marqué de raies, ou de bandes, ou de grandes marbrures, soit longitudinales, soit transversales; la plupart
ont, comme le mérou, d'assez fortes dentelures à l'angle
du préopercule.

L'une des plus belles de ces espèces, et celle que nous
placerons en tête de leur série, a été publiée par Russel,
et quelques autres sont déjà dans l'ouvrage de Bloch;
mais il y en a aussi plusieurs nouvelles.

Le Mérou élégant.

(*Serranus formosus,* nob.) [1]

M. Leschenault nous a envoyé de la côte de Coromandel
ce beau serran, reconnaissable aux couleurs vives dont son
corps est peint.

C'est un fond orangé ou roux, avec des bandes bleues, lisérées
de brun, obliques sur la joue et l'opercule, où il y en a six, longitudinales et un peu irrégulières sur le corps, où l'on en compte
quatorze ou quinze; la dorsale et l'anale en ont chacune quatre
ou cinq. Les trois épines de l'opercule sont très-fortes; les dentelures du préopercule fines; les nageoires arrondies.

Les nombres de leurs rayons sont:

D. 9/18; P. 15; V. 1/5; A. 3/9; C. 17.

M. Leschenault nous dit qu'il s'appelle à Pondichéry
panne mine, dénomination qui signifie *poisson-cochon,*
et qui se donne à plusieurs espèces voisines.

Il atteint souvent quatre pieds de long, et sa chair est
de bonne qualité.

---

1. *Rahtee bontoo,* Russ., pl. 129; *Sciœna formosa,* Shaw, *Zool. Misc.,* p. 23,
pl. 1007.

Russel, à la planche 129, a représenté cette espèce, qui porte à Madras le nom de *Rahtee bontoo*. Le poisson, selon lui, est très-brillant au moment où on le tire de l'eau; mais ses couleurs se ternissent peu après la mort. D'après sa description,

les narines sont d'un bleu pâle; les lèvres sont tachetées de bleu plus foncé. Des bandes bleu-d'azur alternent sur les côtés avec des bandes jaunes.

La partie épineuse de la dorsale est bleu-pâle, bordée de jaune; toutes les autres nageoires sont bleu-d'azur, avec des bandes jaunes très-foncées.

Shaw, dans sa compilation du *Zoological Miscellany*, à la planche 1007, a donné une copie de la figure de Russel, et il l'a enluminée d'après la description que nous venons d'analyser. Il l'a appelée *sciæna formosa;* mais il s'en faut beaucoup que ce soit une sciène.

Tout récemment nous venons d'en recevoir de beaux individus que M. Dussumier a pris dans la rade de Goa.

Il nous apprend que les couleurs du poisson frais sont le vert et l'orangé.

Le MÉROU RAYÉ.

(*Serranus lineatus*, nob.)

M. Leschenault nous a aussi envoyé ce serran de Pondichéry.

L'épine supérieure de l'opercule est à peine visible; les deux autres sont bien distinctes. La nageoire caudale est arrondie; la couleur du corps des deux individus que nous avons conservés en peau séchée, est brune. Il y a le long des côtés du dos quatre à cinq lignes noirâtres, qui sont bleues dans le frais. Elles disparaissent quelquefois, suivant M. Leschenault.

Les nombres des rayons sont:

D. 11/18; P. 16; V. 1/5; A. 3/9; C. 15.

Les individus de M. Leschenault ont un pied environ de long; mais, selon cet observateur, l'espèce atteint quatre pieds.

Les indigènes l'appellent *panne mine,* comme l'espèce précédente.

On trouve abondamment celle-ci pendant toute l'année dans les endroits rocailleux de la rade de Pondichéry.

Le Mérou nébuleux.

(*Serranus nebulosus,* nob.)

Nous indiquons sous ce nom un serran,

dont le corps et la tête sont alongés, et dont la couleur fauve est faiblement nuagée de brun. La joue est brune, avec quelques traces de traits bruns obliques; deux à trois taches brunes arrondies occupent le subopercule. Les dentelures du préopercule sont fortes à l'angle, qui est presque droit. Les trois épines de l'opercule sont grêles; celle du milieu est la plus longue. Le bord membraneux est très-large, et se prolonge en une pointe fort aiguë. La pectorale et la caudale sont arrondies.

Les nombres des rayons sont:

D. 11/15; A. 3/8; C. 16; P. 18; V. 1/5.

La longueur du seul individu que nous possédons, et qui est desséché, est de huit pouces.

Son origine ne nous est pas connue.

Le MÉROU TIGRÉ.

(*Serranus tigrinus*, nob.; *Hol. tigrinus*, Bl.)[1]

Ce serran a été représenté par Seba, et le Cabinet du
Roi possède l'individu même qui a servi de modèle à sa
figure. M. Valenciennes en a acheté un autre à Amsterdam,
de la même taille, et exactement semblable en tout point
à celui du cabinet de Seba.

Ils ont trois pouces et demi de long. Le corps est alongé et couvert d'écailles âpres à leur bord. La dentelure du préopercule est
fine et égale sur tout le bord de cet os, qui est arrondi. Les trois
pointes de l'opercule sont très-grêles et peu visibles. Ce serran a,
sur un fond brunâtre, sept bandes transverses noires, et entre ces
bandes des taches oblongues d'un noir un peu moins foncé. Les
joues, les lèvres et le dessous de la mâchoire inférieure, sont
tachetés de bleu. Le sommet de la tête est bleu-pâle, avec des
points bleuâtres. Une bande de taches noires court devant et derrière l'œil. Sur la dorsale on voit une série de points noirs à l'extrémité de chaque rayon épineux, et sur la partie molle ces points
s'alongent en bandes obliques. Une grande tache est sur le devant
de la dorsale, du troisième au cinquième rayon épineux. L'anale
est rousse et n'a que quelques petits points noirs sur les derniers
rayons mous. La caudale est tachetée de gros points noirs, disposés
sur quatre bandes transverses. Les pectorales et les ventrales sont
rousses, sans aucunes taches.

On compte aux nageoires les nombres suivans pour les rayons:

D. 10/12; A. 3/8; C. 15; P. 14; V. 1/5.

Nous avons lieu de croire que ce poisson vient des mers
de l'Inde.

---

1. Seb., t. III, pl. 27, fig. 5; Bl., 237.

Bloch en a donné, pl. 237, une figure assez exacte. La caudale est seulement plus échancrée que dans les individus que nous avons sous les yeux; et le sien étant décoloré, il a rendu le fond de la couleur du corps d'un blanc pur.

Bloch croit devoir rapporter à cette espèce le *markekoe* de Valentyn, n.° 135, dont on trouve aussi une figure dans Renard, fol. 6, fig. 45, sous le nom de *marquille*. Ce *mar-kekoe* a, selon Valentyn, la tête bleu de ciel, et le corps, ainsi que les nageoires, d'un beau jaune doré, avec des taches brunes nuageuses sur le corps. Rien n'égale sa beauté, et sa chair est délicate.

Bloch ajoute que Klein a laissé une figure de cette espèce qu'il range parmi les perches. Cette citation est inexacte : Klein l'a placée dans un genre monstrueux qu'il nomme *crochilus*, et qu'il caractérise par l'absence des dents : *ore edentulo,* mais les six espèces qu'il y rapporte sont toutes pourvues de dents, et appartiennent à des genres et même à des familles très-différentes. La première est notre amphiprion selle; la seconde, un pomacentre; la troisième, un blennie; la quatrième, probablement notre serran actuel, bien que sa figure soit très-mauvaise ; la cinquième est une girelle, et la sixième un percoïde indéterminable.

Le Mérou lancéolé.

(*Serranus lanceolatus,* nob.; *Holocentrus lanceolatus,* Bl.)

On trouve aussi dans la rade de Pondichéry le serran que Bloch a décrit parmi ses holocentres, et qu'il a fait graver à la pl. 242, fig. 1, sous le nom d'*holocentrus lanceolatus*.

Il le fait venir du Japon, mais sans nous dire d'après quelle autorité.

Cette espèce est reconnaissable au premier aspect parmi ses congénères, à cause de la disposition bien tranchée de ses couleurs. Elle a sur un fond blanc cinq bandes verticales brunes, bordées de brun plus foncé. La première traverse obliquement la partie antérieure de la tête; la seconde, qui est sur l'opercule, se joint à la troisième au-devant de la dorsale. Il y a des taches brunes, presque noires, sur la partie molle de la dorsale et sur la caudale. Il y en a aussi sur la pectorale, où elles sont disposées suivant deux lignes courbes concentriques. Les nageoires, excepté les ventrales, sont arrondies.

Les nombres des rayons des nageoires sont :

D. 11/14; P. 14; V. 1/5; A. 3/10; C. 17.

M. Leschenault nous dit que les bandes sont noires pendant la vie, et que les nageoires sont agréablement marbrées de jaune et de noir.

Cette espèce porte, comme plusieurs autres, le nom de *panne mine,* et les pêcheurs indiens croient que c'est le jeune d'une plus grande espèce que nous décrirons bientôt sous le nom de *serranus salmonopsis;* mais, outre que M. Leschenault, qui a vu les deux espèces pendant leur vie, doute de leur identité, nous croyons nous-mêmes qu'elles sont différentes, attendu que nous comptons un rayon de plus à la dorsale et deux de moins à l'anale de celle-ci, et que nous n'y voyons aucun indice des taches noires que nous avons observées sur le salmonopsis, quoique les deux individus que nous avons comparés soient de même taille.

Russel a aussi observé ces deux espèces à Vizagapatam, et il les a figurées toutes deux dans son bel ouvrage. Celle qui fait l'objet du présent article est représentée à la planche 13o, sous le nom de *suggalahtoo bontoo*. Selon cet observateur, le fond du poisson est jaune, avec des bandes presque noires. Les lèvres sont tachetées de jaune et de noir.

Sa longueur est de onze pouces.

Les nombres des rayons sont très-semblables à ceux que nous avons comptés.

D. 11/14; A. 3/8; C. 18; P. 18; V. 1/5.

Le Mérou oriental.

(*Serranus orientalis*, nob.; *Anthias orientalis*, Bl.)

Nous croyons devoir rapprocher de ce mérou lancéolé *l'anthias orientalis*, que Bloch a représenté à la planche 326, et dont M. de Lacépède a fait son *lutjanus aurantius* (t. IV, p. 239).

Ce poisson a le front plus bombé qu'aucune des espèces précédentes. Le fond de la couleur est orangé, avec de grandes marbrures noires.

Les nombres des rayons, d'après Bloch, sont :

D. 12/15; A. 3/7; C. 18.

Il dit de cette espèce, comme de tant d'autres, qu'elle habite les mers du Japon.

Le Mérou a deux épines.

(*Serranus diacanthus*, nob.)

M. Dussumier vient de nous rapporter de la côte de Malabar un serran reconnaissable aux deux fortes épines de l'angle du préopercule.

Le bord membraneux de l'opercule se prolonge en un angle fort aigu. Il y a deux fortes épines et une troisième supérieure, à peine sensible. Le bord montant du préopercule est fortement dentelé, et l'inférieur lisse, sans dentelures ni épines.

Les nombres des rayons sont :

D. 11/15; A. 3/8; C. 17; P. 16; V. 1/5.

Frais, ce poisson est blanchâtre, et son corps est traversé par cinq bandes verticales fauves. Le dessous de la tête et de la gorge est rosé; les pectorales sont roses, et les autres nageoires noirâtres. La caudale est carrée; les autres sont arrondies.

Nos plus grands individus ont sept à huit pouces.

Le Cabinet du Roi possède une peau desséchée d'un poisson semblable à ceux de M. Dussumier, mais dont la queue est tachetée de nombreux points noirâtres. Nous le regardons comme une variété.

Le Mérou a queue rouge.

(*Serranus erythrurus*, nob.)

Une autre espèce du Malabar, que nous devons aux soins éclairés du même naturaliste,

a le dos et le dessus de la tête verdâtres, variés de rouge; le dessous du corps blanc argenté; la dorsale verdâtre; les pectorales, les ventrales et l'anale jaunes; la nageoire de la queue rouge. Les joues sont assez renflées. Le bord du préopercule est arrondi, finement dentelé sur sa portion verticale et lisse sur sa portion horizontale.

Les nageoires sont arrondies.

Les nombres des rayons sont :

D. 11/16; A. 3/9; C. 17; P. 17; V. 1/5.

Notre individu est long de huit pouces; mais les pêcheurs ont dit à M. Dussumier que l'espèce dépasse souvent trois pieds.

Le Mérou oxyrhinque.

(*Serranus oxyrhynchus*, nob.)

Nous avons un serran de l'ancienne collection du Cabinet du Roi, qui se distingue par son museau beaucoup plus pointu qu'à aucun des précédens.

La dentelure de son préopercule est fine et à peu près imperceptible.

Il paraît avoir eu sur le corps sept bandes transverses. Un trait longitudinal va de l'œil à l'angle de l'opercule, et un autre oblique descend de ce point le long du bord de l'opercule. Une tache oblongue est sur le milieu de l'opercule.

On ne voit pas de taches sur la queue.

La caudale est carrée, et les nombres des rayons sont:

D. 10/14; A. 3/8; C. 17; P. 13; V. 1/5.

Le Mérou hérissé.

(*Serranus horridus*, K. et Van H.)

Les infortunés Kuhl et Van Hasselt ont envoyé au Musée royal des Pays-Bas un très-grand mérou de Java,

dont le corps est d'un brun olivâtre, marbré de brun. La tête est couverte d'un grand nombre de petites taches brunes. La dorsale est aussi olivâtre, marbrée et tachetée de brun. Ses épines sont très-grosses et assez longues. L'anale est marquée de cinq à six raies brunes sur un fond olive. La caudale est arrondie et tachetée de gros points bruns. Les pectorales sont arrondies et portent sept raies brunes, transverses, sur un fond olive; leur base est tachetée de petits points bruns. Le chanfrein de cette espèce est assez relevé.

Ses nombres sont:

D. 11/15; A. 3/8; C. 17; P. 16; V. 1/5.

Nous en avons vu des individus dans le Musée de Leyde, qui ont près de deux pieds et demi de long.

Le MÉROU GÉOGRAPHIQUE.

(*Serranus geographicus,* K. et V. H.)

Une autre espèce des mêmes mers, dont la connaissance est aussi due au zèle de ces naturalistes,

a le corps brun, marbré de grandes taches brunes plus foncées. La partie épineuse de la dorsale offre une grande tache triangulaire à la base de chaque rayon. La membrane est aussi bordée de brun. Le fond de la nageoire est jaune olivâtre; la partie molle est un peu plus orangée : elle a deux bandes brunes, longitudinales, à la base, et le haut tacheté de gros points bruns. L'anale est orangée, irrégulièrement rayée de brun. La pectorale et la caudale sont rayées de brun à leur base, et tachetées sur l'autre moitié; les ventrales sont olive, tachetées de brun.

Ce serran a le profil moins élevé; les dentelures du préopercule plus fortes. Toutes les nageoires sont arrondies, et leurs épines sont plus faibles que dans le précédent.

Les nombres sont :

D. 11/17; A. 3/10; C. 17, etc.

Nous avons vu les individus conservés à Leyde : ils ont de dix-neuf à vingt pouces.

Le MÉROU RÉTICULÉ.

(*Serranus reticulatus,* K. et V. H.)

Les mêmes voyageurs ont encore envoyé de l'île de Java un serran beaucoup plus petit,

dont le corps est brun clair, chargé de petits croissans dont la convexité est du côté du ventre, et qui sont de couleur brune assez foncée. La tête est brune, sans tache; les nageoires sont brunes, tachetées de nombreux points bleus. L'iris est jaune, et la pupille bleu très-foncé.

Les nombres sont :

D. 11/17; A. 3/9, etc.

La tête est assez grosse. La dorsale et l'anale finissent en pointe peu aiguë; la caudale et les pectorales sont arrondies. Les épines de la dorsale sont longues et grêles. Ce poisson, conservé dans le Musée de Leyde, a près de dix pouces de longueur.

Nous voici arrivés à parler d'un grand nombre de serrans de l'Océan indien, dont le corps est semé de taches assez grandes et serrées, et que la ressemblance de leurs couleurs a souvent porté à confondre les uns avec les autres; dont plusieurs aussi ont été reproduits sous des noms différens par les compilateurs, et c'est ce qui nous a engagés, pour en faciliter la distinction, à les présenter ensemble, malgré quelques différences dans les dentelures de leur préopercule.

Nous placerons cependant en tête de leur liste une espèce qui se distingue éminemment par la hauteur de sa dorsale et de son anale, et qui, de plus, n'a aux palatins, comme le *boelang* et le *paille-en-queue,* qu'une rangée de très-petites dents. C'est

Le Mérou a hautes voiles.

(*Serranus altivelis,* nob.)

Il n'a qu'un groupe de dents en cardes sur le chevron du vomer; celles des palatins sont à peine sensibles. Aux mâchoires, les dents sont en carde, et on peut appeler canines deux dents courtes, mais un peu plus grosses que les autres, que l'on remarque sur le devant de la mâchoire inférieure.

2.   31

Son museau est alongé et pointu. Son opercule a trois épines plates, dont l'inférieure est à peine sensible. Son préopercule est finement dentelé sur les bords, un peu échancré près de l'angle, et à l'angle même on observe deux ou trois dents écartées, un peu plus grosses que les autres. Le bord membraneux de l'opercule se prolonge en pointe assez aiguë.

Les pectorales sont longues et arrondies ; la dorsale est plus élevée que dans aucune autre des espèces de serrans, et égale ou surpasse même le corps en hauteur ; l'anale est aussi plus haute qu'à l'ordinaire ; la caudale est ronde.

Je trouve pour les nombres des rayons :

D. 10/19 ; A. 3/10 ; C. 17 ; P. 16 ; V. 1/5.

La couleur du poisson est fauve sur tout le corps ; les nageoires ont une légère teinte noirâtre ; de grosses mouches rondes, d'un roux très-foncé ou presque brunes, couvrent la tête, le corps et les nageoires. Celles des pectorales et des ventrales sont un peu plus petites que les autres.

Cette espèce vient des mers de Java, d'où MM. Kuhl et Van Hasselt en ont envoyé des individus au Musée royal des Pays-Bas.

Le Cabinet du Roi en possède depuis long-temps un qui porte le nom hollandais de *Jacob Evertsen,* ainsi que les marins de cette nation ont coutume d'appeler dans l'Inde tous les poissons tachetés.

Je ne trouve dans aucun auteur l'indice que cette espèce ait déjà été décrite.

Le Mérou merra.

(*Serranus merra*, nob.; *Epinephelus merra*, Bl.) [1]

L'espèce la plus connue et la plus commune de ces mérous tachetés est déjà figurée dans Seba d'une manière reconnaissable.

Forskal l'a décrite dans la mer Rouge, sous le nom de *perca tauvina*, d'après son nom arabe; et Bloch, tout en établissant, d'après Forskal, un *holocentrus tauvina*, a reproduit l'espèce sous le nom d'*epinephelus merra*.

Cette épithète de *merra*, qu'il lui affecte probablement d'après l'étiquette de son échantillon, n'est point, comme on pourrait le croire, un nom particulier d'espèce, mais un adjectif malais (*merah*), qui signifie rouge, et qui se donne comme épithète à beaucoup de poissons de cette couleur.

Il ne peut, par conséquent, appartenir à celle-ci, qui est brune ou violette, et en effet, dans le grand nombre de celles auxquelles Valentyn l'applique, il n'en est aucune qui ressemble au serran dont nous parlons ici. Nous le lui laisserons toutefois comme devenu insignifiant par l'emploi qui en a été fait, et parce qu'il est consacré par la figure de Bloch.

Ce merra ressemble assez à un jeune mérou. Ses mâchoires sont couvertes de petites écailles. Le préopercule est arrondi, et a quelques dentelures un peu plus fortes vers l'angle. Les épines de l'opercule sont très-pointues. Les écailles sont petites et ciliées. Toutes les nageoires sont arrondies.

Les nombres des rayons sont:

D. 11/16; A. 3/7; C. 17; P. 14; V. 1/5.

---

1. *Perca tauvina*, Forsk.; *Holocentre merra* et *Holocentre tauvin*, Lacép.; *Epinephelus merra*, Bl., pl. 329.

Tout le corps et les nageoires sont couverts de taches brunes : celles du corps sont plus larges, rondes et de même grosseur. M. Dussumier, qui a vu ce poisson aux Séchelles, dit que frais le fond de sa couleur est blanc jaunâtre; les taches sont de couleur marron, et les nageoires, verdâtres, sont aussi semées de points marron.

Klein[1] et Seba avaient ce poisson dans leurs collections; mais leurs figures ne montrent pas les dentelures du préopercule. Celle de Bloch est plus exacte : le préopercule est seulement trop arrondi, et il a mis des taches sur la partie épineuse de la dorsale, ce qui n'est pas dans la nature : il n'y en a que sur la partie molle. Il compte d'ailleurs un rayon épineux de moins à cette nageoire; mais dans son système posthume, il en marque le même nombre que nous. Le Japon est la patrie qu'il indique pour ce poisson, ainsi qu'il l'a fait trop souvent pour des poissons de l'Inde; mais il est certain que l'espèce habite toute la mer Orientale.

Outre le témoignage de Forskal, nous avons pour la mer Rouge celui de M. Geoffroy. MM. Quoy et Gaymard l'ont rapportée des îles de Waigiou et de Timor; MM. Leschenault et Mathieu, de l'Isle-de-France et de l'île de Bourbon; M. Dussumier, des Séchelles, etc. On la nomme *vieille* aux Séchelles et à Bourbon; mais M. Dussumier remarque que ce nom est donné par les colons français à tous les poissons tachetés qui ressemblent un peu à celui qui fait le sujet de cet article.

Un individu de l'île de Bourbon, rapporté par M. Leschenault, a ses taches de couleur violette, ce qui pour-

---

1. Klein, *Miss.*, t. V, p. 43, tabl. 8, 3; Seb., t. III, pl. 27, n.° 6.

rait bien être quelquefois sa véritable teinte à l'état frais.

Une variété assez constante de cette espèce, dont nous avons reçu plusieurs échantillons, présente

des raies brunes interrompues, formées par la réunion de plusieurs taches des flancs. Ce sont d'ailleurs les mêmes points sur les nageoires : celles-ci sont arrondies, et le nombre de leurs rayons est le même.

Péron avait rapporté un individu de cette variété de Timor ; et MM. Lesson et Garnot en ont trouvé à l'île Borabora, l'une de celles de la Société, et à celle d'Oualan, l'une des Carolines.

Le Mérou de Parkinson.

(*Serranus Parkinsonii*, nob.)

Nous avons vu parmi les dessins de Parkinson une espèce qui porte le nom de *perca maculata,* et qui doit être bien voisine de notre merra.

Ses formes sont les mêmes. Le corps est jaune, tacheté de points rouges rembrunis. Les nageoires sont arrondies. La pectorale est couverte de points ronds ; mais la partie molle de la dorsale, au lieu d'être tachetée, est rayée obliquement.

Il y a douze épines à la dorsale et trois à l'anale. Le nombre des rayons mous n'est pas indiqué.

Le Mérou ruche.

(*Serranus faveatus*, nob.)

Nous avons à placer ici un mérou que nous avons cru devoir appeler *serranus faveatus.* Cette espèce, que nous ne trouvons pas indiquée dans les nomenclateurs, aura sans doute été confondue par eux avec le merra. Elle paraît aussi commune que le merra, et doit venir, comme lui, des mers de l'Inde. Commerson en a laissé plusieurs individus pris sur les côtes de l'Isle-de-France. M. Leschenault en a rapporté de Ceylan, où l'espèce se nomme *pouli kalava*.

Ses formes sont celles du merra, et la couleur de ses taches est la même; mais elles sont autrement disposées. Leur nombre est beaucoup moindre; leur largeur plus grande : il n'y en a guère plus de seize sur une ligne longitudinale, depuis l'ouïe jusqu'à la queue; elles sont presque toutes hexagonales, et forment sur le corps du poisson un réseau semblable à un gâteau d'abeilles. Le long de la base de la dorsale on en voit quatre grosses plus foncées que les autres, et une impaire sur le dos de la queue.

D. 11/16; A. 3/8; C. 17; P. 16; V. 1/5.

Longueur, dix pouces.

Le MÉROU A TACHES HEXAGONES.

(*Serranus hexagonatus*, nob.)[1]

Commerson avait laissé parmi ses poissons desséchés la peau d'une espèce très-voisine des deux précédentes, que les naturalistes de l'expédition de M. Duperrey ont retrouvée à l'île Borabora et à l'île d'Oualan.

Le corps est couvert de taches nombreuses et serrées, le plus souvent hexagonales. Elles sont séparées par un réseau de points ou de lignes blanchâtres. Le long de la base de la dorsale on voit quatre grosses taches noirâtres de chaque côté, une impaire au-

---

1. *Perca hexagonata*, Forster.; *Holocentrus hexagonatus*, Bl., Schn.

devant de la nageoire, et une autre derrière, sur le dos de la queue. Les nombres sont peu différens.

D. 11/16; A. 3/8; C. 17; P. 19; V. 1/5.

Le second rayon de l'anale est long et pointu.
Nous en avons des individus de neuf pouces.

Nous avons tout lieu de croire que c'est ce poisson que Forster a décrit à Otaïti sous le nom de *perca hexagonata*, et dont Bloch a fait un holocentre. Ce voyageur dit que le corps est semé de taches jaunâtres hexagonales, et qu'à chaque angle on voit un point blanc verdâtre. Les nombres s'accordent bien. Les insulaires d'Otaïti nomment l'espèce *terao*.

Le MÉROU A TROIS TACHES.

(*Serranus trimaculatus*, nob.)

C'est à côté de cette espèce que nous devons parler du poisson que nous voyons figuré à la planche 64, fig. 2, dans l'atlas du Voyage autour du monde, commandé par l'amiral Krusenstern. Il s'y nomme *epinephelus* du Japon.

Le corps est brun-rose, sous un réseau brun noirâtre. Deux taches noires sont à la base de la partie molle de la dorsale, et une impaire sur le dos de la queue. La gorge, le limbe du préopercule et les nageoires dorsale, anale et pectorale sont jaunes.

Autant que l'on en peut juger par la figure, les nombres sont :

D. 9/15; A. 3/10.

Le Mérou ura.

(*Serranus ura*, nob.)

M. Langsdorf a rapporté du Japon, et placé dans le Cabinet de Berlin, un mérou que M. le professeur Lichtenstein a bien voulu nous communiquer. Son nom japonais est *ura*.

Son préopercule est arrondi, et finement et également dentelé sur le bord. L'épine supérieure de l'opercule est presque nulle. Les nageoires sont arrondies : elles sont, comme tout le corps, couvertes de taches brunes un peu jaunâtres.

Les nombres sont :

D. 11/17; A. 3/8; C. 17; P. 16; V. 1/5.

L'individu est long de neuf pouces.

Le Mérou maculé.

(*Serranus maculosus,* nob.)

Nous rapprochons encore du merra l'espèce que nous nommons *serranus maculosus*.

Elle a la tête plus alongée. La partie épineuse de la dorsale est aussi haute que la partie molle. La pectorale nous paraît à proportion plus alongée que dans le merra. L'épine supérieure de l'opercule est à peu près nulle.

La couleur de l'individu, qui est conservé depuis très-longtemps dans l'alcool, est à peu près fauve clair, parsemé de gros points ronds, serrés, un peu plus fauves.

La dorsale est fauve, sans aucunes taches. Sa partie épineuse est bordée de noir. La caudale est arrondie, noirâtre à la pointe, et n'offre aucune trace de taches; les autres nageoires en sont également privées. Les ventrales et l'anale sont légèrement colorées de brun, et les pectorales sont pâles.

D. 11/15; A. 3/8; C. 15; P. 16; V. 1/5.

Nous ignorons la patrie de cette espèce que le Cabinet du Roi possède depuis très-longtemps.

Le Mérou pantherin.

(*Serranus pantherinus,* nob.; *Holocentrus pantherinus,* Lacép., t. III, pl. 27, fig. 3.)

On doit placer ici l'holocentre pantherin, que M. de Lacépède a décrit d'après un dessin de Commerson fait au fort Dauphin de Madagascar.

Dans ce dessin, seul document d'après lequel nous puissions en parler, la partie épineuse de la dorsale est représentée plus basse que la partie molle, comme cela a lieu dans la nageoire du dos du merra. La tête, le corps et la queue sont seules couvertes de taches rondes. Les nageoires n'en offrent aucune trace.

Cette différence entre les deux dorsales, et quelque dissemblance dans le nombre des rayons des nageoires du dos et de l'anus, nous empêchent de rapporter ce pantherin à aucune de nos espèces précédentes.

Commerson dit en note que le poisson était brun, tout couvert sur le corps de taches lenticulaires ferrugineuses, mais sans aucunes taches sur les nageoires.

Les nombres des rayons sont :

D. 10/14; A. 3/11; P. 16—18.

Le Mérou bontoo.

(*Serranus bontoo*, nob.)

Le poisson que Russel a représenté, pl. 128, sous le nom de *mandinawa bontoo,* est aussi très-voisin de notre *serranus maculosus.*

Ses nageoires arrondies n'ont pas de taches. Le corps est gris noirâtre, tacheté de gros points noirs ou bruns très-foncés, irrégulièrement disposés. L'iris de l'œil est d'un beau vert d'émeraude.

Ce poisson est rare à la côte de Vizagapatam. Les pêcheurs ont assuré à M. Russel qu'il ne dépassait jamais treize pouces.

D. 11/16; A. 3/9; C. 17; P. 18; V. 1/5.

Le Mérou cochon.

(*Serranus suillus*, nob.) [1]

M. Leschenault a envoyé de la côte de Coromandel deux individus d'une espèce que les pêcheurs indigènes confondent avec beaucoup d'autres de ce genre sous le nom de *panne mine* ou *poisson cochon.* Elle habite sur les côtes rocailleuses, et on là prend facilement à la ligne.

Son corps est couvert de grosses taches orangées sur un fond gris. Il y a quelques-unes de ces taches sur l'anale, sur les ventrales et sur la pectorale; mais il n'y en a point sur la dorsale, ni sur la caudale, qui est arrondie. Une large bande brune règne sur le milieu de la dorsale. Les épines de l'angle du préopercule sont très-fortes.

Les nombres sont :

D. 11/15; A. 3/8; C. 16; P. 18; V. 1/5.

---

1. *Bontoo*, Russ., CXXVII.

M. Russel a aussi vu cette espèce à Vizagapatam, où les pêcheurs la nomment *bontoo*. Il dit que le corps est cendré, tacheté de jaunâtre ou de brun. Ses individus avaient un pied huit pouces de longueur.

Le Mérou du corail.

(*Serranus corallicola*, K. et V. H.)

MM. Kuhl et Van Hasselt ont envoyé au Musée royal des Pays-Bas un serran

dont le corps brun olivâtre et les nageoires verdâtres sont chargés de gros points bruns. L'iris de l'œil est jaune.

D. 10/18; A. 3/10, etc.

La caudale est arrondie; la dorsale et l'anale le sont moins. Longueur, sept pouces et demi.

Le Mérou léopard.

(*Serranus leopardus*, nob.; *Labrus leopardus*, Lacép.)[1]

Commerson a seul recueilli cette espèce, et en a laissé des individus secs et un fort joli dessin.

La forme de son corps est en général celle de ses congénères. Ses canines supérieures et inférieures sont fortes; les dentelures du préopercule sont très-fines, et l'opercule a trois pointes plates, dont celle du milieu est la plus forte. Les nageoires sont arrondies.

D. 9/14; A. 3/9; C. 17; P. 16; V. 1/5.

A l'état sec, il paraît d'une couleur plus foncée sur le dos que sur le ventre. Il y a des traces presque insensibles de taches rondes plus pâles, semées sur tout le corps, principalement sur la tête, la

---

1. *Labre léopard*, Lacép., t. III, pl. 3o, fig. 1.

poitrine et le ventre. Une bande brune traverse la tempe. A l'extrémité de cette bande, auprès de l'opercule, il y a une tache un peu
plus foncée; une et quelquefois deux taches noires existent sur la
queue, derrière la dorsale. Il y a une bande oblique sur le haut de
la caudale, et une plus pâle sur le bas de cette même nageoire.

Dans le dessin de Commerson, les taches sont rouges, ainsi que
la bande inférieure de la caudale.

La partie épineuse de la dorsale est bordée de rouge, et une
tache rouge se trouve en avant de chaque aiguillon, au tiers inférieur de la hauteur. La partie molle de la dorsale et de l'anale est
bordée d'une bandelette rouge, lisérée de brun; et il y a deux rangs
de gros points rouges, semblables à ceux du corps.

M. de Lacépède, ayant examiné ce dessin, crut que le
poisson représenté appartenait au genre des labres, et
il le publia sous le nom de *labre léopard* (t. III, p. 517,
pl. 30, fig. 1), quoique le dessin indique d'une manière
évidente les épines de l'opercule, caractère qui aurait dû
au moins le faire placer dans le genre des bodians, et
nous nous sommes assurés de plus que le préopercule a
de fines dentelures. Nous n'avons trouvé dans les manuscrits de Commerson aucune note relative à ce dessin,
en sorte que nous ignorons entièrement la manière de
vivre de ce mérou, et même sa patrie.

Le Mérou a joues tachetées.

(*Serranus spiloparæus*, nob.)

Nous avons également trouvé parmi les poissons secs
que nous devons au zèle de Commerson, l'espèce qui fait
le sujet de cet article. Ce savant voyageur ne l'avait probablement pas distinguée de la précédente; car nous n'en

trouvons aucun indice, ni parmi ses manuscrits, ni parmi ses beaux et nombreux dessins.

Ses formes sont entièrement semblables à celles du léopard; mais nous croyons devoir l'en séparer, à cause de la différence du nombre des rayons, jointe à une différence plus grande dans les couleurs.

Le corps est d'un brun plus foncé; les taches sont brunes, nombreuses et bien marquées sur les joues, mais à peine visibles sur le corps. La bande brune de la tempe du léopard, ainsi que les taches noires de la queue, manquent dans cette espèce. La caudale n'offre aucune trace des bandes brunes et rouges que nous avons observées sur celle du léopard.

Ces différences nous ont paru caractériser assez bien cette espèce, dont les nombres des rayons des nageoires sont:

D. 9/12; A. 3/8; C. 15; P. 18; V. 1/5.

Nous ignorons la patrie de ce mérou.

Le MÉROU A NAGEOIRES NOIRES.

(*Serranus nigripinnis*, nob.)

C'est encore parmi les collections de Commerson que nous avons découvert cette nouvelle espèce de mérou, sur laquelle il n'a laissé aucune indication; en sorte que nous en ignorons la manière de vivre et la patrie.

Elle ressemble aux précédentes pour les formes; mais, sur un fond brun, son corps est semé de taches petites, nombreuses et serrées, qui, à l'état sec, paraissent blanches.

On en remarque un plus grand nombre vers la région antérieure.

Les nageoires sont arrondies, et leur couleur est brun très-foncé ou noirâtre.

Nous avons compté aux nageoires les nombres suivans de rayons:

D. 9/15; A. 3/9; C. 17; P. 17; V. 1/5.

Le MÉROU ZANANA.

(*Serranus zanana*, nob.)

Une quatrième espèce, plus grande que les précédentes, mais qui d'ailleurs se rapproche d'elles par ses formes et ses couleurs, a encore été rapportée par Commerson.

Son corps est large et court, sa tête grosse. Les dents sont en cardes très-fines, et les canines, au nombre de quatre de chaque côté et à chaque mâchoire, ont dû être très-fortes, à en juger par les alvéoles larges et profonds qu'elles ont laissés. Les mâchoires sont couvertes de petites écailles, caractère qui la rapprocherait du mérou, si le préopercule n'était pas arrondi, et à dentelures à peine visibles.

Les trois épines de l'opercule sont plates, peu longues, mais fortes et aiguës : la supérieure est un peu éloignée des deux autres. Les pectorales sont grandes et arrondies; la dorsale peu élevée, et sa partie molle, presque coupée carrément, est plus petite que celle de l'anale. Cette nageoire est arrondie; la caudale est également arrondie et très-haute quand elle est déployée.

Les nombres sont, pour les rayons :

D. 9/15; A. 3/9; C. 17; P. 15; V. 1/5.

Ce poisson, à l'état sec, paraît jaunâtre; tout le dos est semé de petites taches brunes, qui sont effacées sur le ventre; les joues, l'opercule et les nageoires verticales en sont également marquées; mais les pectorales et les ventrales n'en offrent aucune trace. Le long du dos, à la base de la dorsale, on voit les restes de quatre grosses taches rondes. Les deux premières, placées sous la partie épineuse de la nageoire, sont presque effacées; les deux autres sont très-marquées de chaque côté de la partie molle. Sur la queue, derrière la dorsale, il y a deux taches très-foncées, dont l'antérieure est la plus grande.

M. de Lacépède n'a point fait mention de cette belle espèce, quoique Commerson en eût laissé un fort beau dessin fait par Sonnerat.

Il est au crayon rouge, en sorte que la couleur du corps de ce serran doit être rouge de minium, semée partout de taches noires, excepté sur la mâchoire inférieure, sur la membrane des branchies, sur les pectorales et les ventrales. Les grandes taches des côtés du dos et celles qui sont sur la queue sont noires aussi, mais plus pâles que les points qui sont sur le corps.

Commerson a marqué que ce poisson devait être classé parmi ses *aspro*, qui sont nos serrans, et, sans indiquer où il a observé cette espèce, il dit qu'on la nomme vulgairement le *zanana*.

Le MÉROU SEMI-PONCTUÉ.

(*Serranus semi-punctatus*, nob.)

M. Leschenault nous a envoyé de Pondichéry un mérou que les pêcheurs de cette côte confondent avec les autres sous le nom de *panne mine*.

Cette espèce a la tête et les nageoires seules tachetées ; le corps est traversé par six à sept bandes brunes assez larges. Les dentelures du préopercule sont fines. Nous possédions depuis long-temps un autre individu de cette espèce, sans indication d'origine, et qui a près d'un pied de long.

Les nombres sont :

D. 11/15 ; A. 3/10, etc.

Les nageoires sont arrondies.

Cette espèce a le plus grand rapport avec le poisson que Thunberg a figuré dans les nouveaux Mémoires (Stockholm, 1793, t. XIV, pl. 1, fig. 1), et qu'il nomme *perca septemfasciata.*

Si la tête et les nageoires étaient tachetées, nous ne balancerions pas à le regarder comme de la même espèce.

Les nombres, suivant Thunberg, sont :

D. 10/15; A. 3/9; C. 19; P. 18; V. 1/5.

Nous trouvons aussi dans l'imprimé japonais que nous avons déjà cité, un poisson très-voisin de celui de Thunberg, si ce n'est le même. Sur un fond verdâtre le corps est traversé par cinq bandes brunes. L'espace entre les bandes est tacheté de points bruns. On voit ce même poisson figuré dans l'Encyclopédie japonaise; et M. Abel Remusat a bien voulu nous dire qu'il y est désigné par un nom qui équivaut à celui de *perche.*

Le MÉROU SALMONOÏDE.

(*Serranus salmonoides,* nob.; *Holocentrus salmonoides,* Lacép.)

Le *mérou salmonoïde* a été rangé par M. de Lacépède (t. III, pl. 34, fig. 3) dans son genre holocentre, sous le nom d'*holocentre salmonoïde.* C'est d'après un dessin de Commerson qu'il en a établi les caractères; mais Commerson en ayant laissé plusieurs individus secs, nous avons pu nous assurer que si ce dessin fait connaître exactement la disposition des couleurs, le préopercule y est marqué incorrectement, en ce que le dessinateur en a trop arrondi le contour, et qu'il a négligé de faire sentir les trois ou quatre épines fortes qui sont à l'angle de cette pièce operculaire.

La longueur de la tête du mérou salmonoïde est un peu plus

grande que le tiers de la longueur totale du poisson. La forme du
front, du bout de la mâchoire inférieure, sont les mêmes que dans
le mérou. Les mandibulaires sont également couverts de petites
écailles. Le bord montant du préopercule est médiocrement dentelé, et à son angle il y a trois dents plus fortes, à égale distance
l'une de l'autre.

Les épines supérieure et inférieure de l'opercule sont très-peu
sensibles. Il y a quelques rugosités assez fortes à l'angle supérieur de
l'interopercule. Les nageoires sont arrondies.

La couleur paraît avoir été un brun très-foncé; le corps et les
nageoires sont entièrement parsemés de points noirs. Six à sept
bandes verticales noirâtres traversent le corps : la première passe
sur la tête, à travers le préopercule; la dernière est sur la queue,
près de l'attache de la caudale.

D. 11/16; A. 3/8; C. 17; P. 18; V. 1/5.

Commerson avait obtenu cette espèce à l'Isle-de-France.

M. Dussumier vient de nous en rapporter des Séchelles
un très-bel individu long de quinze pouces.

Elle vit aussi dans la mer Rouge. M. Geoffroy l'avait
trouvée à Suez, et M. Ehrenberg en a donné au Cabinet
du Roi un des beaux et nombreux individus qu'il a rapportés de cette mer.

Le Mérou summan.

(*Serranus summana*, nob.; *Perca summana*, Forsk.)[1]

C'est encore au zèle éclairé et à la générosité de M. Ehrenberg que nous sommes redevables du *perca summana,*
que Forskal avait plutôt indiqué que décrit. Ses affinités
avec le précédent sont très-grandes.

---

1. *Pomacentre symman*, Lacép., t. III, p. 511.

2.   33

La différence la plus notable se trouve dans la forme du préopercule, dont l'angle est arrondi et dont le bord est finement et également dentelé. Les épines de l'opercule sont médiocres. Le bord de l'interopercule a quelques fines dentelures. Les nageoires sont arrondies.

D. 11/16; A. 3/8; C. 17; P. 16; V. 1/5.

Tout le corps est brun, marbré de grandes taches grises et tout parsemé de points blanchâtres, qui s'étendent aussi sur les nageoires: celles-ci ont une légère teinte verdâtre.

Il y a la tache noire sur la queue, dont parle Forskal. Un trait noir descend de la pointe supérieure du maxillaire, le long du bord antérieur du sous-orbitaire, jusque sur le préopercule. C'est là probablement ce qu'a entendu Forskal par cette tache oblongue, oblique et noirâtre, qu'il place sous l'œil.

Le Cabinet du Roi possède un individu long d'un pied, que M. Ehrenberg a pris à Massuah. Les Arabes nomment ce poisson *summan* ou *symman*.

Un autre individu, un peu plus petit, est d'une couleur brune et plus foncée, ce qui fait paraître les marbrures plus blanches. Les points blancs sont plus gros et moins nombreux. On y voit d'ailleurs le trait noir sous l'œil; la tache noire sur la queue est beaucoup plus marquée.

Il ne nous paraît pas impossible que ce ne soit la variété *B* du *perca summana* de Forskal qu'il désignait sous le nom de *varietas fusco-guttata*.

Le MÉROU A POINTS BLANCS.

(*Serranus leucostigma*, Ehr.)

M. Ehrenberg nous a communiqué le dessin d'une petite espèce très-voisine des précédentes,

dont le corps est tout vert, tacheté de blanc pur. Les dentelures du préopercule sont assez fortes. La partie molle de la dorsale et de l'anale sont élevées et pointues; la caudale est arrondie.

Les Arabes la nomment *gurumgie* à Massuah.

Le MÉROU A GROSSES LÈVRES.

(*Serranus tumilabris*, nob.)

M. Dussumier a rapporté des Séchelles une espèce encore extrêmement voisine.

Les dentelures du préopercule sont fines, un peu plus fortes vers l'angle. Les trois épines de l'opercule sont un peu plus fortes. Il n'y a pas de dentelure à l'interopercule. Les nageoires sont arrondies.
D. 11/16, A. 3/9, etc.

Les lèvres sont beaucoup plus étendues et plus grosses que dans les autres mérous. M. Dussumier nous dit que, frais, ce poisson est gris pointillé de vert-clair. Dans la liqueur il est devenu jaunâtre et les taches sont grises. Un trait noir borde le maxillaire au-dessous du sous-orbitaire.

Longueur, sept pouces.

Le MÉROU A LIGNES BLANCHES.

(*Serranus leucogrammicus*, Reinw.)

M. Reinwardt nous a permis de décrire dans le Musée royal des Pays-Bas un très-beau serran qu'il y a rapporté des îles Moluques.

Le corps est alongé et plus comprimé que dans les autres mérous. La tête est longue, et fait le tiers de la longueur totale. Les lèvres sont épaisses et charnues. Le préopercule est arrondi, et ses dentelures sont égales et fines. Les trois épines de l'opercule sont plates. Il y a quelques dentelures au bord inférieur de l'interoper-

cule et du sous-opercule. Les parties molles de la dorsale et de
l'anale sont hautes. Toutes les nageoires sont arrondies, et leur
membrane est transparente. Les rayons sont peu serrés.

D. 11/15; A. 3/9; C. 16; P. 16; V. 1/5.

Le corps est gris, marqué de trois raies longitudinales argentées,
dont la supérieure part de l'œil et suit la courbe du dos; la seconde
naît à l'angle de l'opercule, et la troisième commence sur le sous-
orbitaire, passe sous l'œil et se porte, comme la précédente, jusqu'à la caudale. Quelquefois elles sont brisées, et forment une suite
de traits blancs. Le corps, en outre, et toutes les nageoires sont
couverts de taches orangées. La caudale et les ventrales sont verdâtres.

M. Dussumier nous a rapporté des Séchelles un bel individu de la même espèce, qui a près d'un pied de long.

Il nous paraît que Renard a représenté ce poisson,
fol. 1, n.º 6, sous le nom d'*anniko moore*. Il le dessine
assez exactement, et il colore le dos en brun et le ventre
en blanc. Il y a les lignes blanches sur le corps, et de
nombreux points rouge-orangé semés partout, même sur
les nageoires. Dans le Recueil de Corneille Vlaming, où
les figures ont plus de vérité, le corps est gris, rayé de
blanc et tacheté de rouge; la caudale est verdâtre; ce
qui s'accorde tout-à-fait avec la description que M. Dussumier a faite sur le poisson frais. Nous trouvons aussi
notre poisson dans Valentyn (p. 476, n.º 409) sous le nom
malais de *ikan kipas-kœning*, ce qui veut dire *poisson
éventail jaune*. Les couleurs sous lesquelles cet auteur
le peint, correspondent assez bien à ce que nous voyons
sur la nature.

Ce poisson est de bon goût, et se sert sur les tables.

Le Mérou rogaa.

(*Serranus rogaa,* nob.; *Perca rogaa,* Forsk.)[1]

M. Geoffroy a donné au Cabinet du Roi un poisson qui présente tous les caractères du *perca rogaa* de Forskal.

C'est un mérou à corps trapu, à mâchoires couvertes de petites écailles, dont le préopercule est arrondi, et n'a que quelques dentelures, même peu sensibles, vers l'angle. Une légère échancrure est au-dessus de cet angle, et le bord montant est lisse. Les trois épines de l'opercule sont très-fortes. L'interopercule est dentelé. Les nageoires sont arrondies.

D. 9/17; A. 3/9; C. 17; P. 16; V. 1/5.

Tout le corps paraît avoir été brun foncé, avec quelques taches bleues effacées.

La forme du préopercule, la force des épines de l'opercule, les nageoires arrondies, les nombres de leurs rayons et la couleur brune, forment un ensemble de caractères qui conviennent entièrement à la description que nous a laissée Forskal. Il ne parle pas cependant des taches bleuâtres que nous indiquons sur notre individu; mais elles y sont très-rares, et elles auront pu échapper à Forskal.

Il dit que ce poisson est commun sur les côtes rocheuses et madréporiques. Les Arabes le nomment *rogaa,* ce qui veut dire *échiquier.*

---

1. *Bodian rogaa,* Lac., t. IV, p. 296.

Le MÉROU ARÉOLÉ.

(*Serranus areolatus*, nob.; *Perca areolata*, Forsk.)[1]

M. Geoffroy a fait représenter à la planche 20 du grand
ouvrage sur l'Égypte une très-belle espèce de mérou, que
M. Ehrenberg a aussi trouvée dans la mer Rouge.

Elle a le museau plus pointu que le mérou; la mâchoire plus
avancée; quatre ou cinq fortes épines à l'angle du préopercule. La
partie molle de la dorsale et de l'anale est arrondie; mais la caudale
est coupée carrément et même un peu échancrée quand elle n'est
pas très-étendue.

D. 11/18; A. 3/8; C. 17; P. 18; V. 1/5.

Nous en avons un individu long de dix-huit pouces; mais il
paraît qu'il y en a de beaucoup plus grands. Tout le corps est
couvert de nombreuses taches noirâtres, ferrugineuses, sur leur
bord. Ces taches sont peu espacées, et laissent entre elles de petits
traits gris. Sur les nageoires elles sont peu rondes. Un trait noir
descend obliquement le long du bord supérieur du maxillaire.

Il nous paraît impossible de ne pas reconnaître dans
ce poisson le *perca areolata* de Forskal. Outre que les
nombres s'accordent, le caractère de la caudale et les
dispositions des taches conviennent parfaitement à la description du naturaliste danois. M. Geoffroy l'avait regardé
comme le *perca tauvina* de Forskal, bien que ce dernier
dise que la caudale est arrondie, et qu'il y ait encore
d'autres différences dans le nombre des rayons et dans la
disposition des taches. Depuis, M. Isidore Geoffroy, en
publiant la description des poissons rapportés par son

---

1. *Perca tauvina*, Geoff. Saint-Hilaire, Égypt., pl. 20, fig. 1; Is. Geoff., p. 201.

père, a reconnu l'erreur; mais il n'en a pas moins conservé le nom de *serran tauvin.*

Forskal dit que les Arabes de Djidda nomment cette espèce *daba,* ce qui veut dire *bras* ou *hyène.*

Le MÉROU MÉLANURE.

(*Serranus melanurus,* nob.; *Bodianus melanurus,* Geoffr.) [1]

Une seconde espèce de mérou à caudale coupée carrément, est due également aux soins du savant professeur qui nous a rapporté la précédente.

Elle se distingue de celles dont nous venons de parler, parce qu'elle a, de plus, le bord inférieur du subopercule et de l'interopercule assez fortement dentelé. Le bord montant du préopercule est dentelé, et il y a trois dents fortes à l'angle; souvent l'une d'elles est bifide. L'opercule a trois fortes épines; mais il n'a aucunes dentelures à son bord inférieur. Ce poisson a le corps trapu.

D. 11/17; A. 3/9; C. 17; P. 16; V. 1/5.

Il paraît être d'une couleur uniforme. Sur la partie molle de la dorsale et de l'anale, et sur la caudale, se voient des taches rondes ferrugineuses.

M. Geoffroy avait fait graver cette belle espèce comme un bodian, bien que les dentelures et les fortes épines de son préopercule l'éloignassent de ce genre. M. Isidore Geoffroy l'a replacée avec raison parmi les serrans; mais n'ayant trouvé dans les papiers de son père aucune note qui s'y rapportât, il n'a pu en donner qu'une simple description. Ce poisson vient de Suez.

---

1. Is. Geoff., p. 205; *Bodian mélanure,* Geoff., Égypte, pl. 21, fig. 1.

Le MÉROU A TACHES OLIVES.

(*Serranus chlorostigma*, nob.)

La mer des Séchelles nourrit un mérou dont nous sommes encore redevables à M. Dussumier.

Tout son corps est blanchâtre, et semé, ainsi que les nageoires, de taches olives. Le dessous de la mâchoire est aurore, et le bord de la caudale est blanc. Les taches sur les nageoires sont petites : elles sont presque effacées sur les pectorales. La membrane de la dorsale épineuse est lisérée de noir. Le préopercule est finement dentelé, et a vers l'angle cinq à six grandes dents plus fortes. L'angle ne fait pas d'ailleurs une grande saillie au-delà du bord. L'interopercule et le subopercule ont quelques dentelures. L'anale est un peu carrée, et la dorsale faiblement pointue; la caudale est coupée carrément.

Les nombres sont :

D. 11/17; A. 3/9; C. 17; P. 18; V. 1/5.

Longueur, neuf pouces.

Le MÉROU ANGULAIRE.

(*Serranus angularis*, nob.)

M. Dussumier a rapporté de Ceylan cette espèce, qui ressemble beaucoup à la précédente.

Son préopercule, finement dentelé, donne un angle saillant au-delà du bord, qui porte quatre à cinq dents très-fortes. Le bord inférieur de l'interopercule et du préopercule est finement dentelé. Les épines de la dorsale sont fortes. La caudale est coupée carrément.

Les nombres sont :

D. 11/15; A. 3/8; C. 17; P. 16; V. 1/5.

Frais, ce poisson est blanchâtre, tacheté de nombreux points olivâtres. La dorsale, l'anale et la caudale sont verdâtres, et les taches qui les couvrent sont très-foncées. Les pectorales sont blanchâtres et leurs taches jaunâtres. Le bord blanc de la caudale est plus large que dans le précédent.

Ce poisson est très-bon à manger. Nos individus ont un pied de longueur.

Le MÉROU VARIOLÉ.

(*Serranus variolosus*, nob.)

Nous avons tout lieu de croire qu'il faut placer ici le *perca variolosa*, dont Forster a laissé un dessin, que nous avons retrouvé dans la bibliothèque de sir Joseph Banks.

Le corps y est représenté de couleur écarlate, et tacheté. Le bord de la dorsale épineuse est noir; la caudale est coupée carrément; les dentelures de l'angle du préopercule sont fortes.

Schneider, dans l'édition de Bloch, p. 333, cite la description d'un *perca maculata* de Forster, qui est probablement le même poisson.

Les nombres y sont ainsi comptés :

D. 11/16; A. 3/8; C. 19, etc.

Il avait été pris à Otaïti.

Bloch en fait une variété de son *bodianus miniatus,* ou, ce qui est la même chose, du *perca miniata* de Forskal; mais ce *perca miniata* est une diacope.

Nous terminerons cette série des mérous à corps tacheté par ceux dont les taches sont si petites que l'on pourrait plutôt les appeler des points; ce sera, si l'on veut, les mérous piquetés. Il y en a aussi dans les deux océans un grand nombre d'espèces très-semblables entre elles, et

2. 34

dont la synonymie est par conséquent très-difficile à fixer, d'après les descriptions incomplètes et des figures trop peu finies des auteurs. La plupart ont le préopercule arrondi, et si finement dentelé qu'il a été regardé comme entier, et qu'on les a rangés parmi les bodians.

Les espèces de la mer des Indes sont connues en général des Hollandais sous le nom bizarre de *Jacob Evertsen.*

On en trouve plusieurs figures dans les auteurs qui ont publié des poissons de cette mer.

Bontius est le premier qui en ait parlé (*Ind.*, p. 77), et c'est par lui que l'on sait l'origine du nom de *Jacob Evertsen :* c'était celui d'un amiral qui commandait une des premières expéditions des Hollandais aux Indes orientales, et qui avait le teint brun et tout couvert de taches. Un poisson de cette tribu ayant été pêché près de l'île Maurice, les matelots trouvèrent plaisant de lui donner le nom de leur chef, et ce nom est resté à l'espèce et aux espèces voisines.

Il paraît que dans la langue des indigènes d'Amboine ou de Java ces poissons se nomment *okara.* On en voit un dans les dessins de Vlaming, n.º 57, avec ce nom d'*okara,* et intitulé autrement *Jacob Evertsen gris,* qui est coloré en gris foncé et piqueté de bleu clair; et n.º 68 il y en a un rouge, aussi piqueté de bleu, appelé *okara mera,* c'est-à-dire *okara rouge;* n.º 164 en est un petit gris-roussâtre, à nageoires jaunâtres, à piquetures noires, nommé *goujon de l'Isle-de-France.*

L'*okara* rouge est copié dans Renard, pl. 28, fig. 153, et s'y nomme *luccesje mera.* Le gris y est, pl. 20, fig. 3, sous le nom de *Jacob Evertsen,* sans autre épithète; et il y en a un brun, à nageoires roses, mais aussi piqueté de bleu, sous le simple nom de *luccesje,* pl. 3o, fig. 162; enfin, le n.° 164 de Vlaming y est, pl. 3, n.° 17, sous le nom de *Jacob Evertsen bigarré;* mais sa teinte brune y est changée en gris bleuâtre.

Valentyn copie aussi deux de ces figures, n.° 37, sous le nom de *Jacob Evertsen brun,* et n.° 41, sous celui d'*ikan-okara.*

Il s'en trouve encore une figure dans la seconde partie de Renard, pl. 8, fig. 36 : celle-là est enluminée de gris-brun clair; ses nageoires sont vertes et ses points bleus. Il y est dit qu'elle doit être gardée trois jours avant d'être cuite : autrement sa chair est coriace.

Selon Valentyn, le *Jacob Evertsen gris* est de la taille d'une grosse perche, et sa chair est ferme et agréable.

Bloch rapporte un peu légèrement presque toutes ces figures à son espèce du *bodianus guttatus,* et, selon sa coutume, il imagine que ces mots malais *ikan-okara* sont des mots japonais.

Le Mérou a gouttelettes.

(*Serranus guttatus ,* nob.; *Bodianus guttatus ,* Bl., 224.)

Nous décrirons d'abord un de ces mérous piquetés qui se trouve à l'état sec dans le Cabinet du Roi, et qui nous paraît le vrai *bodianus guttatus* de Bloch.

Les trois épines de l'opercule sont très-fortes. Le bord du préopercule est finement dentelé. Le second rayon épineux de l'anale est très-fort et presque aussi long que les rayons mous. La pectorale et la caudale sont arrondies.

D. 9/16; A. 3/8; P. 13; V. 1/5; C. 15.

La couleur est d'un brun uniforme sur tout le corps. Le bord de chaque écaille est plus foncé que le milieu, en sorte que le poisson a l'air d'être couvert d'un réseau à mailles très-serrées. Toute la tête est semée de points, qui ont dû être bleus pendant la vie. On voit aussi sur la caudale et sur l'anale des restes de points bleuâtres entourés d'un cercle brun, et la pectorale est tachetée de brun. Il n'y a plus sur le corps que quelques traces très-effacées de taches. J'en vois aussi sur les ventrales.

Bloch avait reçu son individu par son ami John, qui lui dit qu'à Tranquebar on nomme l'espèce *ganimin*. Elle atteint quatre pieds de long, et est plus commune à Manar. Elle devient très-grasse, et sa chair est estimée des Européens. Elle remonte dans les fleuves pour frayer et déposer ses œufs dans les endroits pierreux.

MM. Lesson et Garnot ont pris à Waigiou des individus que nous rapportons à cette espèce, et qui correspondent encore plus exactement à la figure de Bloch.

Les taches sont bleues sur un fond blanchâtre; un cercle brunâtre les entoure. Sur les joues et les mâchoires ce sont des points bruns, et sur les nageoires les cercles bruns ont disparu. Les nombres sont les mêmes. La longueur est de onze pouces.

Le Mérou a points bleus.

(*Serranus cyanostigma*, K. et V. H.)

MM. Kuhl et Van Hasselt avaient dessiné à Java un assez grand mérou,

dont le corps et les nageoires sont d'un bel orangé, plus foncé sur le dos, plus pâle vers le ventre. Le poisson est tout couvert de points bleu de ciel. La partie épineuse de la dorsale est bordée d'orangé clair; les pectorales, la dorsale, l'anale et la caudale sont bordées de bleu.

Le préopercule est arrondi et très-finement dentelé; les trois épines de l'opercule sont fortes. Les nageoires sont arrondies.

Les nombres sont :

D. 9/16; A. 3/8, etc.

C'est sans contredit le *Jacob Evertsen rouge* que nous trouvons dans le recueil de Vlaming peint d'un beau rouge et piqueté de bleu. Il y est nommé *okara mera*. Je crois cette figure copiée dans Renard, fol. 28, n.° 153, sous le nom de *leucesje mera*. On y voit un point blanc dans le centre des taches bleues.

La description de Valentyn (t. III, p. 392) se rapporte parfaitement au dessin original que nous venons de citer; mais il paraît que sa figure, n.° 146, a été gravée d'après un autre dessin.

Le Mérou piqueté a six bandes.

(*Serranus sexfasciatus*, K. et V. H.)

MM. Kuhl et Van Hasselt ont envoyé de Java au Musée royal des Pays-Bas un mérou

dont le corps, de couleur rouge-brique, est traversé par six bandes noirâtres, et tout couvert de points blanchâtres. La tête n'a pas de points; les épines de l'angle du préopercule sont très-fortes, disposées en étoile, et les deux inférieures ont la pointe dirigée vers le bas; les trois épines de l'opercule sont aussi très-aiguës. Les nageoires sont toutes arrondies; la pectorale est grise, sans aucunes taches; les ventrales sont noirâtres. Les nageoires impaires sont jaunâtres, couvertes de points noirs.

Les nombres des rayons sont :

D. 11/15; A. 3/8; C. 17; P. 17; V. 1/5.

Nous avons vu à Leyde des individus longs d'environ dix pouces.

Le MÉROU ARGUS.

(*Serranus argus*, nob.; *Cephalopholis argus*, Bl.)

Nous croyons devoir rapprocher de cette espèce le *cephalopholis argus* (Bl., Syst. posth., p. 311, pl. 61). Le caractère d'un museau écailleux, sur lequel Bloch a nommé ce genre cephalopholis, convient à tous les mérous que nous venons de décrire, et particulièrement au précédent;

mais le préopercule lisse et non dentelé du cephalopholis le distingue facilement. Il a, en outre, deux rayons de plus à la dorsale. Ses couleurs sont disposées de même par bandes; mais les taches de la caudale et de la dorsale sont blanchâtres, entourées de noir.

C'est à l'une de ces deux espèces, et plutôt au cephalopholis, que nous rapporterons le *canjounou* de Renard, fol. 2, n.° 70. Dans les dessins originaux de Corneille de Vlaming, ce mérou est nommé *cajounou of caban*. La moitié antérieure du corps est brune, assez foncée; l'autre est peinte de six bandes blanches alternant avec six brunes. Les lèvres et les nageoires paires sont bleues. La partie épineuse de la dorsale est brun-pâle, bordée de rouge. La partie molle de la dorsale et de l'anale est orangée, bordée d'une large bande bleue; la caudale est brune, aussi bordée de bleu. Tout le poisson est couvert de taches bleues, excepté sur la partie épineuse de la dorsale. Renard a changé toutes ces couleurs : le fond du poisson est devenu brun-clair; les bandes blanches sont roses, ainsi que les lèvres; les nageoires sont verdâtres, bordées de brun : les taches ont leur centre blanc.

Valentyn donne le même poisson, t. III, p. 459, n.° 159,

et le nomme *kajounou* (*ikan-kajoenoe*). Il dit que sa taille est à peu près d'un empan, et que sa chair est agréable au goût : d'ailleurs sa description ressemble en tout au dessin de Vlaming.

Le MÉROU BŒNACK.

(*Serranus Bœnack,* nob.; *Holocentrus Bœnack,* Bl., pl. 326.)

L'*holocentre bœnack* de Bloch se rapproche assez de son *cephalopholis* pour que nous ayons cru devoir le placer ici, quoique les taches paraissent lui manquer.

Il en diffère encore par les quatre bandes longitudinales brunes qui sont sur les joues. Bloch lui donne une couleur brune dorée, sur laquelle se détachent sept bandes brunes transverses. La troisième se divise en trois branches sur le ventre. Une huitième bande est à la base de la caudale, qui est verdâtre, terminée par du brun. Les bandes du corps se prolongent sur la dorsale, dont la partie épineuse est jaunâtre, et la partie molle vert-noirâtre. L'anale est de la même couleur, sans aucune tache. Le second rayon épineux est très-long. Les pectorales sont à moitié jaunâtres et à moitié vert très-foncé; les ventrales sont brunes.

Les trois pointes de l'opercule sont très-fortes, et les dentelures du préopercule doivent être très-fines; car Bloch ne les fait nullement voir sur son dessin.

Il dit avoir reçu ce poisson des mers du Japon, sous le nom d'*ikan-bœnack,* qui évidemment est malais : aussi M. Valenciennes a-t-il vu l'espèce dans le Musée royal des Pays-Bas, où elle a été apportée des Moluques par M. le professeur Reinwardt.

Le MÉROU LOUTI.

(*Serranus luti,* nob.)[1]

Une espèce que M. Ehrenberg a rapportée de la mer Rouge, et qu'il regarde comme le *perca luti* de Forskal, est aussi très-voisine du *cephalopholis argus.*

Tout le corps est vineux pâle, à moitié traversé par cinq à sept bandes jaunes, dont trois remontent sur la portion épineuse de la dorsale. Il est couvert, ainsi que les nageoires, de points blancs, entourés d'un petit cercle noir. La dorsale est bordée de rouge; la partie molle, ainsi que l'anale, sont brunes, et le bord rose est liséré de blanc. La queue est brun très-foncé et bordée de blanc. Les pectorales sont bordées de jaune, et les ventrales, roses, sont bordées de bleu.

M. Ehrenberg assure avoir observé que les nageoires impaires de ce poisson, quand il est jeune, sont arrondies, mais qu'elles s'alongent avec l'âge, de manière que la dorsale et l'anale se terminent en une longue pointe, et que la caudale a la forme d'un croissant à cornes très-longues et très-aiguës.

Forskal a fait la description de son *perca luti* sur des animaux morts. C'est pourquoi elle diffère de celle que nous a donnée M. Ehrenberg, faite sur l'animal encore vivant.

Ce poisson devient grand : on en a à Berlin des individus de plus d'un pied.

Forskal dit que les Arabes de Djidda nomment cette espèce *louti,* ce qui veut dire tourner, courber. A Lohaja elle se nomme *schan,* et elle est plus noire qu'à Djidda. Elle vit à de grandes profondeurs, parmi les coraux. On la prend à l'hameçon ou au filet.

---

1. *Perca luti,* Forsk., p. 40; *Bodian louti,* Lacép., t. IV, p. 286.

Le Mérou doré.

(*Serranus auratus*, nob.; *Holocentrus auratus*, Bl., pl. 236.)

L'*holocentrus auratus* de Bloch me paraît très-voisin du précédent. Ce naturaliste l'avait acheté à un marchand hollandais, qui le lui donna comme venant des Indes orientales.

Les formes sont semblables : c'est assez arbitrairement que l'on a coloré le corps en rouge doré, les parties molles des nageoires impaires en rouge; la tête, le corps et la partie épineuse de la dorsale ont été couverts de petits points que le peintre a faits d'un beau rouge foncé. Les ventrales sont brunes.

D. 9/15; A. 3/9; C. 20; P. 16; V. 1/5.

Le Mérou mille étoiles.

(*Serranus myriaster*, nob.)

Une espèce encore très-voisine a été rapportée des îles Sandwich par les naturalistes de l'expédition du capitaine Freycinet, et de Borabora, par ceux de l'expédition du capitaine Duperrey.

Elle a toutes les formes des précédentes : je lui trouve l'angle du préopercule un peu plus arrondi, et la seconde anale un peu plus courte et plus faible à proportion. Sa couleur est noirâtre, toute parsemée de points bleus très-rapprochés. La caudale, la pectorale et la partie molle de la dorsale et de l'anale sont bordées d'un trait blanc très-fin. Les nageoires sont d'ailleurs plus noires que le corps.

Les nombres des rayons des nageoires sont :

D. 9/16; A. 3/8; P. 16; V. 1/5; C. 15.

2.

35

C'est à cette espèce que les *Jacob Evertsen* brun et gris nous paraissent appartenir.

Le MÉROU A GOUTTELETTES BLANCHES.

(*Serranus alboguttatus,* nob.)

Cette espèce a été rapportée de la mer des Indes par Péron.

Elle a le préopercule plus arrondi et à dentelures un peu plus fortes. Sa couleur, dans la liqueur, est uniformément brune, semée partout de nombreux points blancs, de grandeur inégale. Les bords de la dorsale et de l'anale sont un peu plus foncés que le reste du corps. La pectorale et la caudale sont bordées de blanc.

Les nombres des rayons sont :

D. 11/15; A. 3/7; C. 15; P. 16; V. 1/5.

Le MÉROU A GOUTTELETTES BLEUES.

(*Serranus cœruleopunctatus,* nob.; *Holocentrus cœruleopunctatus,* Bl.)

Cette espèce est représentée par Bloch, sur la planche 242 de son ouvrage, d'après un petit individu qu'il avait acheté en Hollande sans en connaître la patrie. Le Cabinet du Roi en possède depuis long-temps un autre, long au plus de quatre pouces, et dont on ne connaît pas non plus l'origine.

Elle a le corps marbré et couvert de taches bleues. La tête est brune, sans taches; les nageoires sont noirâtres, tachetées comme le tronc. Les nombres de leurs rayons sont exactement les mêmes que ceux de l'espèce précédente; mais, outre la différence des couleurs, nous trouvons que les dentelures du préopercule sont beaucoup plus grosses.

Le Mérou moucheté.

(*Serranus punctulatus*, nob.; *Labrus punctulatus*, Lacép.)[1]

Enfin, pour terminer cette liste des serrans piquetés de la mer des Indes, nous parlerons du *labre moucheté* de Lacépède, qui est un vrai mérou à trois épines, à préopercule presque sans dentelure. N'ayant connu l'espèce que par un dessin de Commerson, M. de Lacépède a été trompé sur le genre, parce que le dessinateur avait oublié d'y marquer les épines de l'opercule.

Le profil en est bombé. Les canines sont très-fortes; la caudale est en croissant, à pointes très-longues; la dorsale, l'anale et les ventrales se prolongent de même en pointe; les pectorales sont petites.

D. 9/14; A. 3/8; C. 17; P. 16; V. 1/5.

A l'état sec on voit, sur un fond brun, de petites taches blanches un peu alongées, et clairsemées.

La moitié externe des pectorales, le bord du croissant de la caudale et le bord postérieur de la dorsale et de l'anale, sont blancs.

Mais M. Dussumier nous apprend qu'à l'état frais ce poisson est rouge, avec des zigzags jaunes sur la tête et sur le corps. Le dessous est d'un rouge plus clair, sur lequel se trouvent des points écarlates. Toutes les nageoires sont rouges, à l'exception des pectorales, qui sont jaunes. Une ligne blanche borde l'intérieur des deux lobes de la caudale.

Sur le dessin de Commerson, les taches sont plus nombreuses et plus petites que sur nos échantillons secs; mais il y en a de toutes pareilles sur un individu que M. Rein-

---

1. *Labre moucheté*, Lacép., t. III, p. 377, pl. 17, fig. 2.

wardt a rapporté de la mer des Moluques, et que ce savant a déposé dans le Musée royal des Pays-Bas.

Les naturalistes de l'expédition du capitaine Freycinet
ont pris cette espèce auprès des îles Waigiou. M. Dussumier l'a trouvée à Ceylan en échantillons de quinze pouces
de longueur.

C'est probablement cette même espèce que représente
Renard sous le nom de *sousalath*. Dans le dessin original
de Vlaming ce poisson est peint des couleurs les plus brillantes. Le fond est du rouge le plus éclatant, semé d'un
grand nombre de taches irrégulières d'un jaune très-vif, et
de beaucoup de gros points blancs. Le croissant de la queue
est jaune, ainsi que la moitié externe de la pectorale.

Renard a reproduit deux fois cette figure, mais en falsi-
fiant les couleurs, comme à son ordinaire. La première
est à la pl. 41, n.° 207, de la première partie. Le corps y
est peint en rouge mat; les points sont bleus, et il n'y a
aucune tache jaune. Dans la deuxième partie, fol. 21,
n.° 300, le corps est rouge, les lèvres sont jaunes; les
points blancs sont entourés de bleu. Il appelle aussi ce
poisson *Jacob Evertsen*, et dit qu'il porte encore d'autres
noms, *les uns l'appellent luccesje, d'autres sousalath*.

Valentyn donne, sous le n.° 205, une copie du dessin
original de Vlaming. Sa description est p. 412, n.° 205.
Il nomme le poisson *ikan soelalath*.

L'océan Atlantique nourrit aussi plusieurs espèces de
serrans piquetés qui ne sont pas plus faciles à distinguer
entre eux que ceux des mers de l'Inde. Ils ont en général
la tête plus alongée, mais d'ailleurs ils ne diffèrent des autres
serrans par aucun caractère essentiel.

Le Mérou a bande oculaire.

(*Serranus tæniops*, nob.) [1]

Le premier que nous décrirons a été très-bien figuré dans Seba, t. III, pl. 27, n.° 6; mais cette figure a été négligée par les nomenclateurs. Nous en avons d'abord reçu un individu pris à l'île de May du cap Vert, par M. Taunay, fils de notre célèbre peintre de paysages. Il y a joint un dessin colorié d'après le vivant; ce qui nous a mis en état de donner une description complète de l'espèce.

Depuis lors, M. Delalande en a envoyé d'autres individus, pris à Santiago du cap Vert, et MM. Quoy et Gaymard en ont pris à Porto-Praya, lors de la relâche qu'y a faite le capitaine Durville, au commencement de son expédition actuelle.

Ce serran a trois fortes pointes à l'opercule. Le préopercule est finement dentelé, arrondi à son angle, et un peu échancré au-dessus.

D. 9/15; A. 3/9; C. 17; P. 17; V. 1/5.

Sa couleur est rouge-vermillon sur tout le corps; le dos et la caudale un peu bleu-noirâtre. Des points bleus, entourés d'un cercle noir, sont semés sur la tête, le corps et toutes les nageoires du poisson. Les nageoires impaires sont bordées de bleu. Les pectorales et les ventrales sont rouges à leur base, tachetées de bleu et bordées d'une large bande bleu-noirâtre, qui se fond avec le rouge de la base. Au-dessus et au-dessous de l'œil il y a un trait bleu-noirâtre assez foncé.

Dans l'alcool, ce poisson a perdu toutes ces belles couleurs : le fond est devenu jaunâtre et les points bleus sont d'un brun très-

---

1. Seb., t. III, pl. 27, fig. 6.

foncé. On ne voit plus de trace de la bordure bleue de la dorsale, de l'anale et de la caudale.

Nous avons des individus de cette espèce qui ont seize pouces de long.

Le MÉROU COURONNÉ.

(*Serranus coronatus,* nob.; *Perca guttata,* Bl.) [1]

M. Plée nous a envoyé de la Martinique, sous le nom de *couronné,* un serran un peu plus court que le précédent, mais couvert, comme lui, de taches petites et nombreuses.

Elles sont grandes sur le corps, plus petites et plus nombreuses sur les nageoires impaires; les pectorales en sont toutes couvertes; les ventrales sont semées de gros points.

M. Plée nous apprend que sur le frais ses taches sont roses et violettes; mais il ne nous parle pas du fond de la couleur. Elle paraît, dans l'alcool, être uniformément brune, et ces taches sont devenues brunes plus foncées.

Nous en avons un autre individu, mieux conservé par les soins de M. Achard, médecin à la Martinique. Le fond de la couleur paraît être jaune-olivâtre. Les taches du corps ont encore conservé une belle couleur rose très-vive. Les nageoires impaires sont olivâtres, presque sans taches, et leurs parties molles sont bordées de violet-noirâtre. M. Achard le nomme aussi le *couronné*.

Les trois pointes de l'opercule sont médiocres, et son bord membraneux est assez large. C'est par l'élargissement de ce bord que la tête paraît un peu plus longue que dans les espèces de la mer des Indes. Cependant nous devons dire que sa longueur a été exagérée dans les figures que l'on a publiées de cette espèce.

Les dentelures du préopercule sont si fines qu'on les sent avec

---

1. *Spare sanguinolent*, Lacép., t. IV, p. 157, pl. 4, fig. 1.

le doigt plutôt qu'on ne les voit. Cette pièce est arrondie, ainsi que toutes les nageoires.

Les nombres des rayons sont:

D. 9/15; A. 3/8; C. 17; P. 16; V. 1/5.

Plumier avait rapporté des Antilles un dessin de ce poisson, dont Bloch a donné copie à la planche 312, sous le nom de *perca guttata*. A en juger par une copie du même dessin, fait par Aubriet, Bloch l'aurait enluminé beaucoup trop rouge. Le dessin d'Aubriet est rouge pourpré; les taches rouges un peu plus foncées. C'est cette copie que M. de Lacépède a fait graver dans son Histoire des poissons, t. IV, pl. 4, fig. 1, sous le nom de *spare ensanglanté*, parce que le peintre avait oublié les épines de l'opercule.

Plumier le caractérisait ainsi :

Turdus totus purpureus, maculis saturatioribus respersus, vulgò POISSON COURONNÉ, à la Martinique.

Voilà ce que nous pouvons donner avec quelque certitude sur la synonymie de cette espèce.

On trouve dans Catesby, tab. 14, une figure que Linné rapporte au *perca guttata*. Il y a lieu de croire que ce peut être notre serran couronné; mais les taches de la caudale auraient été oubliées : d'ailleurs la teinte verte dont parle Catesby, peut aussi faire douter de l'exactitude de ce rapprochement.

Le Mérou chat.

(*Serranus catus,* nob.; *Perca maculata,* Bl.)[1]

Le *chat* de la Martinique, que nous devons à M. Plée, a beaucoup de rapports avec le précédent.

Ses dentelures sont les mêmes, ses écailles sont petites et âpres à leur bord. Il en diffère par ses taches, qui sont plus grosses et moins nombreuses. Dans l'alcool ce poisson paraît brun, couvert de taches faiblement pourprées.

On voit des taches blanches sur la base des nageoires verticales, dont le bord est noirâtre. Les pectorales sont jaunâtres à leur base et noirâtres à leur extrémité.

On compte pour le nombre des rayons :

D. 11/17; A. 3/9; C. 17; P. 16; V. 1/5.

M. Plée nous apprend que, pendant la vie, ce poisson ressemble beaucoup au couronné, mais qu'il est plus sombre et que ses taches sont rosées. Nous pensons, d'après ces renseignemens, que ce doit être le *perca maculata* que Bloch a représenté à la planche 213. Il a copié un dessin de Plumier, dont nous avons nous-mêmes une copie faite par Aubriet. La couleur est rougeâtre, avec de nombreux points rouges, noirs dans leur centre. Bloch a enluminé en jaune le fond de la couleur de sa copie. Cependant Plumier avait écrit cette note sur son dessin : *Turdus alius niger, maculis purpureis oculatus.*

C'est de la copie d'Aubriet que M. de Lacépède a fait son *spare atlantique.* Il l'a fait graver t. IV, pl. 5, fig. 1. Plumier ayant oublié de représenter les piquans et les

---

1. *Spare atlantique,* Lacép., t. IV, p. 158, pl. 5, fig. 1.

dentelures des opercules, M. de Lacépède a dû, dans sa méthode, placer cette espèce parmi ses spares; mais nous sommes aujourd'hui à portée de rectifier cette erreur.

Le poisson qu'Osbeck a pris près de l'Ascension, et qu'il a nommé très-improprement *trachinus Ascensionis,* est une espèce de mérou tacheté, dont les nombres de rayons se rapprochent de ceux de la précédente.

D. 11/17; A. 3/8; C. 16; P. 18.

On ne peut concevoir pourquoi Osbeck, élève de Linnæus, n'a pas placé le poisson qu'il venait de trouver dans le genre *perca.* Bonnaterre a laissé cette espèce dans son genre *trachine*, et l'a appelée *trachine ponctuée;* et il a été suivi en cela par M. de Lacépède.

Le MÉROU PETIT NÈGRE.

(*Serranus nigriculus,* nob.)

M. Plée nous a encore envoyé de la Martinique, sous les noms de *petit nègre,* de *grande gueule* et de *vieille,* cette nouvelle espèce, reconnaissable

à ses yeux saillans, à la finesse des dentelures de son préopercule arrondi et à la faiblesse des épines de l'opercule. Sur un fond qui paraît avoir été violet pendant la vie, on voit de nombreuses taches pâles, qui probablement étaient rouges, très-rondes, serrées, même sur les sourcils, sur les lèvres et sur les nageoires verticales. Sur la partie postérieure du corps, les taches deviennent plus nuageuses et sont marquées d'un point brun dans leur centre. Les pectorales et les ventrales sont couvertes de points bruns. Les nageoires sont arrondies, et les nombres de leurs rayons sont les mêmes que dans le *chat.*

L'espèce devient grande.

2.   36

Ce poisson, comme beaucoup d'autres des Antilles, est dangereux à manger dans certaines saisons. M. Ricord en a rapporté de Saint-Domingue de nombreux individus. Il est commun pendant toute l'année dans la baie du Port-au-Prince ; les colons l'y nomment *grande gueule.* La chair en est bonne et saine.

Le Mérou itaiara.

(*Serranus itaiara,* Lichtenst.) [1]

Nous avons reçu du Brésil, par feu M. Delalande, un serran dont

le corps est couvert de taches plus grandes que la plupart de ceux que nous venons de décrire. Elles sont semblables par leur disposition à celles que nous avons vues sur le *mérou salmonoïde;* mais il a un rayon de moins à la dorsale et à l'anale.

D. 11/15 ; A. 3/9 ; C. 16 ; P. 18 ; V. 1/5.

Dans la liqueur le corps paraît brun-noirâtre, avec des taches noires assez foncées.

Ce poisson se rapproche beaucoup de l'*itaiara* de Margrave, dont le corps est, suivant lui, d'un beau rouge, couvert, ainsi que les nageoires, de taches noires. Cette espèce vit parmi les rochers. Sa chair est bonne, et devient meilleure après avoir été salée.

Margrave a vu le corps d'un de ces poissons, pendu à un clou pendant la nuit, devenir tout phosphorescent.

---

1. *Act. Ber.,* 1820 — 1821, p. 278.

Le Mérou arara.

(*Serranus arara,* nob.) [1]

M. Desmarest nous a communiqué un serran très-voisin de celui que nous venons de décrire par les formes et par les dispositions des couleurs.

Mais les taches du corps y sont moins nombreuses, et ses nageoires sont sans aucunes taches. La couleur paraît, dans l'eau-de-vie, brun-noirâtre, avec des taches d'un brun doré; les nageoires d'un noir bleuâtre; le bord de la dorsale molle, de l'anale et de la caudale noir.

Nous rapportons à cette espèce la courte description que Parra nous a laissée de son *bonaci arara,* dont il donne la figure à la planche 16 de son Histoire des poissons de la Havane.

Il dit que la couleur de ce poisson est obscure, avec des taches plus claires sur le corps; que la pupille de l'œil est noire, et que le reste de l'œil est obscur.

Il ajoute que ce poisson se mange, mais avec quelque danger, parce qu'il est du nombre de ceux qui donnent cette indisposition appelée la *siguatera.*

---

1. *Bonaci arara,* Parra, Lam., pl. 16, fig. 2; *Johnius guttatus, varietas,* Schn., p. 77; Desm., Dict. class.

Le MÉROU CARDINAL.

(*Serranus cardinalis*, nob.) [1]

Parra a décrit sous le nom de *bonaci cardinal* une
espèce de serran encore très-voisine des précédentes.

Il dit la couleur générale rouge, avec des taches noires sur le
corps. Les côtés et le dessous de la tête sont jaunes, avec des
taches rouges; le ventre est blanc, tacheté de rouge. La partie
molle de la dorsale, l'anale et la caudale sont tachetées de rouge
et de noir; les ventrales sont à moitié rouges et à moitié jaunes,
et les pectorales rouges, bordées de noirâtre.

Bloch, dans son Système posthume, p. 77, a rangé ces
deux espèces de Parra à la suite de ses *johnius*, et comme
des variétés d'une seule, malgré la différence de leurs
couleurs. Nous ne pouvons comprendre comment il a été
conduit à une pareille classification. A la seule inspection
de la figure il aurait dû voir les affinités de ces poissons
avec le *cherna* (*serranus striatus*), dont Parra donne la
description un peu plus loin, et que Bloch a rangé parmi
ses *anthias*.

Le MÉROU A CROISSANT.

(*Serranus lunulatus*, nob.; *lutjanus lunulatus*, Bl., Schn., p. 329.)

L'espèce que Parra représente pl. 36, fig. 1, sous le nom
de *cabrilla*, ne diffère que très-peu de la précédente.

---

1. *Bonaci cardinal*, Parra, Lam., pl. 16, fig. 1 ; *Johnius guttatus*, Schn., p. 77.

Les formes sont semblables, et la couleur du corps est d'un blanc obscur, avec des taches lunulées rouges. Les nageoires sont noirâtres; les ventrales sont tachetées comme le corps.

Sur la figure chacune des taches est marquée d'un point noir, dont il n'est pas fait mention dans le texte.

On voit que la différence entre les deux espèces consiste dans la couleur des nageoires impaires et des pectorales.

Bloch, dans son Système posthume, a fait de ce *cabrilla* de la Havane un *Lutjan,* mais on ne peut douter qu'il ne soit un véritable serran à dentelure très-fine au préopercule.

On le mange à la Havane.

Le Mérou neigé.

(*Serranus niveatus*, nob.)

C'est dans les mers du Brésil que l'on pêche cette nouvelle espèce de serran; M. Delalande nous l'a rapportée, et nous n'en trouvons aucune description dans les auteurs que nous avons consultés.

Ses formes sont semblables à celles des autres mérous que nous avons déjà décrits. Le corps est court; les dentelures du préopercule sont profondément marquées, et l'épine inférieure de l'opercule est très-petite. Les nageoires impaires sont en grande partie écailleuses : elles sont arrondies. Sur un fond brun tout le poisson est couvert de taches d'un blanc pur clair-semées. C'est de ce caractère que nous avons pris le nom qui désignera dorénavant cette espèce.

D. 11/14; A. 3/9; C. 17; P. 14; V. 1/5.

Le Mérou ouatalibi.

(*Serranus ouatalibi*, nob.) [1]

Nous trouvons dans l'Histoire naturelle des poissons de la Havane de *Parra*, la description de deux serrans, auxquels il donne le nom *guativere*, et que Bloch, dans son Système posthume, p. 366, a réunis et nommés *bodianus guativere*.

Celui que Parra représente pl. 5, fig. 2, et que M. Desmarest a aussi fait graver dans le Dictionnaire classique d'histoire naturelle, nous a été envoyé plusieurs fois par M. Plée : de la Martinique, sous le nom de *ouatalibi;* de Porto-Rico, sous ceux de *pejerey* (*poisson royal*) et de *colli rubio;* et de Saint-Thomas, sous celui de *Butter-fish* (*poisson de beurre*).

M. Achard nous en a aussi envoyé un individu presque aussi frais que si l'on venait de le tirer de l'eau. Il le nomme *ouatalibé.*

C'est un beau poisson d'un rouge vif, un peu rembruni sur le dos. Il est couvert d'un grand nombre de petits points violets, entourés d'un cercle noir. La dorsale est bordée, surtout sur la partie molle, d'une bande olivâtre; l'anale est violette; le haut de la caudale est rouge, et le bas violet ; la pectorale est olivâtre, bordée d'orangé vif. Il n'y a pas de points sous la gorge, sous la poitrine, ni sous l'abdomen. De petites taches d'un noir violet se trouvent sur le dos de la queue, au pied de la dorsale. Il y en a deux dans presque tous les individus envoyés par M. Plée. La couleur rouge se passe avec le temps dans nos individus secs ou conservés

---

1. *Guativere*, Parra, Lam., pl. 5, fig. 2; Desm., Dict. class.

dans la liqueur; mais ces taches violettes conservent leur couleur, ce qui les fait paraître alors plus foncées. Les dentelures du préopercule sont aussi fines que dans le *couronné*, et les nageoires sont arrondies.

Les nombres des rayons sont :

D. 9/15; A. 3/8; C. 17; P. 17; V. 1/5.

Nos individus sont longs de dix à onze pouces. Selon M. Plée, l'espèce ne passe jamais deux livres.

Ce voyageur dit qu'on nomme ce poisson *ouatalibi,* à cause de ses taches; mais il ne donne pas l'étymologie de ce nom créole.

Sa chair est molle et se putréfie très-rapidement, et néanmoins, cuit au court bouillon, c'est un mets agréable.

C'est le second guativère de Parra qui répond à l'espèce que nous venons de décrire. Selon lui, le corps en est entièrement rouge, partout tacheté de points noirs, et l'extrémité des nageoires jugulaires est jaune.

Le Mérou guativère.

(*Serranus guativere,* nob.)

Le premier guativère de Parra, pl. 5, fig. 1,

est rouge sur le dos et jaune sur tout le reste du corps; la queue est jaune aussi et tachetée en dessus de deux taches noires. La tête seule est semée de points noirs, et il y en a un assez gros audevant de l'œil.

Quoique nous ne l'ayons pas vu, cette différence de couleur nous paraît assez grande pour ne pas le réunir au précédent, comme l'a fait Bloch dans son Système posthume.

Le Mérou pyra-pixanga.

(*Serranus pixanga*, nob.) [1]

Nous rapprocherons de ce groupe le *pyra pixanga* de Margrave, p. 152.

Il le dit d'une couleur jaune blanchâtre, et couvert partout de taches sanguines, de la grosseur de la graine de chenevis : elles sont un peu plus grandes sur le ventre. Toutes les nageoires sont tachetées de même et bordées de rougeâtre.

Suivant lui, les Hollandais le nomment *poisson-chat,* nom qui a été donné à d'autres espèces du même genre dans nos propres colonies. Ce poisson vit parmi les rochers, et sa chair est agréable au goût. L'individu que Margrave a décrit a pu vivre trois heures hors de l'eau.

Bloch a trouvé la figure de Margrave dans le livre du prince Maurice de Nassau, de la Bibliothèque de Berlin, mais il y a beaucoup ajouté en augmentant la vivacité des couleurs et en mêlant aux taches rougeâtres du corps de gros points noirs. Il nomme l'espèce *holocentrus punctatus.*

Le Mérou caraune.

(*Serranus carauna,* nob.) [2]

C'est à M. le prince de Neuwied que nous sommes redevables de cette belle espèce, et nous avons pu, à l'aide

---

1. *Pyra pixanga,* Margr., p. 152; *Holocentrus punctatus,* Bl., pl. 241.
2. *Carauna,* Margr., p. 147; *Gymnocephalus ruber,* Bl., édition de Schn., tabl. 67.

du dessin que le prince en a fait, retrouver le *carauna*
de Margrave.

Notre poisson est long d'un pied. Il a le bord du préopercule
arrondi et finement dentelé. Dans le dessin la couleur est d'un beau
rouge vif; la tête et le dos sont pointillés de bleu foncé. L'anale
et la caudale ont des teintes purpurines. Quand le poisson est sec,
le corps devient blanc et les points sont noirs.

Nous avons pris, pendant notre séjour à Berlin, une
copie du dessin du *carauna,* qui est dans le livre du
prince, à la page 333. C'est une petite figure, à peine
longue de deux pouces, faite avec soin, et dans laquelle
on voit bien exprimées les épines de l'opercule. Elle est
enluminée de rouge vif et tachetée de noir sur la tête et
sur le corps. On sait bien que les couleurs noircissent
aussitôt après la mort : ainsi cette différence dans les taches n'empêche pas que le dessin du prince Maximilien
et celui de Margrave ne soient identiques. Bloch a composé son *gymnocephalus ruber* sur ce dessin, mais en
l'altérant considérablement et en le triplant de grandeur,
il en a tellement changé le trait, qu'on peut à peine le
reconnaître; il a oublié les épines de l'opercule; il y a fait
de grandes écailles et y a disposé régulièrement des points.
M. Lichtenstein [1], dans son intéressant travail sur les poissons de Margrave, avait déjà reconnu le genre de ce poisson; mais aujourd'hui nous pouvons fixer les caractères
de l'espèce.

Nous avons tout lieu de croire que le *perca marina
punctulata* de Catesby, pl. 7, en est fort voisin, si ce
n'est pas le même.

---

1. Mém. de l'acad. de Berlin, 1820—1821, p. 278.

2.   37

Le *perca punctata,* que Bloch a copié, à la planche 314, d'un dessin du père Plumier, est encore voisin de toutes ces espèces piquetées.

On lui donne une teinte rouge-rosé sur le dos, bleuâtre sur le ventre. La tête et le corps couverts de points bleus. La dorsale et la caudale sont rougeâtres, un peu jaunâtres à leur base; l'anale et les ventrales rouges à leur insertion et grises sur leur bord; les pectorales sont jaunes. Ce poisson vient de la Martinique.

Enfin, à quoi faut-il rapporter le *perca venenosa* que nous trouvons à la planche 5 de Catesby? Sa couleur plombée et ses taches rouges, entourées d'un cercle noir, rappellent notre *serranus catus;* mais la queue de ce dernier n'est pas fourchue, ni sa dorsale non divisée, comme nous les voyons sur la figure de Catesby.

CHAPITRE XII.

Des Plectropomes.

Plectropome, de πλῆκτρον (*éperon*), et de πῶμα (*couvercle*), est un nom que nous avons composé pour une petite tribu de poissons qui ne diffèrent des serrans que par un caractère fort léger : savoir, que le bord de leur préopercule, autour et au-dessous de l'angle, est divisé en dents plus ou moins grosses, dirigées obliquement en avant et plus ou moins semblables à celles qui entourent la petite roue dont on arme aujourd'hui les éperons. C'est à peu près la conformation que nous avons observée dans le bar, parmi les percoïdes à deux dorsales. Du reste ces plectropomes ressemblent aux serrans par la forme, les nageoires, les dents et les épines de l'opercule. Nous ne les en séparons que pour donner plus de facilité à la nomenclature. Leurs écailles sont petites, ciliées, et s'étendent assez loin sur les nageoires verticales.

Les plectropomes sont tous étrangers et appartiennent aux mers des pays chauds. Sans être fort nombreux, ils offrent encore des moyens de les subdiviser, selon qu'ils ont plus ou moins de dentelures et que le bord montant du préopercule paraît entier, ou est lui-même finement, mais sensiblement, dentelé.

Le PLECTROPOME MÉLANOLEUQUE.

(*Plectropoma melanoleucum*, nob.) [1]

Parmi les espèces à bord montant entier, il en est une très-remarquable par les larges bandes noires qui se dessinent sur le fond argenté de son corps.

Elle a été découverte par Commerson, qui en a laissé dans ses papiers une description détaillée, sur laquelle M. de Lacépède a établi son *bodian mélanoleuque.* [2]

Mais Commerson en avait aussi préparé un individu en herbier, qui s'est retrouvé assez récemment, et qui nous a fait reconnaître l'identité de son espèce avec deux autres, qui ne reposaient que sur des dessins inexacts; savoir, le *bodian cyclostome* [3] et le *labre lisse.* [4]

Le premier de ces dessins paraît de la main de Sonnerat. Il est à la plume et colorié; on y voit bien les taches et les pointes récurrentes du préopercule; mais il ne montre à la dorsale que neuf rayons mous, au lieu de douze. Le second est de Jossigny, à la pierre noire. On n'y voit aucunes pointes, et il y a onze épines marquées confusément à la dorsale. Ni l'un ni l'autre n'est étiqueté par Commerson, et il ne paraît pas les avoir revus; ce qui explique les inexactitudes de détail qu'ils présentent : inexactitudes auxquelles d'ailleurs Jossigny était fort sujet, comme on peut s'en assurer par plusieurs de ses autres dessins, qui sont plus d'un artiste que d'un naturaliste.

---

1. *Bodian mélanoleuque,* Lacép.; *Bodian cyclostome, id.; Labre lisse, id.*
2. T. IV, p. 283 et 297. — 3. T. III, pl. 20, fig. 1, et t. IV, p. 282 et 295.
— 4. T. III, pl. 23, fig. 2, et p. 431 et 479.

La ressemblance des figures, et surtout la distribution des bandes, est d'ailleurs telle, qu'il nous est presque impossible de conserver aucun doute que les sujets qui ont servi de modèle ne fussent identiques d'espèce, soit entre eux, soit avec l'individu sec conservé au Cabinet du Roi.

Sa forme rappelle celle de la perche, mais est plus alongée. Ses écailles sont petites et enfoncées dans l'épidermè; elles s'étendent en partie sur les nageoires. Il y en a quelque peu sur le bout du maxillaire et sur le mandibulaire; mais les lèvres et le museau n'en ont point. La dorsale est peu élevée, presque égale sur sa longueur; la caudale coupée à peu près carrément; l'anale n'a que deux épines faibles et peu apparentes; les pectorales sont arrondies; les ventrales peu alongées; la ligne latérale est parallèle au dos; les mâchoires ont des dents en velours et même un peu en cardes, sur des bandes étroites, parmi lesquelles sont mêlées les canines, fortes et pointues, surtout en avant des deux mâchoires et sur les côtés de l'inférieure; l'opercule, osseux, se termine par trois pointes, dont la supérieure est moins aiguë, et il y a quatre ou cinq dents dirigées en avant, au bord inférieur du préopercule; l'œil est petit.

Voici les nombres des rayons, tels que nous les comptons sur l'individu desséché :

B. 7; D. 8/11; A. 2/8; C. 15; P. 17; V. 1/5.

Le fond de la couleur est d'un gris argenté, sur lequel le noir se distribue comme il suit : une première bande occupe le crâne entre les yeux et un peu en arrière de leur orbite; une seconde, plus large, descend de la nuque jusque sur l'opercule, qu'elle traverse sans le dépasser; une troisième, très-large dans le haut, prend des cinq ou six premières épines de la dorsale, descend, en se rétrécissant, jusqu'aux pectorales, et s'élargit ensuite de nouveau pour descendre aux ventrales et sur le ventre même, derrière elles. La base de la pectorale et celle de la ventrale sont plus ou moins comprises dans cette troisième bande. La quatrième part des der-

niers rayons épineux et des premiers rayons mous de la dorsale,
et descend jusqu'au ventre, qu'elle embrasse quelquefois ; mais elle
n'occupe pas toujours toute la hauteur du poisson, et il arrive
qu'elle laisse du blanc au-dessus et au-dessous d'elle; la cinquième
part des derniers rayons mous de la dorsale, et descend, en se
rétrécissant, vers le milieu de l'anale; quelquefois elle se termine
avant d'y atteindre, et l'anale n'a alors que quelques petites taches
noires; d'autres fois elle s'étale sur toute la base de cette nageoire.
Les trois dernières bandes montent plus ou moins sur la base de
la dorsale, et quelquefois même elles s'y unissent de manière à en
teindre en noir toute la base. Le reste de cette nageoire, ainsi que
toutes les autres, est d'un jaune citron. On voit quelques points
noirs sur la base de la caudale.

Commerson assure que ce poisson atteint quinze ou
dix-huit pouces de longueur, et que son poids va à deux
livres. Il l'a observé à l'Isle-de-France ; mais il ne donne
aucun renseignement sur ses habitudes.

On peut suppléer, à quelques égards, à son silence, au
moyen des auteurs hollandais. Cette espèce est représentée
d'une manière reconnaissable et avec ses vraies couleurs
dans Vlaming, n.° 22, sous le nom de *dowaso*.

Renard en donne une copie (part. I, pl. 22, fig. 120),
dont le fond est enluminé de bleuâtre. Il l'intitule :
orange aay.

Valentyn en donne une autre, n.° 497, et l'appelle
noorder princes; mais il l'enlumine à l'inverse de Renard :
le fond noir et les bandes vertes.

Selon lui, ce poisson atteindrait une longueur de quatre
pieds, aurait la chair grasse et ferme, et serait du goût le
plus délicat.

Le Plectropome léopard.

(*Plectropoma leopardinus*, nob.; *Holocentrus leopardus*,
Lacép.)

Un autre *plectropome*, de la mer des Indes, a été décrit
par M. de Lacépède (t. IV, p. 332 et 337), d'après un
individu desséché du Cabinet, sous le nom d'*holocentre
léopard*.

Il ressemble au précédent par la taille, par l'absence de dentelures au préopercule, par la petitesse des écailles, par la nudité
des lèvres et du museau, par les nombres des rayons et par toutes
ses formes. Ses ventrales se prolongent un peu en pointe. La pointe
mitoyenne de son opercule est plus forte à proportion des deux
autres, qui sont presque effacées, et il y a quatre dents aiguës au
bord inférieur de son préopercule. Dans son état actuel de desséchement, il paraît jaune ou fauve, et a tout le corps, la tête et même
la dorsale et la caudale semés de points bruns.

D. 8/11; A. 2/8; C. 15; P. 14; V. 1/5.

Le dernier rayon de ses ventrales est plus épais et plus profondément divisé que les autres, ce qui l'a fait compter pour deux
à M. de Lacépède.

La figure de l'*holocentrus auratus* (Bloch, pl. 236),
représenterait exactement ce poisson pour la forme et
pour les couleurs, et même on y a aussi dessiné les ventrales comme si elles avaient six rayons mous; mais la
dorsale y a neuf épines et quinze rayons mous, et le préopercule ne montre que des dentelures fines, sans grosses
pointes. Or, quelque habitués que nous soyons aux inexactitudes de Bloch et de ses dessinateurs, c'est à peine si
nous pouvons croire qu'ils les aient portées si loin.

Le PLECTROPOME PONCTUÉ.

(*Plectropoma maculatum*, nob.) [1]

Un troisième *plectropome*, rapporté de l'Isle-de-France
par les compagnons de M. Freycinet, et représenté par
eux pl. 45, fig. 1, sous le nom de *plectropome ponctué*,
l'avait déjà été par Bloch, pl. 228, sous celui de *bodianus
maculatus*, épithète que nous lui conserverons.

Cet auteur dit l'avoir reçu du Japon, comme il le dit
de tant d'autres poissons achetés à Amsterdam.

Ses formes et ses écailles sont les mêmes que dans les deux précédens; mais il n'a que trois pointes au bord inférieur du préopercule et deux seulement à l'opercule. Souvent aussi sa dorsale
n'a que sept épines. Tout son corps est brun, semé de petites
taches oblongues bleu-clair. Des points de la même couleur sont
sur la base de la partie molle de la dorsale, de la caudale et de
l'anale; on en voit même quelquefois sur les ventrales. Il y a une
tache noire à la base de la pectorale.

D. 7/11; C. 15; A. 2/8; P. 15; V. 1/5.

Le PLECTROPOME A GROSSES DENTS.

(*Plectropoma dentex*, nob.)

On trouve sur les côtes de la Nouvelle-Hollande un
grand *plectropome* à bord montant du préopercule à
peine un peu dentelé, et qui n'a que trois ou quatre
petites dentelures sous le bord horizontal. Il en a été envoyé tout nouvellement un bel individu par MM. Quoy

---

1. *Holocentrus maculatus*, Bl.; *Plectropome ponctué*, Quoy et Gaymard.

et Gaymard, qui accompagnent M. le capitaine Durville dans son expédition actuelle.

Le corps est alongé; sa hauteur n'est que le quart de la longueur. La tête est plus longue que le corps n'est haut. Le préopercule est arrondi; l'opercule a trois épines faibles; son bord membraneux se prolonge en une languette arrondie, assez grande. La mâchoire inférieure dépasse un peu la supérieure. Les dents canines sont très-fortes; on en compte quatre très-grosses à la mâchoire supérieure, deux de chaque côté, rapprochées l'une de l'autre, et qui sont reçues dans une échancrure de la mâchoire inférieure. Celle-ci a sept dents en crochets de chaque côté : la mitoyenne aussi grosse que celles de la mâchoire supérieure; après l'échancrure qui doit recevoir les canines supérieures, il y a trois crochets médiocres; puis un cinquième, qui est aussi fort que la première dent : il est suivi de deux autres plus petits que lui, mais plus forts que celui qui le précède immédiatement. Les dents des palatins sont petites et sur une bande très-étroite. Le maxillaire et la mâchoire inférieure sont recouverts d'assez grosses écailles. Celles du corps sont très-minces, de grandeur médiocre. La ligne latérale remonte très-près du dos. Les pectorales, arrondies, sont longues; la caudale est coupée carrément.

Les nombres sont :

D. 10/18; A. 3/8; C. 17; P. 15; V. 1/5.

La membrane des nageoires est recouverte en partie d'écailles.

Le fond de la couleur est olivâtre, à grandes marbrures noirâtres sur tout le corps. Sur les côtés de la tête et sur les mâchoires il y a de gros points bleus.

Les pectorales sont d'un olive plus clair que les autres nageoires. Elles sont marbrées de noirâtre.

L'individu que MM. Quoy et Gaymard ont envoyé au Cabinet du Roi, du port du roi George, a près de dix-sept pouces de long.

2.   38

Le foie est divisé en deux lobes, qui se terminent chacun en pointe triangulaire. Le gauche s'étend jusqu'au-delà de l'estomac. Le lobe droit est plus court et donne attache à une longue vésicule du fiel très-étroite. Sous l'œsophage le foie est assez épais.

L'œsophage est large, plissé intérieurement, et se termine par un estomac en sac obtus assez large. La tunique musculaire de l'estomac n'est pas très-épaisse. On compte sept appendices cœcales au pylore; elles sont grosses et longues, à l'exception de deux placées à droite de l'estomac. Le duodénum remonte vers le haut de l'abdomen, en restant dans l'hypocondre droit. Nous n'avons pas pu voir combien de fois l'intestin se replie.

La vessie natatoire est très-grande; ses parois sont minces et argentées. Les reins sont très-gros et s'étendent depuis la vessie aérienne jusqu'auprès de l'anus. Il y a une petite vessie urinaire.

Parmi les *plectropomes* où le bord montant du préopercule est sensiblement dentelé, on peut encore distinguer ceux qui n'ont au bord inférieur qu'un petit nombre de dentelures fortes, et ceux qui les ont nombreuses et fines.

Le Plectropome pavillon d'Espagne.

(*Plectropoma hispanum*, nob.)

Nous mettrons en tête des premiers une belle espèce, que l'on nomme à la Martinique, selon M. Plée, le *ouatalibé espagnol*.

Elle n'a que huit épines dorsales, comme les précédentes; mais elle s'en distingue (indépendamment des dentelures de son bord montant) parce qu'elle n'a qu'une dent sous le préopercule. Ses canines sont très-fortes, et la pointe mitoyenne de son opercule est plus longue et plus grosse que dans la plupart des *plectropomes* et des *serrans*. Le sous-opercule est dentelé. La deuxième épine anale est aussi très-forte. Ce poisson est remarquable par sa belle couleur aurore. Dans le frais, il est même rayé de rouge et de jaune;

et c'est ce qui lui a fait donner l'épithète d'*espagnol*, parce qu'il ressemble au pavillon de cette nation. On l'a comparé apparemment avec le serran nommé *ouatalibé*, qui est rouge et sans raies jaunes.

Sa forme est assez courte et trapue.

D. 8/12; A. 3/7; C. 17; P. 16; V. 1/5.

Le Plectropome du Brésil.

(*Plectropoma Brasilianum*, nob.)

Une autre espèce, qui a été rapportée du Brésil par Delalande,

a, au bas du préopercule, trois dents fortes et crochues et une un peu moindre à l'angle. Son opercule a trois pointes. On compte treize rayons épineux à sa dorsale, au-dessus de laquelle la partie molle s'élève un peu. Il y en a trois à l'anale, dont le second est très-fort. Ses pectorales, arrondies, ont les bouts des rayons un peu saillans hors de la membrane, ce qui les rend comme festonnées. Elles paraissent avoir été jaunes, lisérées de noirâtre. La couleur du reste de son corps est un gris brun, sur lequel il paraît y avoir eu quelques bandes irrégulières roussâtres.

D. 13/16; A. 3/7; C. 15; P. 16; V. 1/5.

Le lobe gauche du foie du *plectropome* du Brésil est triangulaire, assez épais et peu alongé; le lobe droit est plus court. L'estomac est de grandeur médiocre. Ses parois sont minces, peu plissées. La branche montante est si courte, qu'elle est presque nulle. Il y a neuf appendices cœcales au pylore. L'intestin fait plusieurs ondulations et deux replis assez éloignés l'un de l'autre. Ses tuniques sont aussi très-minces. Il y a une petite vessie natatoire, dont les parois sont d'une minceur extrême.

Nous avons trouvé des débris d'arachnoïdes dans l'estomac.

Tout son intérieur ressemble, comme on voit, à celui des serrans; mais, malgré sa forme assez courte, je trouve deux vertèbres de plus à sa caudale.

Le PLECTROPOME A PECTORALES VERTES.

(*Plectropoma chloropterum*, nob.)

La mer des Antilles nourrit un plectropome

dont les épines de l'opercule sont très-petites et peu faciles à voir. Le bord du préopercule est finement et également dentelé; l'angle est arrondi, et au-dessous de l'angle on voit deux dents dirigées en avant, dont l'antérieure est la plus forte. Les nageoires sont arrondies.

Les nombres sont :

D. 11/17; A. 3/8; C. 17; P. 16; V. 1/5.

Ce poisson a tout le corps olivâtre, marbré de noirâtre. Les marbrures sont formées par la réunion de points noirs. Le long des flancs on compte neuf à dix lignes de points jaunâtres. Le dessous de la gorge est olive-clair, tacheté de blanc.

La dorsale est olivâtre; sa partie molle est plus claire. L'anale est rayée de brun. La caudale est plus foncée; les pectorales sont verdâtres.

Ce poisson est long de dix pouces.

M. Ricord nous apprend qu'on le nomme *farlate* à Saint-Domingue. Il y est commun pendant toute l'année, et sa chair est délicate et estimée. A la Martinique, suivant M. Plée, il porte le nom de *petite vieille,* épithète que les colons français donnent en général à toutes ces espèces tachetées, voisines des serrans.

Le PLECTROPOME A SCIE.

(*Plectropoma serratum*, nob.)

Une quatrième espèce de *plectropome,* à préopercule dentelé, vient d'être découverte au port du roi George par MM. Quoy et Gaymard.

Son corps est gros et court. Sa hauteur ne fait que le tiers de la longueur, et l'épaisseur est la moitié de la hauteur. Le profil de la tête descend obliquement et en droite ligne depuis la dorsale jusqu'au bout du museau. Les joues sont un peu renflées; les yeux sont gros et saillans; les deux mâchoires sont d'égale longueur. Les dents de la rangée externe sont fortes, courtes, coniques, un peu crochues et d'égale longueur. Les dents en cardes sont assez fortes. Les lèvres, et surtout l'inférieure, sont charnues et très-épaisses. De petites écailles recouvrent la peau du maxillaire et de la mâchoire inférieure. Le préopercule est arrondi, très-fortement dentelé, et a près de l'angle deux grosses dents dirigées en avant, dont l'antérieure est la plus forte. Les trois épines de l'opercule sont très-acérées.

La portion épineuse de la dorsale est beaucoup plus longue et moins haute que la partie molle. Tous les rayons sont enveloppés dans une peau assez épaisse et écailleuse. L'anale est de même recouverte de petites écailles; son second rayon épineux est très-gros. La base entière de la pectorale est aussi recouverte d'une peau épaisse et écailleuse. La caudale est coupée carrément.

Les nombres sont :

D. 13/16; A. 3/9; C. 17; P. 15; V. 1/5.

Les écailles sont petites et tellement enfoncées dans la peau, qu'on les sent à peine au toucher.

La couleur est brune, assez également répandue sur le corps et sur la tête. Les nageoires vers le bord deviennent presque noires. Une large bande noirâtre traverse obliquement la joue, en descendant de l'œil vers l'angle du préopercule. On voit épars sur les flancs de gros points noirs.

Nous ne possédons qu'un seul individu de cette belle espèce; il est long de quatorze pouces.

Le foie enveloppe plus des deux tiers de l'œsophage, sous lequel il est situé. Il forme dans l'hypocondre gauche un large lobe quadrilatère, qui n'a pas une très-grande épaisseur.

Dans le côté droit le foie donne une pointe étroite de peu d'épaisseur, et à laquelle est suspendue, par un long canal, la vésicule du fiel, qui est grosse et globuleuse.

L'œsophage est large, à parois épaisses et charnues, ridé en dedans par de nombreux plis longitudinaux. Il se termine en un sac pointu, qui est aussi très-musculeux. La branche montante naît peu en avant de l'estomac; elle est grosse et peu longue. Le pylore est muni de huit appendices très-longues et d'un assez grand diamètre : cinq sont placées à la gauche de l'estomac et trois au-dessous; il n'y en a pas à la droite de l'estomac. Le duodénum est assez large; il remonte sous le foie, passe à la droite de l'estomac et se rétrécit un peu. L'intestin se replie cinq fois : il est long, offre plusieurs rétrécissemens, et, après s'être replié derrière le duodénum, il se dilate et se rend droit à l'anus. La rate n'est pas trèsgrosse, et se cache entre les replis de l'intestin.

La vessie natatoire est grande, quoiqu'elle ne se porte pas en arrière au-delà de la moitié de la longueur de l'abdomen. Son diamètre vertical est plus que la moitié du diamètre longitudinal. Elle est un peu plus grosse sous le diaphragme qu'en arrière, et fortement attachée aux côtes et aux vertèbres par un épais repli fibreux du diaphragme, qui donne aussi une bride attachée sur l'œsophage. La tunique propre est aussi fibreuse et très-solide. Les corps rouges sont très-petits.

Les ovaires s'étendent depuis l'arrière de la vessie natatoire jusqu'à l'anus. Leur tunique est épaisse, grande, et c'est à la face inférieure du sac que l'on voit flotter les nombreuses houppes sur lesquelles les œufs sont attachés.

Les reins sont gros et se composent chacun d'un lobe triangulaire situé derrière le diaphragme, qui donne un filet très-mince jusque sur l'arrière de la vessie natatoire. Ils se réunissent alors en un seul lobe, qui est d'abord très-renflé et qui diminue un peu d'épaisseur et se continue jusqu'auprès de l'anus. Je n'ai pas pu voir de vessie urinaire.

Le péritoine est mince et argenté.

Ce poisson se nourrit de crustacés.

Le PLECTROPOME ROUGE ET NOIR.

(*Plectropoma nigro-rubrum*, nob.)

Ces naturalistes ont trouvé au même port un cinquième *plectropome* de cette subdivision, qui rappelle le *mélanoleuque* par la distribution de ses couleurs.

Son corps, plus alongé que dans le précédent, l'est moins que dans le *melanoleuque*. La longueur de sa tête est du tiers de celle du corps. La mâchoire inférieure dépasse davantage la supérieure. Il a quelques dents en crochets, mais qui dépassent peu les autres. Les yeux sont placés à la ligne du profil, et l'espace qui les sépare est étroit et un peu concave. L'épine moyenne de l'opercule est moins forte que dans le précédent. Les dentelures du bord montant du préopercule sont plus fines. Il n'y a au bord inférieur que deux pointes dirigées en avant, dont une à l'angle; mais elles sont l'une et l'autre fortes et aiguës.

Les écailles sont grandes et finement ciliées. Les rayons épineux de la dorsale et de l'anale sont forts et assez élevés; la caudale est coupée carrément.

Les nombres sont :

D. 10/17; A. 3/8; C. 17; P. 13; V. 1/5.

Le corps est coloré de rouge-orangé très-vif et traversé par cinq bandes noires : la première est faible, et naît sous les premiers rayons de la dorsale; les quatre autres sont très-foncées : la dernière entoure la base de la queue.

Le plus grand de nos individus est long de neuf pouces.

Le foie de ce *plectropome* est petit. Ses lobes se terminent en pointe aiguë. L'œsophage est assez large; il se continue en un sac étroit et pointu. Cet estomac a des parois épaisses et très-charnues. A l'intérieur on voit cinq à six gros plis longitudinaux. La branche montante naît sous l'estomac, dans la fourche des lobes du foie : elle est courte et étroite. Il y a huit appendices cœcales, grêles et assez longues. L'intestin est très-étroit et se replie au moins sept fois sur lui-même avant de se rendre à l'anus, de manière qu'il a beaucoup de longueur. La vessie natatoire n'occupe que les deux tiers antérieurs de la longueur de la cavité abdominale. Elle est très-grosse, arrondie en avant, pointue en arrière. Ses parois sont minces et transparentes. Les reins sont rejetés à l'arrière de l'abdomen, et bientôt réunis en un seul lobe très-gros, qui verse l'urine presque immédiatement, tant les uretères doivent être courts.

Le PLECTROPOME DU JAPON.

(*Plectropoma susuki.*)

Parmi les poissons rapportés du Japon par M. Langsdorf, nous avons trouvé un *plectropome* qui n'a qu'une seule épine au bord horizontal du préopercule.

Le bord montant est finement dentelé. L'angle fait une légère saillie et a quatre dentelures plus fortes que les autres.

Les dents sont en fortes cardes et presque égales. Les écailles sont petites; les nageoires arrondies.

Les nombres sont :

D. 11/14; A. 3/9; C. 17; P. 18; V. 1/5.

La couleur est grise, tirant un peu sur le brun verdâtre. Huit à neuf bandes brunes traversent le corps. Les nageoires caudale, anale et ventrale sont brunes; les pectorales et la dorsale sont plus claires. Ce poisson est long d'un pied.

Suivant M. Langsdorf, les Japonais le nomment *susuki.*

Les espèces suivantes, outre les dentelures fines du bord montant du préopercule, en ont au bord inférieur de nombreuses, presque aussi fines, mais dirigées en avant, comme dans tout ce genre. Leurs canines sont plus courtes et en général toutes leurs dents plus fines que dans les précédens, ce qui les rapproche un peu des *centropristes*.

Leur corps est court et comprimé, et leurs épines dorsales sont au nombre de dix.

Le PLECTROPOME DEMOISELLE.

(*Plectropoma puella*, nob.)

Nous en devons à M. Achard une jolie espèce, connue à la Martinique sous le nom de *demoiselle blanche*.

La hauteur de son corps n'est que deux fois et demie dans sa longueur, et son épaisseur est à peine du tiers de sa hauteur. Les dentelures du bord montant sont excessivement fines; celles de l'inférieur le sont un peu moins.

D. 10/16; A. 3/7; C. 17; P. 13; V. 1/5.

Ce joli poisson est d'une belle couleur olive, traversée par six bandes d'un noir violet. La première est large et descend de l'orbite au bord inférieur du préopercule; la seconde, plus effacée, passe sur l'épaule; la troisième, très-large, très-foncée, est sur le milieu du corps; la cinquième descend de la fin de la dorsale à la fin de l'anale; la sixième borde la caudale : ces dernières sont pâles.

Un trait bleu entoure l'orbite et descend ensuite le long du bord antérieur de la première bande brune. Trois autres traits, un peu sinueux, traversent l'opercule et descendent sur la poitrine, au-dessous de la pectorale; un dernier petit trait bleu longitudinal est sur le front, entre les yeux; le sous-orbitaire est ponctué de bleu. Les nageoires impaires sont d'un olive plus jaune que le corps. La partie épineuse de la dorsale est rembrunie par le prolongement

2.

39

de la troisième bande brune du corps; sa partie molle est couverte
de nombreux traits obliques et bleus; l'anale et la caudale n'ont
aucunes taches. Les pectorales sont d'un rose tellement tendre, leur
membrane est si fine, qu'ouvertes elles paraissent incolores. Les
ventrales sont d'un beau vert-olive très-foncé, bordées de bleuâtre.
Sa longueur est de quatre pouces.

Le PLECTROPOME A CAUDALE JAUNE.

(*Plectropoma chlorurum*, nob.)

La Martinique produit une espèce très-voisine, que
les colons de cette île appellent *petit nègre,* nom qu'ils
donnent aussi à un mérou, comme nous l'avons vu
page 281; mais cette espèce-ci le mérite mieux.

Elle est entièrement d'un brun noirâtre, avec la caudale et les
pectorales jaunes; ses autres nageoires sont noires. Elle a trois
pointes à l'opercule; six dents au bord inférieur du préopercule.
Le bord montant est finement dentelé et a trois dentelures un peu
plus fortes vers l'angle.

D. 10/15; A. 3/7; C. 15; P. 12; V. 1/5.

Le dernier rayon de ses ventrales est conformé comme dans le
plectropome léopard.

Le foie de ce *petit nègre* est assez gros eu égard au volume des
autres viscères. Le lobe gauche est trièdre et se prolonge assez en
arrière dans l'abdomen; il se termine par une pointe fort aiguë. Le
lobe droit est beaucoup plus court. Le tube intestinal est extrêmement grêle. Il commence par faire, sous la bifurcation du foie,
des sinuosités serrées et rapprochées, et après s'être replié pour
remonter en suivant les sinuosités du duodénum jusque dans
l'angle des lobes du foie, il se replie de nouveau et se porte à
l'anus, en formant un tube droit très-étroit et également cylindrique dans toute sa longueur. Je n'ai pu voir l'estomac, et je n'ai
compté que quatre cœcum au pylore : ils sont longs et grêles. Je

ne crois pas qu'il y en eût un cinquième, bien qu'une partie des viscères fût altérée.

Les ovaires forment deux sacs alongés, étroits, occupant en longueur la moitié postérieure de l'abdomen. Ils sont remplis d'œufs très-petits.

La vessie natatoire est petite. Sa longueur égale à peine le tiers de celle de l'abdomen. Ses parois sont excessivement minces.

Le Plectropome a selle noire.

(*Plectropoma ephippium.*) [1]

Une espèce très-voisine de ce *petit nègre* est déjà figurée dans l'ouvrage de Seba; et Bloch, dans son Système posthume, lui a donné le nom très-impropre d'*holocentrus unicolor*.

Nous la croyons de Java, attendu que M. Valenciennes l'a achetée à Amsterdam, avec beaucoup d'autres poissons qui venaient de cette île.

Ce poisson a le corps assez élevé; le museau pointu. L'angle du préopercule est très-ouvert, arrondi; le bord montant est finement dentelé, et le bord horizontal dentelé par des épines fines, serrées et dirigées en avant. Des trois épines de l'opercule les deux inférieures sont les plus fortes. Les mâchoires sont sans écailles. Tout le corps est couvert d'écailles petites, rudes au toucher.

La ligne latérale suit la courbure du dos, dont elle est plus près que du ventre. Elle se courbe un peu vers la queue et passe par son milieu. La caudale est coupée carrément. Les autres nageoires sont arrondies.

La couleur est brune sur le dos et rousse sous le ventre. Une grande tache noire sur le dos de la queue descend de chaque côté et

---

1. Seb., t. III, p. 76, n.ᶜ 10, tabl. 27, fig. 10; *Holocentrus unicolor*, Bl., Schn.

se termine en pointe vers le dessous. Une autre tache noire, petite, est en avant de l'œil, de chaque côté du museau. Un trait fin, violet, ondulé, descend de l'angle antérieur de l'œil vers l'angle du préopercule. Les écailles qui couvrent la région pectorale sont chacune marquées, dans leur centre, d'un petit point blanchâtre. Toutes les nageoires sont rousses. La moitié inférieure de la partie molle de la dorsale est écailleuse, et près du bord on voit les traces de nombreuses taches linéaires violacées.

Voici les nombres des rayons :

D. 10/15; A. 3/7; C. 17; P. 11; V. 1/5.

La longueur de l'individu est d'un peu plus de trois pouces.

CHAPITRE XIII.

Des Diacopes.

Nous avons pris ce nom du grec διακοπή (*incisura*), et nous l'avons employé pour désigner un genre très-voisin des serrans, qui a, comme eux, des dents canines, mêlées parmi ses dents en velours, et le bord du préopercule dentelé, dont l'opercule est même le plus souvent terminé par deux ou trois pointes plates, mais qui se distingue facilement de tous les poissons analogues par une échancrure du bord du préopercule, dans laquelle s'agence une tubérosité saillante de l'interopercule.

Ce caractère, très-frappant, a été remarqué par Forskal, mais ne l'a pas empêché de ranger ces poissons dans son genre *sciena,* qui comprenait, avec les *sciènes* proprement dites, des *holocentrum,* des *myripristis* et d'autres poissons assez disparates, mais rapprochés par cette circonstance que les rayons épineux de leur dos se peuvent cacher entre les écailles.

Cette particularité s'observe en effet aussi dans les diacopes.

Toutes les espèces connues de ce genre viennent de la mer des Indes. Plusieurs d'entre elles sont remarquables par leur beauté, par leur grandeur et par leur bon goût.

La Diacope de Seba.

(*Diacope Sebæ,* nob.)

L'espèce représentée le plus anciennement avec quelque
exactitude, et que nous avons nommée *diacope de Seba,*
d'après celui qui l'a fait connaître [1], n'a point été mentionnée par les auteurs méthodiques; mais Russel l'a re-
produite dans son Histoire des poissons de Vizagapatam,
n.º 99, sous le nom de *botlavoochampah,* qu'elle porte,
dit-il, sur la côte d'Orixa. M. Leschenault nous l'a envoyée
de Pondichéry, et assure que les pêcheurs de ce lieu la
nomment *pinnel.* Elle est commune à Java, d'où MM. Kuhl
et Van Hasselt en ont fait parvenir beaucoup d'individus
au Cabinet de Leyde, et nous en avons reçu récemment
un de l'île de Waigiou par MM. Lesson et Garnot, naturalistes de l'expédition de M. Duperrey.

Sa forme est peu alongée et assez haute à la nuque. Son profil,
assez long et à peu près rectiligne, descend obliquement. La longueur de sa tête et la hauteur de son corps au droit des pectorales, sont à peu près égales et comprises chacune seulement trois
fois dans la longueur totale.

Le crâne, le museau et les mâchoires sont sans écailles, mais
il y en a sur la joue et sur les pièces operculaires. Elles sont assez
grandes sur le corps, et il y en a de petites qui s'étendent sur les
nageoires verticales, entre les rayons. On observe que les deux premières rangées de la nuque sont plus grandes que les suivantes et
d'une forme rectangulaire particulière, ce qui se retrouve plus ou
moins dans la plupart des diacopes et des mésoprions. Les dentelures du préopercule sont très-petites et peu saillantes. Il y a deux

---

1. Seb. t. III, pl. 27, fig. 2.

pointes plates et mousses à l'opercule. L'os surscapulaire est dentelé, mais non l'huméral. La dorsale est inégale : elle a onze rayons épineux et quinze mous. C'est entre la septième et la neuvième épine qu'elle est le plus abaissée, et elle se relève tout-à-fait au sixième et au septième rayon mou, qui lui font faire un angle saillant. L'anale forme aussi un angle saillant, et les pectorales sont longues et pointues, comme aux spares. La caudale est un peu échancrée en croissant.

D. 11/16; A. 3/9; C. 16; P. 17; V. 1/5.

L'apparence générale de ce poisson est à peu près celle d'un spare; mais ses dents sont les mêmes que dans les serrans. Il y a, sur un fond pâle, trois larges bandes obscures, dont la première prend de la nuque et avance obliquement jusqu'au museau, en entourant l'œil; la deuxième descend verticalement depuis le milieu de la dorsale jusqu'aux ventrales; la troisième se dirige obliquement en arrière depuis la fin de la dorsale jusqu'à la base de la caudale. Le bord de la dorsale et de l'anale, les pointes de la caudale et les ventrales entières, sont aussi d'une teinte obscure.

Dans le frais, selon M. Russel, les bandes sont d'un rouge de sang, et le fond jaune. M. Leschenault les dit noirâtres, sur un fond rouge; mais ce sont des nuances qui peuvent varier selon la saison ou suivant que le poisson est décrit plus ou moins promptement après sa mort.

La diacope de Seba a le lobe gauche du foie triangulaire et prolongé en une pointe très-aiguë; il est d'ailleurs très-mince. Le lobe droit est de moitié plus court. La vésicule du fiel est longue et grêle, et se porte en arrière, bien au-delà de l'estomac, le long de l'intestin.

L'œsophage est large, et il se prolonge en se rétrécissant en un sac conique, qui est l'estomac, dont les parois sont assez épaisses et chargées en dedans de rides irrégulières.

La branche montante est de moitié plus courte que l'estomac lui-même. Elle est très-rétrécie près du pylore, qui est muni de cinq appendices cœcales, longues et assez grosses. Le duodénum est presque aussi large que l'estomac; mais l'intestin se rétrécit beaucoup au premier repli en arrière de l'estomac, et, après en avoir fait un second·à la hauteur du pylore, il se rend à l'anus.

La vessie natatoire est grande, simple et assez mince. Elle est argentée.

Les reins sont médiocres, et versent l'urine dans une vessie triangulaire assez grande par deux longs uretères.

L'individu décrit par Russel était long de onze pouces; mais M. Leschenault nous assure que l'espèce atteint à la taille de trois pieds. Il ajoute qu'elle est bonne à manger, mais qu'on n'en prend pas beaucoup dans la rade de Pondichéry.

Il est singulier qu'un si beau et si grand poisson ait été négligé, avant nous, par tant de naturalistes, qui en trouvaient une belle figure dans Seba, tandis qu'ils faisaient des espèces sur des figures erronnées de Catesby, de Rondelet ou de Sloane; mais il faut une grande habitude d'observer pour savoir distinguer une bonne et une mauvaise figure.

La Diacope a lignes flexueuses.

(*Diacope rivulata,* nob.)

La côte de Coromandel produit une espèce de la même forme que la précédente, et encore plus grande et plus belle, que nous devons également à M. Leschenault, et qu'il nous assure s'appeler *orati* parmi les naturels. On la trouve aussi à Java, d'où MM. Kuhl et Van Hasselt l'ont envoyée à Leyde; M. Ehrenberg l'a rapportée de la mer Rouge au Musée de Berlin; et tout récemment M. Dussumier nous l'a apportée de Malabar.

Ses formes sont à peu près celles de la première espèce, excepté que la partie antérieure de sa dorsale s'élève un peu moins. Elle est violette et a sur la tête des points blancs, et sur les opercules des lignes blanches obliques, irrégulièrement flexueuses, qui y forment des îles et des anneaux. Chacune des écailles du corps est marquée d'un point blanc; mais ce qui paraît blanc dans le sec est bleu-clair dans le frais. Le ventre est rosé; les parties molles des nageoires sont noirâtres. L'anale et les ventrales ont surtout leurs pointes presque noires.

D. 10/15 ou 16; A. 3/8 ou 9; C. 16; P. 16; V. 1/5.

On en pêche de trois pieds et demi de longueur.

C'est un mets estimé à Pondichéry.

La Diacope macolor.

(*Diacope macolor*, nob.)

Les compagnons du capitaine Duperrey viennent de rapporter de la Nouvelle-Guinée une diacope bien caractérisée et très-remarquable par la distribution singulière du noir et du blanc qui la peignent. Aucun auteur méthodique n'en a encore parlé, quoiqu'elle soit représentée d'une manière très-reconnaissable par Renard, t. I, pl. 9, fig. 60, sous le nom de *macolor*.

Valentyn donne aussi la figure de cette espèce dans son Histoire d'Amboine, t. III, p. 348 et pl. 1, n.° 1. Il la place à la tête des poissons singuliers, la nomme *ikan-roellat*, et assure que sa chair est ferme et blanche, et qu'elle est très-bonne à manger. Ces attributs appartiennent sans doute aussi aux espèces voisines.

Dans sa seconde partie (pl. 7, n.° 30), Renard donne un autre *macolor*, qui n'a avec le premier qu'une ressemblance grossière, et dont il dit qu'il pèse quelquefois trente livres, mais qu'il est très-rare.

Son museau est un peu plus court, et son front un peu plus convexe que dans la plupart des autres espèces. Sa dorsale et son anale sont fort pointues en arrière. Les épines en sont médiocres et assez égales. Ses pectorales sont aussi longues et pointues et se portent jusque sur la base de l'anale. Sa caudale est coupée carrément. La dentelure de son préopercule est à peine sensible; mais son échancrure et le tubercule qu'elle reçoit sont très-marqués, quoique petits. L'opercule osseux se termine par deux pointes mousses. Le dos de ce poisson est noir, avec cinq taches rondes et blanches de chaque côté : trois près de la dorsale et deux un peu plus bas, alternant avec les trois supérieures. La première de celles-ci est sous les quatre épines antérieures; la seconde répond aux quatre postérieures et s'étend sur la dorsale, dont elle coupe en deux le fond noir; la troisième se prolonge en une bordure sur les derniers rayons mous. Une large bande blanche s'étend en ligne droite depuis les ouïes jusqu'au bout de la caudale, qui d'ailleurs est noire, mais a ses angles blancs. Cette bande est séparée du blanc du ventre et de la poitrine par une bande noire, qui commence derrière l'aisselle de la pectorale et s'étend jusqu'au bord inférieur de la caudale. Les pectorales, les ventrales et l'anale sont noires, excepté le bord postérieur de celle-ci, qui est blanc. La tête a le bout du museau noir, embrassé par une large ceinture blanche, que suit une ceinture noire encore plus large, dans laquelle est l'œil. Enfin, une dernière ceinture blanche règne sur le crâne et sur l'opercule, et se joint au blanc de la poitrine. Notre individu est long de sept pouces.

B. 7; D. 10/14; A. 3/11; C. 17; P. 17; V. 1/5.

Le foie du macolor est très-petit, placé en travers sous l'œsophage et en forme de croissant, dont les deux pointes sont de chaque côté de cette portion du canal alimentaire.

Les parois de tout le tube sont remarquables par leur minceur; elles ne paraissent, d'un bout à l'autre, que comme une simple membrane déliée et transparente.

L'œsophage est assez long et assez large. L'estomac est court, large et en cul-de-sac arrondi; le pylore est auprès du cardia, il est muni de quatre cœcum larges et assez longs.

L'intestin est long, à cause des nombreux replis qu'il fait. Il se porte d'abord vers le diaphragme en longeant l'œsophage. Il se dilate beaucoup vers le rectum, qui est court, mais très-large.

La rate est brune, située entre l'intestin et l'œsophage, au-devant de l'estomac.

La vessie aérienne est grande, à parois très-minces. La glande qui sécrète l'air est rouge et assez grosse, sous la forme d'une petite boule un peu alongée.

Les reins sont petits et ne descendent pas jusqu'auprès de l'anus.

La DIACOPE A HUIT RAIES.

(*Diacope octolineata*, nob.) [1]

L'une des diacopes où l'on voit le mieux les caractères du genre, offre en même temps la parure la plus brillante et la plus régulière.

Son dos, ses flancs et toutes ses nageoires sont d'un beau jaune, tirant au rouge ou au rose sur le museau et sur les joues, et blanchissant vers le ventre, qui est seulement rayé de jaune. Quatre rubans bleu-clair, lisérés de points noirs, règnent parallèlement sur le jaune : le premier, depuis le milieu de la dorsale jusqu'au crâne; le second, depuis le quart postérieur de la dorsale jusqu'à l'œil; le troisième, depuis la fin de cette dorsale jusqu'au haut du préopercule; le quatrième, depuis la base de la queue et passant sous l'œil, jusque vers le bout du museau. Il y a quelquefois un vestige de cinquième ruban sur les confins du jaune des flancs et du blanc de l'abdomen; et dans certains individus le bord supérieur de la dorsale est d'une couleur plus foncée que le reste. On voit aussi

---

1. *Holocentrus Bengalensis*, et *Holocentrus quinquelineatus*, Bl.; *Labre à huit raies*, Lacép.; *Sciœna kasmira*, Forsk. (*Labre kasmira*, Lacép.).

dans quelques individus une tache noirâtre, peu marquée sur la ligne latérale, vis-à-vis le milieu de la dorsale.

Aucune diacope ne montre plus distinctement que celle-ci la tubérosité de son interopercule et l'échancrure de son préopercule. La première est saillante et même pointue; la seconde est profonde. Il y a de fines dentelures au bord montant du préopercule et de fortes à la partie arrondie, au-dessous de l'échancrure. L'opercule n'a qu'une pointe plate. Les canines sont bien marquées. Le corps est oblong. La plus grande hauteur au milieu est à peu près trois fois dans sa longueur; la longueur de la tête égale cette hauteur; la dorsale est médiocrement élevée et partout à peu près égale; les pectorales sont grandes et pointues; les ventrales moitié plus courtes; la caudale est coupée en croissant; les écailles, de grandeur médiocre, sont un peu âpres et ciliées; la ligne latérale demeure parallèle au dos.

D. 10/15; A. 3/8; C. 15; P. 15; V. 1/5.

La diacope à huit raies a, comme celle de Seba, le foie profondément divisé; le lobe gauche du double plus long que le droit, auquel est suspendue une vésicule du fiel beaucoup plus longue que celle de la diacope de Seba.

Il y a cinq cœcum plus courts au pylore. L'intestin ne fait de même que deux replis.

La vessie aérienne est plus petite, et ses parois sont plus minces.

Nous avons fait son squelette, qui ne diffère presque en rien de ceux des serrans les plus communs.

Commerson avait apporté deux dessins et plusieurs individus desséchés de ce beau poisson. Un de ces dessins, imparfaitement copié par le graveur de M. de Lacépède [1], est devenu le *labre à huit raies* de ce naturaliste [2]; mais l'espèce avait déjà été très-bien représentée par

---

1. T. III, pl. 22, fig. 1. — 2. *Ib.*, p. 478.

Bloch, sous le nom moins impropre d'*holocentrus ben-galensis*. [1]

Il y a tout lieu de croire que l'*holocentrus quinque-lineatus* de Bloch (pl. 239), ou le *grammistes quinque-lineatus* de son Système (édition de Schneider), n'en est aussi qu'une variété, où le cinquième ruban était plus marqué qu'à l'ordinaire. C'est l'avis de M. Schneider, qui a vu les originaux de ces deux figures. [2]

Mais ce que l'on n'a point remarqué, c'est l'extrême ressemblance (pour ne pas dire l'identité absolue) de notre poisson avec le *sciæna kasmira* de Forskal, dont M. de Lacépède a fait un labre [3], et Bloch un grammiste. Tout en est pareil, excepté quelques lignes bleues sur le vertex, dont parle Forskal, et que je n'aperçois pas sur nos individus. Cette circonstance n'est d'ailleurs d'aucun poids, depuis que M. Ehrenberg a recueilli notre poisson dans la mer Rouge et lui a entendu appliquer ce même nom de *kasmira*.

Voilà donc une espèce qui est déjà quatre fois dans les auteurs systématiques, et peu s'en est fallu qu'on ne l'y plaçât une cinquième; car Forster le père, qui l'avait vue près d'Otaïti, en avait laissé une description détaillée sous le nom de *perca polyzonia;* mais la sagacité de M. Schneider en a senti l'identité [4], et nous pouvons garantir la justesse de sa décision, d'après le dessin fait de la main de Forster, qui est dans la bibliothèque de Banks. Ce poisson est aussi sous le même nom dans la

---

1. Pl. 246, fig. 2. Cette figure, faite d'après un jeune individu dans la liqueur, a seulement le fond de la couleur brun, et non pas jaune.

2. *Syst. Bl.*, *index*, p. xliv. — 3. *Labre kasmira*, t. III, p. 483. — 4. *Syst. Bl.*, p. 316.

collection de Broussonnet. Parkinson en a laissé un autre dessin, sous le nom de *perca vittata*.

Cette diacope a été observée, comme on voit, à l'Isle-de-France, dans la mer Rouge et dans le grand océan Pacifique. Forster dit que les Otaïtiens la nomment *ta-ape*, et les naturalistes de l'expédition de M. Duperrey viennent de la rapporter en effet d'Otaïti sous le nom peu différent d'*étaapé* : les Arabes de Djidda l'appellent *kasmiri* et *tyrki*, selon Forskal. Ajoutons que c'est fort probablement le *marack* d'Amboine de Renard[1]. C'est tout ce que nous pouvons dire de son histoire.

La DIACOPE DONDIAVAH.

(*Diacope notata*, nob.)

Le poisson que Russel représente dans ses Poissons de Vizagapatam, n.º 98, sous le nom d'*antica dondiawah*, est une diacope qui a aussi une tache noire sur la ligne latérale et plus prononcée que celle qui s'aperçoit quelquefois dans l'*octolineata*.

Ses formes sont les mêmes. Son échancrure et son tubercule sont pour le moins aussi marqués; mais ses dents sont moins fortes. On ne lui voit qu'une pointe plate à l'opercule. Sa couleur est un brun-jaune, avec des lignes longitudinales un peu plus dorées, et une tache noire sur la ligne latérale, vis-à-vis le milieu de la partie molle de la dorsale. Dans nos individus secs on voit, de chaque côté, six ou sept lignes obliques, noirâtres, très-étroites et peu apparentes.

D. 11/13; A. 3/8; C. 17; P. 16; V. 1/5.

---

1. Renard, t. I.ᵉʳ, pl. 20, fig. 110.

M. Russel donne à son *antica dondiawah* des teintes plus ou moins rouges sur le dos et aux nageoires; mais il annonce que ces couleurs varient selon l'âge et la saison. L'individu qu'il représente était long de onze pouces. Les nôtres sont plus petits. Nous les avons de Commerson et du voyage de Péron.

La Diacope hober.

(*Diacope fulviflamma*, nob.)

Ce poisson de la mer Rouge, que Forskal (p. 45, n.° 45) a nommé *sciœna fulviflamma*, est fort voisin du précédent.

Aux caractères des diacopes il joint une teinte jaunâtre, des lignes dorées, quelquefois peu marquées, sur les flancs, et une tache noire au même endroit que les deux que nous venons de décrire.

Ses nombres sont dans Forskal :

D. 9/14 ; A. 3/9 ; C. 15 ; P. 15 ; V. 1/5.

Mais un individu, dessiné par M. Ehrenberg, a

D. 10/13 ou 14.

Son dos est olivâtre; ses lignes jaunes, au nombre de six ou sept sur chaque flanc; sa tache noire et ronde est sur la ligne latérale, à l'endroit où le premier trait jaune la rencontre. Ses pectorales sont orangées, ainsi que le bord de l'interopercule.

On nomme l'espèce en arabe, selon Forskal, *abou-nocta* (le père à la tache), et *habar* ou *hober*. M. Ehrenberg l'a entendu appeler *haalbiri* à Lohaia. Ce nom d'*abou-nocta* est commun à plusieurs poissons de la famille des perches.

C'est le *centropome hober* de M. de Lacépède (t. IV, p. 255).

La Diacope a points bleus.

(*Diacope cœruleo-punctata,* nob.)

Russel représente encore une diacope bien caractérisée
et marquée d'une tache noire sur le côté : c'est son *kalee-
maee* (*kali-mai*), pl. 96.

Son corps est plus ovale; son crâne plus plat; ses épines anales
plus fortes qu'aux espèces voisines.

Elle a, dit-il, les écailles cendrées, bordées d'azur. Plusieurs
lignes transverses de points bleus sur le front, et des lignes et des
points de même couleur sur la joue et sur l'opercule : le tout sur
un fond changeant en couleur d'or. Sa dorsale et la partie supérieure de sa caudale sont d'un brun jaunâtre; ses pectorales grises,
et le reste de ses nageoires bleu.

Les individus ainsi colorés étaient longs de six pouces. Il y en
a de deux pieds; mais leurs couleurs sont plus ternes.

D. 10/16; A. 3/9; C. 17; P. 16; V. 1/5.

Nous n'avons pas vu cette espèce; mais nous croyons
devoir la placer ici, à la suite de celles dont elle paraît se
rapprocher davantage.

La Diacope bordée.

(*Diacope marginata,* nob.)

Une autre diacope, rapportée par Commerson, et non
moins caractérisée, relativement au sous-genre, que l'*octolineata* et que le *notata,*

paraît, dans son état sec, toute blanchâtre, excepté un bord noir,
liséré de blanc, à la dorsale et à la caudale.

D. 10/14; A. 3/8; C. 17; P. 15; V. 1/5.

L'individu est long de plus d'un pied.

M. Leschenault en a envoyé une de Pondichéry, qui nous paraît de la même espèce,

et qui a de même un bord noirâtre, liséré de blanc, à la dorsale et à la caudale. On lui aperçoit sur le côté un vestige de tache brune. Le fond de sa couleur est d'un brun-clair assez doré; et sa dorsale et sa caudale paraissent marbrées de gris ou de noirâtre; les autres nageoires sont jaunâtres.

D. 10/14; A. 3/8; C. 17; P. 16; V. 1/5.

Dans l'état frais, selon la description de M. Leschenault, son ventre et ses nageoires paires sont jaunes; la dorsale et la caudale brunes; l'anale blanche, le dos roussâtre, l'iris jaune rougeâtre, la ligne latérale brune.

Ce poisson est appelé par les naturels *nakadisé*, et parvient à environ dix pouces de longueur. Il habite parmi les rochers, et on ne le prend qu'à la ligne pendant la mousson du nord-est. Il est bon à manger.

L'individu envoyé par M. Leschenault a le tubercule un peu moins prononcé que celui de Commerson; mais nous pensons que c'est là une marque distinctive du sexe.

Les compagnons du capitaine Freycinet ont rapporté deux individus qui nous paraissent encore de la même espèce, et dont l'un a le tubercule plus faible que l'autre.

Ils tirent un peu sur le verdâtre, et leur dorsale sur le rougeâtre; mais le bord noir et le liséré blanc y existent comme aux échantillons que nous venons de décrire. Les ventrales et l'anale sont jaunes, et on voit un peu de noirâtre au bord de l'anale. Je n'y aperçois point de tache latérale.

D. 10/14; A. 3/8; C. 17; P. 16; V. 1/5.

Les naturalistes de l'expédition Duperrey viennent encore de rapporter de l'île d'*Oualan* une diacope qui nous paraît de cette espèce.

2. 41

Leur individu, conservé dans la liqueur, est généralement pâle. On voit sur sa dorsale une ligne grise, qui règne tout du long sous le bord noir.

D. 10/14; A. 3/8, etc.

Sa longueur est de cinq pouces.

La DIACOPE A QUATRE GOUTTES.

(*Diacope quadriguttata,* nob.)[1]

On doit à Commerson une diacope qui n'a point de taches noires, mais deux blanches de chaque côté. Il ne l'a pas seulement rapportée en nature, mais il en a laissé un dessin qui a passé dans l'ouvrage de M. de Lacépède, t. III, pl. 15, fig. 2, où il a pris le nom de *spare lépisure,* et une description détaillée dont il ne paraît pas que M. de Lacépède ait profité. L'examen que nous avons fait du poisson, nous a prouvé que c'est, sous tous les rapports, une diacope.

Sa tubérosité est cependant un peu moins marquée qu'à quelques-unes des précédentes. Son opercule n'a qu'une pointe plate. Les dentelures du bord montant de son préopercule s'aperçoivent à peine; mais ses dents sont fortes, surtout les quatre canines, qui sont en avant de la mâchoire supérieure, et les latérales d'en bas. Sa couleur, selon la description de Commerson, est d'un brun rougeâtre, plus noire vers le dos, plus rouge aux côtés de la tête et au ventre. Il y a de chaque côté du dos deux taches d'un blanc de lait : l'une vis-à-vis la huitième épine de la dorsale; l'autre vis-à-vis l'extrémité de sa partie molle. Une teinte noirâtre se montre à la membrane de la partie épineuse de la dorsale, à l'avant de l'anale, et au bord supérieur et inférieur de la caudale, vers les angles.

---

1. *Spare lépisure,* Lacép.

Le reste de ces nageoires est plus ou moins rouge. L'iris de l'œil
est argenté.

D. 10/14; A. 3/8; C. 17; P. 16; V. 1/5.

Commerson avait pris ce poisson entre les roches de la
côte-nord de l'Isle-de-France, où il n'est pas très-commun.
Sa taille ordinaire est celle de notre perche d'eau douce.
On regarde sa chair comme légère et salubre.

M. Ehrenberg l'a retrouvé à Massuah, sur la côte occi-
dentale de la mer Rouge.

Le fond de sa couleur était un pourpre brun; les taches d'une
couleur d'argent très-brillante.

Un individu, qu'il a bien voulu céder au Cabinet du
Roi, est long de sept pouces.

M. Dussumier vient de rapporter des Séchelles une
diacope qui ressemble, sous tous les rapports, à la précédente et en a même les quatre taches blanches; mais
cet excellent observateur en décrit autrement les couleurs.

Son dos est plombé; ses flancs et son ventre ont des lignes longitudinales jaunâtres. On voit en effet ces lignes, au nombre de
douze ou quinze, au-dessous de la ligne latérale; au-dessus elles
sont obliques et nombreuses. Les bords supérieur et inférieur de
la caudale et l'inférieur de l'anale sont d'un brun noirâtre. La tache
blanche antérieure est du double plus longue que l'autre.

Ce poisson est très-estimé.

Il restera à examiner si les teintes plus ou moins rouges,
indiquées par Commerson et par M. Ehrenberg, ne sont
pas des marques du sexe ou des effets de la saison.

Nous devons à l'expédition commandée par le capitaine

Freycinet, trois espèces de diacopes, toutes de l'archipel
des Indes. [1]

La DIACOPE CALVET.

(*Diacope Calveti*, Q. et G.)

La première, celle que les naturalistes de cette expédition ont nommée *diacope calvet,* ressemble beaucoup
à celle à quatre taches,

mais elle est plus haute à proportion. Ses dentelures sont plus fines,
et elle est vers le dos d'un brun doré, qui se change en argenté
sur les flancs et prend une teinte rose sur le ventre. On ne lui voit
aucune tache.

D. 10/14; A. 3/8; C. 17; P. 15; V. 1/5.

Elle a été prise à Timor.

La DIACOPE STRIÉE.

(*Diacope striata*, Q. et G.)

La deuxième, qu'ils nomment *diacope rayée,*

est grise, avec des lignes brunes, étroites, parallèles, qui descendent
obliquement sur tout le corps. Sa dorsale et sa caudale sont noirâtres : la première est lisérée de noir. Il y a une tache brune dans
l'aisselle de la pectorale.

D. 10/14; A. 3/8; C. 17; P. 15; V. 1/5.

La diacope striée a les lobes du foie beaucoup plus pointus et plus
prolongés en arrière que les précédentes. L'estomac est aussi beau-

---

1. Elles sont décrites dans la Zoologie du voyage de Freycinet, p. 3o6 et suiv.
La *Diacope calvet* y est représentée pl. 57, fig. 1.

coup plus grand. Nous l'avons trouvé rempli de crustacés. La vessie natatoire est grande et très-mince.

La longueur de nos individus est de cinq ou de six pouces.

Elle se trouve à Waigiou, et les naturalistes de l'expédition Duperrey viennent de la rapporter de l'île *Bourou,* l'une des Moluques.

La DIACOPE SANS TACHES.

(*Diacope immaculata,* Q. et G.)

La troisième, leur *diacope sans taches,*

est verdâtre, plus brune vers le dos, plus jaunâtre au ventre, plus blanchâtre à la gorge; des lignes brunâtres, formées par des reflets, règnent longitudinalement sur les flancs, obliquement sur le dos, comme on en voit au reste plus ou moins distinctement sur la plupart des diacopes et des mésoprions. Celle-ci ressemble assez à la diacope calvet; mais elle est moins haute et moins tirant au roux. Elle vient encore de Waigiou.

D. 10/13; A. 3/9; C. 17; P. 14; V. 1/5.

Les individus ont de quatre à cinq pouces.

Après ces diacopes que nous avons observées par nous-mêmes, nous sommes obligés d'en placer plusieurs que nous ne connaissons que par des descriptions ou des figures, mais sur le genre desquelles il ne reste aucune incertitude. Forskal en a quatre, dont il range trois parmi les sciènes et la quatrième parmi les perches. Ce sont les *sciæna bohar, nigra* et *argentimaculata,* dont M. de Lacépède a fait des labres, et son *perca miniata,* qui, dans M. de Lacépède, est rapporté aux pomacentres.

La DIACOPE NOIRE.

(*Diacope nigra*, nob.)[1]

La *diacope noire,* en arabe *gatié,*

est partout noirâtre, excepté au ventre, qui est brun, tirant sur le blanc.

D. 10/15[2]; A. 3/9, etc.

Il y en a, dit Forskal, une variété dont les joues et le bord de l'anale sont rougeâtres, et où l'on voit la tache noire sur la ligne latérale; mais cette variété, dite en arabe *kasjmiri* (comme l'*octolineata*), pourrait bien être une espèce distincte, voisine du *fulviflamma* ou du *notata.*

La DIACOPE TACHETÉE D'ARGENT.

(*Diacope argentimaculata,* nob.)[3]

Cette espèce se nomme en arabe *schaafen.*

Elle a les écailles du dos noirâtres et argentées au bord et au bout; celles de l'abdomen rougeâtres, à bord plus pâle, ce qui, au total, en fait un poisson brun, tacheté d'argent. Une ligne bleue passe sous l'œil et se rend vers la bouche. Les nageoires sont roussâtres; celle du dos est bleuâtre, avec un bord roux. La mâchoire inférieure devance l'autre; ses dents latérales d'en bas

---

1. *Sciœna nigra,* Forsk.; *Labre noir,* Lacép.

2. Il faut remarquer, au sujet de cette diacope noire, une faute d'impression (10/10, au lieu de 10/25 annoncé par le texte, qui renvoie au n.º 46, au *kasmira,* ou 10/15 selon notre notation), et cette faute a fait croire à M. de Lacépède qu'elle manque de rayons mous à la dorsale, et lui a fait assigner ce caractère à son labre noir. Ce serait une conformation sans exemple en ichtyologie.

3. *Sciœna argentimaculata,* Forsk. et Gm.; *Labre argenté,* Lac.

deviennent plus grandes vers l'angle, et chaque mâchoire en a plus intérieurement une bande en velours. Elle doit d'ailleurs ressembler au *bohar*.

B. 7; D. 10/14; A. 3/9; C. 17; P. 17; V. 1/6.

La DIACOPE BOHAR.

(*Diacope bohar*, nob.)[1]

La *diacope bohar*, en arabe *bohar* ou *bhár*,

est décrite comme rougeâtre, avec des lignes et des nébulosités blanchâtres, et a vers le dos deux grandes taches noires qui s'effacent après la mort.

B. 7; D. 10/15; A. 3/9; C. 17; P. 16; V. 1/6.

On a donné à M. Ehrenberg, sous ce nom de *bohar*, une diacope qui, pendant la vie,

est d'un brun-olivâtre clair, avec une tache dans l'angle de chaque écaille, et qui devient rouge après la mort. Ses formes sont celles de nos premières espèces.

D. 10/14; A. 3/9, etc.

La taille de son individu est de sept à huit pouces.

La DIACOPE CARMIN.

(*Diacope miniata*, nob.)[2]

Ce qui a déterminé M. de Lacépède à placer le *perca miniata* de Forskal dans la famille des chétodons, c'est l'expression de dents sétacées et flexibles que Forskal emploie pour désigner des dents en velours; mais, comme.

---

1. *Sciæna bohar*, Forsk. et Gm.; *Labre bohar*, Lacép.

2. *Perca miniata*, Forsk., p. 41; *Pomacentre Burdi*, Lacép., t. IV, p. 511. *Burdi* est le nom d'une espèce estimée de dattes.

il dit qu'il se trouve dans le nombre des canines aiguës, il
nous ramène à la famille actuelle.

Le *perca miniata*, nommé à Djidda *zarbun* et à Lohaia *ataia*
ou *burdi*, ressemble pour les détails [1] au bohar, si ce n'est que
sa dorsale et son anale s'arrondissent en arrière, et que sa caudale
aussi est ronde.

Sa couleur est rouge, avec des points bleus. Ses ventrales ont
le bord externe bleu.

Sur le vertex sont deux lignes qui forment un V.

B. 7; D. 9/15; A. 3/9; C. 15; P. 17; V. 1/6.

Ce poisson est long d'un pied, et habite parmi les madrépores,
si nombreux dans la mer Rouge.

La Diacope de Boutton.

(*Diacope bottonensis*, nob.)

L'aspro capite ventreque rubicundis, etc., ou la *perche
du détroit de Boutton*, très-bien décrite par Commerson,
et dont M. de Lacépède (t. IV, p. 33i et 367) a fait son
holocentre boutton, est encore une diacope très-semblable à celles qui précèdent, ou peut-être identique avec
quelqu'une d'elles.

Ses formes et les nombres de ses rayons sont les mêmes. Commerson décrit expressément l'échancrure de son préopercule et la
tubérosité que cette échancrure reçoit. Elle a le dos brun-clair, les
flancs dorés, et la tête, la poitrine et le ventre rougeâtres; sa dorsale est transparente et bordée de jaunâtre ou rougeâtre, et il y a une
petite tache noirâtre dans l'aisselle de la pectorale.

---

1. Il y a dans Forskal une faute d'impression : *opercula anteriora integerrima,
pone modice* SERRATA *,* pour *SINUATA,* qui a fait supposer à M. de Lacépède que le
préopercule est dentelé, ce qui, joint à l'expression des dents flexibles, l'a déterminé à en faire un pomacentre.

La DIACOPE FAUVE.

(*Diacope fulva*, nob.)

Ce ne peut pas non plus être une espèce très-diffé-rente de toutes celles-là que la diacope d'*Otaïti*, dont Forster a laissé un dessin et une description sous le nom de *perca fulva,* et dont Schneider (p. 318) a fait son *holo-centrus fulvus;* mais il lui donne les nombres de rayons de notre première espèce, *D. Sebœ.*

D. 11/16; A. 3/9; C. 22 (en comptant les petits de la base); P. 16; V. 1/5.

L'échancrure de son préopercule est très-marquée; mais sa dor-sale est assez égale; sa caudale en croissant, avec des angles pointus. Sa couleur est fauve sur le dos et rougeâtre sous le ventre. Sa dor-sale est rougeâtre; sa caudale, de même couleur, a le bord blanc. L'anale est d'un jaune rougeâtre. Les nageoires paires sont jaunes. On ne parle point de tache sur le côté.

La DIACOPE DE BORABORA.

(*Diacope Borensis*, nob.)

Nous trouvons encore une de ces diacopes rouges, sans lignes longitudinales et sans tache latérale, parmi les des-sins de M. Lesson, l'un des naturalistes qui ont accom-pagné le capitaine Duperrey, et elle nous paraît différer de celles que nous venons de décrire, soit d'après nous-mêmes, soit d'après les autres. Elle est abondante à *Bora-bora,* l'une des îles de la Société.

Sa nuque est très-haute. L'échancrure de son préopercule et le tubercule qui lui répond sont très-prononcés. Toute sa couleur est rougeâtre, un peu teinte de violâtre vers le dos. Les bords de ses écailles, son museau, ses pectorales, ses ventrales et son anale sont d'un beau rouge-clair de minium. Sa dorsale et sa caudale sont teintes de violet, et l'on voit sur la partie épineuse de la dorsale une ou deux lignes irrégulières roses. La caudale est fourchue.

Les nombres sont ceux des espèces ordinaires.

D. 10/14; A. 3/9; C. 17; P. 17; V. 1/5.

L'individu était long d'un pied.

La Diacope sanguine.

(*Diacope sanguinea,* Ehrenb.)

Enfin, nous avons vu parmi les poissons rapportés du golfe Arabique par M. Ehrenberg, deux autres diacopes rouges : la première, que le savant voyageur nomme *diacope sanguinea,*

est plus oblongue et entièrement rouge, sans mélange de blanc ni de jaune.

D. 11/15; A. 3/10, etc.

L'individu est long de cinq pouces.

M. Ehrenberg l'a pris à Massuah. Nous n'en connaissons pas le nom arabe.

La Diacope écarlate.

(*Diacope coccinea,* Ehrenb.)

La seconde, que M. Ehrenberg nomme *diacope coccinea,*

a tout le corps et l'iris d'un rouge de vermillon, le bord de la partie molle de la dorsale et celui de la caudale blancs, et un peu de jaune dans l'aisselle.

Sa nuque est élevée comme dans la précédente, mais son corps est plus alongé.

D. 10/14, etc.

Les Arabes la nomment *bedjial.*

La Diacope bossue.

(*Diacope gibba.*) [1]

La *sciæna gibba* de Forskal semble tenir de cette *diacope écarlate.*

Avec les caractères communs au genre, elle a un dos élevé (*valde gibbum*), et des écailles rouges et blanches à la pointe.

Forskal ne lui attribue que six rayons aux ouïes, mais dit que ses autres nombres sont les mêmes qu'au *kasmira*, c'est-à-dire :

D. 10/15; A. 3/9; C. 17; P. 16; V. 1/5.

On nomme cette espèce en arabe *nagil* et *asmudi.*

---

1. *Sciæna gibba*, Forsk.

CHAPITRE XIV.

Des Mésoprions.

Bloch, sous le nom barbare de *lutjan,* qu'il croyait japonais et qui est malais[1], avait réuni une foule d'acanthoptérygiens, d'après le double caractère d'un préopercule dentelé et d'un opercule sans épines, et il y entassait pêle-mêle des poissons de la famille des labres, de celle des sciènes et de celle des perches.

J'en ai déjà, depuis long-temps, séparé les premiers sous le nom de *crénilabres* et les seconds sous celui de *pristipomes*[2]. Aujourd'hui je présenterai, sous le nom de *mésoprions,* ceux qui, appartenant par leurs dents vomériennes et palatines à la famille des perches, se rapprochent plus particulièrement des serrans, par les canines qui se mêlent à leurs dents en velours et qui arment le devant ou les côtés de leurs mâchoires.

Le nom que je leur impose indique qu'ils ont une dentelure en forme de scie sur le milieu de chaque côté de leur tête; de μέσον (*milieu*) et de πριών (*scie*).

Ces mésoprions tiennent de très-près aux diacopes dont nous venons de parler. Ils ont même encore quelquefois un léger renflement à l'interopercule, et plus souvent encore au préopercule une sinuosité ou un petit

---

1. Il l'avait pris de l'étiquette *ikan-lutjang,* attachée à un poisson sec dont il fit la première espèce de ses *lutjanus.* Voyez Bl., Grande Ichtyol., part. VII, p. 85. Ce qui est curieux, c'est que ce poisson (nous avons examiné le propre individu de Bloch) a deux épines très-marquées, quoique plates, à son opercule.

2. Règne animal, t. II, p. 262 et 299.

arc rentrant, qui est une sorte de vestige ou d'indice de l'échancrure caractéristique des diacopes; mais dans ces dernières cette échancrure est toujours beaucoup plus prononcée. La plupart ressemblent aussi aux *dentex* par l'ensemble de leur forme, et surtout par leur tête et leur museau un peu alongé; mais on les en distingue aisément par les dents du vomer et des palatins, qui manquent aux *dentex,* aussi bien que la dentelure du préopercule. Ces mésoprions ont en général les pectorales longues et pointues des spares. J'ai trouvé aux espèces que j'ai disséquées, des intestins à peu près semblables à ceux des serrans.

Tous ces poissons viennent des mers des pays chauds; mais il y en a, et en assez grand nombre, dans les deux océans. On les connaît dans nos colonies françaises des Indes occidentales sous le nom générique de *vivaneau* ou *vivanet* et sous celui de *sarde.*

Le Mésoprion dondiava.

(*Mesoprion unimaculatus,* nob.) [1]

Plusieurs de leurs espèces ressemblent même par les couleurs, et surtout par la tache noire de leurs flancs, à certaines diacopes, au point que l'on pourrait douter s'ils n'en seraient pas des variétés de sexe. Telle est particulièrement un mésoprion de la mer des Indes, dont nous avons plusieurs individus, rapportés par Commerson, par Sonnerat et par les compagnons de M. Freycinet.

Quoique bien caractérisé pour un vrai mésoprion, il est tellement semblable à notre *diacope notata,* qu'il faut

---

1. *Mesoprion unimaculatus,* Quoy et Gaym., Zool. de Freyc., p. 304.

de l'attention pour l'en distinguer. Kuhl l'avait même envoyé au Cabinet de Leyde sous le nom de *diacope xanthozona.*

Le bord montant du préopercule a une fine dentelure, l'angle en a une plus forte et est arrondi; au-dessus de lui est une légère sinuosité rentrante. L'opercule se termine en deux pointes arrondies et plates. L'os surscapulaire est dentelé, mais non celui de l'épaule. Le museau, les sous-orbitaires et les os des mâchoires manquent d'écailles. Les canines supérieures de devant et les latérales d'en bas sont fortes et pointues.

La couleur de ce poisson, comme celle de la diacope que nous lui comparons, paraît d'un jaune plus ou moins bronzé, changeant en argenté vers le ventre, et il y a de même une tache noire sur la ligne latérale et vis-à-vis le milieu de la partie molle de la dorsale; des lignes plus obscures règnent le long de chaque rang d'écailles.

Les nombres des rayons sont les mêmes que dans la plupart des diacopes.

D. 10/14; A. 3/8; C. 17; P. 16; V. 1/5.

C'est incontestablement le *doondiawah* de Russel (t. I, n.° 97). Cet auteur ajoute à ce que nos individus nous montrent

que le fond de la couleur est teint de reflets pourpres vers la tête et verdâtres vers le dos, et que les nageoires sont d'un jaune roussâtre.

C'est exactement l'enluminure que Renard (t. I, pl. 31, fig. 172) donne à son *camboto* d'Amboine, qui d'ailleurs offre tous les caractères de l'espèce actuelle et que nous croyons en conséquence devoir y rapporter.

Le Mésoprion de John.

(*Mesoprion Johnii*, nob.; *Anthias Johnii*, Bl.) [1]

Un mésoprion des Indes, qui ressemble beaucoup au précédent, si ce n'est le même, c'est l'*anthias Johnii* de Bloch (pl. 318), et, à ce que nous croyons, le *coïus catus* de Buchanan (Poissons du Gange, pl. 38, fig. 3o).

Ses formes, ses détails, les nombres de ses rayons, sont exactement pareils.

D. 10/14; A. 3/8; C. 17; P. 17; V. 1/5.

Les seules différences tiennent à ce que, dans les individus représentés par ces deux auteurs sur un fond argenté et rayé d'autant de séries de petites taches grises ou noirâtres qu'il y a de séries d'écailles, on voit du côté du dos quelques bandes verticales noirâtres et lavées, trois, quatre ou cinq, selon les individus, dont une seule, celle qui est au-dessous des dernières épines dorsales et des premiers rayons mous, se change en une tache noire bien prononcée;

mais ces bandes nuageuses et fort lavées peuvent très-bien ne s'être pas montrées dans les individus dessinés par Russel et par Commerson, et avoir disparu dans ceux que nous avons sous les yeux.

M. Buchanan hésite encore sur l'identité de l'*anthias Johnii* avec son *coïus catus*, parce que, dans celui-ci, la ventrale se termine en pointe ou en filet, et que cette circonstance n'est pas marquée dans la figure de Bloch; mais rien de plus naturel que de croire que ce filet avait été tronqué dans l'individu envoyé à Bloch. Quant à

---

1. *Coïus catus*, Buchan.

l'autre différence, que le poisson de Bloch a des écailles sur le devant du museau, comme nous savons que cet ichtyologiste en a donné tout aussi gratuitement à plusieurs espèces qui n'en ont pas davantage, elle nous touche peu. Les deux auteurs disent les nageoires rougeâtres.

Bloch avait reçu son poisson de Tranquebar. Il se borne à dire que sa chair est aussi bonne que celle de la perche. M. Buchanan ajoute sur son *coïus catus* qu'il devient aussi grand que le *vacti* ou notre *pèche-naire,* lequel, comme nous l'avons dit, atteint une fort grande taille, trois ou quatre pieds et plus, mais qu'il ne l'égale point en saveur. On le pêche dans les embouchures du Gange.

Le MÉSOPRION A CINQ LIGNES.

(*Mesoprion quinquelineatus,* nob.)

Russel représente (pl. 110), sous le nom de *mungi mapudee,* un autre mésoprion à tache latérale, qui paraît avoir

la partie épineuse et la partie molle de sa dorsale séparées par un enfoncement plus marqué que le précédent. Il le dit gris-clair, à front rougeâtre, à ventre d'un blanc jaunâtre, à nageoires jaune-pâle, bordées d'orangé, à cinq lignes longitudinales étroites et bleues, et à tache latérale de la même couleur.

L'individu était long de dix pouces.

D. 10/14; A. 3/8; C. 17; P. 16; V. 1/5.

Il en a été envoyé deux individus de Java au Musée royal des Pays-Bas.

On pourrait croire, d'après la configuration de sa dorsale, que c'est lui que représente le dessin laissé par Commerson sans autre indication que le nom générique

d'*aspro,* gravé dans M. de Lacépède (t. III, pl. 22, fig. 3),
et rapporté par lui au *labre fuligineux.*

Cependant ce dessin n'a point de raies et ne montre
que douze rayons mous à la dorsale : peut-être est-ce
encore celui d'une espèce distincte.

Quant au *labre fuligineux* dont Commerson a laissé
seulement une description, c'est un vrai labre, qui n'a
avec le dessin en question que des rapports légers, et
qui en diffère, comme nous le verrons ailleurs, par des
points importans.

Le Mésoprion a stigmate.

(*Mesoprion monostigma,* nob.)

Parmi les poissons nouvellement rapportés des Séchelles
par M. Dussumier, nous trouvons un mésoprion à tache
latérale, qui a

tout le corps d'un jaunâtre doré, teint de gris vers le dos et de rosé
vers la bouche, sans aucunes lignes longitudinales. Toutes ses nageoires sont d'un beau jaune; il est un peu plus oblong que le précédent. Sa dorsale est peu échancrée.

D. 10/14; A. 3/9; C. 17; P. 15; V. 1/5.

L'individu est long d'un pied.

Je rapporte à cette espèce un dessin laissé sans description par Commerson, que M. de Lacépède a fait
graver (t. III, pl. 17, fig. 1) comme appartenant au *labre
unimaculé;* mais, par son *labre unimaculé,* M. de Lacépède entend le *sciœna unimaculata* de Linnæus, dont le
nombre de rayons (D. 10/11) s'accorde trop peu avec celui
que marque le dessin de Commerson, pour croire qu'il

s'agisse d'une même espèce. Et de plus, nous verrons dans un autre endroit que ce prétendu *sciœna,* donné comme un poisson de la Méditerranée, est un *picarel* (*smaris*). Shaw n'en a pas moins copié, pour le représenter, le dessin de Commerson, tout en copiant Linnæus seul dans son texte.

Les mers d'Amérique nous fournissent au moins six de ces mésoprions à tache latérale, parmi lesquels il en est plusieurs remarquables par la beauté et l'éclat de leurs couleurs.

Le MÉSOPRION ACAJOU.

(*Mesoprion mahogoni,* nob.)

Une de ces espèces est venue de la Martinique, où elle porte le nom de *sarde acajou.*

Elle a le corps et la tête un peu plus alongés que les espèces des Indes; l'œil plus grand, et douze rayons mous seulement à la dorsale, qui ne se prolonge pas en pointe. Pour la bien distinguer des espèces suivantes, il faut encore remarquer que son sous-orbitaire est de moitié moins haut que long; que ses dents sont très-fines, même ses canines supérieures; que sa tête prend le tiers de sa longueur; que le diamètre longitudinal de son œil est trois fois et demi dans la longueur de sa tête, et que la ligne de sa gorge monte presque autant que celle de son profil descend.

Sa tache est au même endroit que dans les espèces précédentes; mais sa couleur paraît avoir été un brun-roussâtre cuivré, qui se change en doré sur les flancs et en argenté sous le ventre.

D. 10/12; A. 3/8; C. 17; P. 15; V. 1/5.

Nos individus sont longs de cinq pouces.

C'est apparemment cette teinte rousse qui lui a valu

son nom français, que nous nous bornons à traduire. Nous l'avons reçue de M. Plée.

Ce poisson est rare et peu estimé. Il pèse au plus de deux à trois livres. Sa chair molle lui a fait donner vulgairement le nom de *paillasse coton*.

Le MÉSOPRION DE RICHARD.

(*Mesoprion Ricardi.*)

Nous en avons trouvé dans le cabinet de M. Richard une espèce très-voisine,

mais qui a la ligne du profil plus descendante et celle de la gorge presque horizontale. Elle paraît d'un doré roussâtre, teint en brun sur le dos, et en argent vers la gorge et les côtés de la tête. Ses nageoires paraissent fauves; mais il est possible que ses couleurs aient été altérées par la liqueur où elle est conservée.

D. 10/12; A. 3/8, etc.

Les individus n'ont que quatre pouces.

Le MÉSOPRION DORÉ.

(*Mesoprion uninotatus*, nob.)

Une troisième de ces espèces d'Amérique à tache latérale, remarquable par ses belles couleurs, diffère encore des deux précédentes

par sa nuque plus élevée, par son sous-orbitaire, qui est d'un tiers plus haut à proportion. Comme les deux précédentes, elle n'a aucune apparence de tubérosité à son interopercule, et son préopercule offre à peine un léger arc rentrant; sa dorsale et son anale finissent en pointe arrondie. Excepté les canines, ses dents sont fines; il y en a plus de vingt-cinq de chaque côté.

D. 10/12; A. 3/8; C. 17; P. 16; V. 1/5.

C'est un des plus beaux poissons. Il a le dos, le dessus de la tête et le haut des joues d'un bleu d'acier bruni; le bas des joues et les flancs de couleur de rose vif, avec reflets métalliques; le ventre couleur d'argent: sur le tout règnent sept ou huit bandes longitudinales d'une belle couleur d'or, dont celles du dos sont un peu irrégulières et obliques. La dorsale a trois bandes jaunes sur un fond rosé; l'anale et les ventrales sont d'un beau jaune jonquille; la caudale d'un bel aurore, avec un mince liséré noirâtre; la pectorale d'un aurore pâle; les lèvres rose; l'iris est rosé, glacé d'argent.

Nous avons fait le squelette de ce mésoprion. Si l'on excepte les différences de la tête, déjà apparentes au dehors, il ressemble à celui des serrans. C'est le même nombre de vertèbres, et la crête mitoyenne s'avance seulement un peu plus sur le crâne.

Leurs viscères sont aussi très-semblables.

Nos plus grands échantillons ont quatorze pouces. La plupart n'en ont que six à sept.

Cette belle espèce subit quelques variations dans ses couleurs.

A Saint-Domingue elle porte, quand elle est dans toute sa beauté, le nom de *sarde dorée,* et lorsqu'elle est plus petite, celui de *sarde rouleuse;* quand le rouge des côtés est plus ou moins effacé, elle prend celui de *sarde argentée.*

Dans la liqueur presque tout son éclat disparaît, et il ne reste que des teintes grises et brunes. C'est ainsi que M. Desmarest l'a décrite dans sa première Décade ichtyologique et dans le Dictionnaire classique d'histoire naturelle, sous le nom de *lutjanus Aubrieti.*

Nous l'avons reçue de Saint-Domingue par M. Ricord, du Brésil par M. Delalande, et de la Martinique par M. Achard.

M. Plée nous a envoyé de la Martinique, sous le nom d'*Oualivacou,* un poisson qui ne nous paraît différer de cette *sarde dorée* que parce que l'on n'y voit presque point la tache latérale.

Ce voyageur dit que l'*oualivacou* se tient dans les grands fonds de mer, et que, dans sa plus grande taille, il ne pèse guère que deux livres.

Je trouve parmi les dessins de Plumier une figure qui lui ressemble beaucoup, et qui est intitulée *sargus ex auro virgatus.*

C'est sur cette figure que M. de Lacépède (t. IV, p. 167) a établi son *dipterodon Plumieri;* mais il faut remarquer que la division que l'on voit à sa dorsale est manifestement accidentelle.

Bloch (*Syst. posth.,* p. 275) fait sur cette même figure son *sparus vermicularis.* La manière dont elle est dessinée lui a fait croire que l'anale a six épines. Il est probable que sa copie n'avait pas la division de la dorsale, puisqu'il n'en fait aucune mention.

Il me semble aussi que ce poisson doit être au moins fort voisin de celui que décrit Duhamel (Pêches, part. II, sect. 4, ch. 5, p. 61, et pl. 3, fig. 2), et qu'il dit s'appeler *ouariac* à la Guadeloupe.

J'ai tout lieu de croire, enfin, que c'est encore le *salpa purpurascens variegata* de Catesby (pl. 17, fig. 1), c'est-à-dire le *sparus synagris* de Linnæus.

Le Mésoprion a anale rouge.

(*Mesoprion analis,* nob.)

Nous placerons ici une jolie espèce, apportée de Saint-Domingue par M. Ricord, et qui paraît se rapprocher encore beaucoup des précédentes.

Toute sa partie supérieure et ses côtés ont des lignes dorées et argentées ou couleur d'acier plus ou moins longitudinales, mais un peu irrégulières. La partie inférieure de ses flancs a les intervalles des lignes dorées d'un rouge rose. Un trait argenté entoure son orbite en dessous. Ses ventrales, la plus grande partie de son anale et les bords de sa caudale sont rose vif; la dorsale est bleuâtre, avec un liséré rose et une large bande jaune sur sa base et sur toute sa partie molle. Un trait noirâtre traverse la base de sa pectorale. Son interopercule n'a point de tubérosité. On voit sur son corps des intervalles verticaux, alternativement glacés de plus foncé et de plus clair : les plus foncés sont au nombre de dix à douze et rapprochés par paires.

D. 10/14, etc.

Les Haïtiens l'appellent *sarde haut-dos.*

Nos individus ont cinq pouces de long, et les bandes verticales nous font penser qu'ils sont encore jeunes.

M. Desmarest avait un de ces poissons, mais entièrement bruni par la liqueur, parmi ceux qu'il nommait *lutjanus Aubrieti.*

Le MÉSOPRION SOBRE.

(*Mesoprion sobra*, nob.)

On nomme *sobre* à la Martinique, un mésoprion très-semblable à l'*uninotatus,* et qui a de même une tache noire sur le côté, mais où l'on compte quatorze rayons mous à la dorsale.

Le tubercule de son interopercule est assez saillant; mais on ne lui voit pas d'échancrure à son préopercule. Ses dents latérales sont coniques, courtes et bien plus grosses à proportion qu'à l'*uninotatus.* On n'en compte guère que quinze ou seize de chaque côté.

Il nous en est venu des individus secs de quinze et

de seize pouces dans les collections de feu M. Plée ; et
M. Achard nous en a envoyé un dans la liqueur, qui est
arrivé assez frais pour croire que notre description des
couleurs est conforme à ce qu'offrirait le poisson vivant.

Il a le corps d'un jaune-olive doré ou très-brillant, rayé longitudinalement de treize à quatorze traits bleus, dont quelques-uns
se divisent en deux sur le dos. Le bout du museau en dessus est
violet; sur les joues il y a trois raies bleues, et une raie argentée ou
plombée règne sous l'orbite et descend sur le sous-orbitaire. Le bas
des côtés est d'un beau rouge orangé, et le milieu du ventre est
blanc. La dorsale est olive, tachetée de bleuâtre; la caudale olive,
lavée de rouge; l'anale est d'un beau rouge, un peu nuagée d'olive
sur les derniers rayons mous; les ventrales sont rouges; les pectorales rose.

La tache des flancs est d'un violet très-foncé.

D. 10/14; A. 3/8; C. 17; P. 16; V. 1/6.

Le Mésoprion vivaneau.

(*Mesoprion vivanus*, nob.)

Une espèce, qui porte plus particulièrement aujourd'hui
à la Martinique, selon M. Plée, le nom de *vivaneau,* ressemble encore beaucoup à toutes les précédentes, surtout
à l'*uninotatus;*

mais son profil descend moins rapidement, et ses dents latérales
d'en bas sont un peu plus longues.

Sa couleur est un aurore doré, sur lequel on aperçoit des lignes
brunes peu marquées, obliques sur le dos, longitudinales sur les
flancs, et une tache peu foncée à l'endroit où l'ont les précédens.
Le bord extrême de la caudale a un liséré noir très-marqué.

D. 10/13; A. 3/8; C. 17; P. 16; V. 1/5.

C'est, selon M. Plée, un poisson que l'on ne pêche que

par quatre-vingt-dix à cent brasses de profondeur, et qui parvient au poids de quarante livres. Il est fort estimé.

Nous avons déjà dit que ces noms de *vivaneau* et de *vivanet* sont ou ont été appliqués par nos colons à plusieurs espèces de ce genre. *Duhamel*[1] en compte cinq à la Guadeloupe : le *franc,* qui est rouge sur le dos, plus clair vers le ventre, presque blanc aux côtés de la tête, avec des lignes brillantes suivant la courbe du dos, et qui prend des lignes jaunes sur les côtés en se desséchant; le *monbin,* qui est d'un rouge plus foncé et a la tête plus arrondie; le *variolé,* dont les écailles sont variées de diverses couleurs ; le *gris,* dont les lignes latérales sont jaunes; et le *vivaneau à oreilles noires.*

Le MÉSOPRION OREILLE NOIRE.

(*Mesoprion buccanella,* nob.)

Cette dernière espèce, nommée encore aujourd'hui à la Martinique *oreille noire,* et qui y porte aussi le nom de *boucanelle,* nous a été envoyée par M. Plée avec la précédente.

C'est aussi un très-beau poisson, de couleur rouge, avec éclat métallique, et chaque écaille bordée d'argent. Sa caudale et son anale paraissent avoir été jaunes et les autres nageoires plus ou moins rouges.

Il n'y a point de tache sur le côté; mais on en voit une très-noire, en forme de croissant, sur la base de sa pectorale : et c'est ce qui a valu à cette espèce son nom d'*oreille noire.* Ses dents latérales d'en bas sont fortes et écartées.

D. 10/14; A. 3/8; C. 17; P. 15; V. 1/5.

---

1. Pêches, II.ᵉ part, sect. 4, c. 5, p. 62.

C'est, dans le sous-genre actuel, l'espèce qui approche peut-être le plus des diacopes par la tubérosité de son interopercule; mais son préopercule n'ayant pas d'échancrure, on a dû la placer parmi les mésoprions. Son squelette et ses viscères ne ressemblent pas moins que ceux de l'uninotatus à ceux des serrans.

Ce poisson pèse jusqu'à quinze et vingt livres, et est assez commun; mais on ne le trouve, comme le *vivaneau,* que par quatre-vingt-dix à cent brasses d'eau.

Nous avons aussi trouvé cette espèce de l'*oreille noire* dans les collections faites par M. Plée à Saint-Thomas. Les Anglais de cette île la nomment *noper.*

On voit dans les peintures d'Aubriet, faites sur les dessins de Plumier, un poisson rouge, avec une tache noire à la pectorale; mais dont la tête est plus grande et où le nombre des épines dorsales ne s'accorde pas. Il y est nommé *erythrinus primus seu major, vulgo boucanègre apud Americanos.* C'est probablement un dessin imparfait de notre espèce; mais ce qui serait incroyable, si Bloch lui-même ne le disait pas, c'est que c'est de ce dessin qu'il a fait la base de sa planche du *pagel* ou *sparus erythrinus,* L., n.° 274, en l'altérant pour le faire cadrer avec les caractères donnés au *pagel* par ceux qui l'avaient observé, et en y ajoutant à côté une figure des mâchoires, probablement prise de notre *dorade à petites dents,* en sorte que cette planche ne pourrait qu'induire en erreur ceux qui la consulteraient : elle y induirait encore en faisant croire que le vrai *pagel* existe en Amérique; ce qui est faux.

Le Mésoprion rouge.

(*Mesoprion aya*, nob.) [1]

M. Ricord a rapporté de Saint-Domingue un mésoprion que l'on y appelle *sarde rouge de haut fond,* et qui ressemble beaucoup au *buccanella*

> par sa couleur entièrement d'un beau rouge carmin, avec des bords argentés aux écailles; mais ses dents, surtout les latérales, sont beaucoup plus petites, et il n'y a point de tache noire sur la pectorale. Sa tubérosité et l'arc rentrant de son préopercule sont assez marqués; pas assez toutefois pour qu'on le range parmi les diacopes. Notre individu a bien certainement quatre épines à l'anale.
>
> D. 10/14; A. 4/9.

Ce poisson devient grand. Nous en avons un de vingt-huit pouces, et l'on en prend de plus considérables. C'est le plus estimé de tous ceux que l'on mange au Port-au-Prince.

Tout nous fait croire que c'est ce poisson qui a été décrit par Margrave (*Bras.,* p. 167 et 168) sous le nom d'*acara aya,* et qui est devenu le *bodianus aya* de Bloch (pl. 227). La figure du prince Maurice, qui est assez reconnaissable, a été altérée dans la copie grossie que Bloch en donne. On y a surtout transformé en épine ce qui dans l'original pouvait n'être que le lobe alongé de l'opercule. La gravure de Margrave n'a point ce défaut, et représente fort bien notre sarde rouge.

Margrave dit que ce poisson se nomme aussi *garanha;* qu'il atteint trois pieds de longueur; que sa chair est bonne à manger et qu'on la conserve au moyen du sel.

---

1. *Bodianus aya*, Bl., pl. 227; *Bodian aya*, Lacép.

Le Mésoprion a queue d'or.

(*Mesoprion chrysurus,* nob.) [1]

Une autre espèce, venue de la Martinique avec les précédentes, et qui est peut-être ce *vivaneau monbin*[2] dont parle Duhamel,

a les fourches de sa queue plus longues et plus pointues; ses crochets, au nombre de quatre à la mâchoire supérieure, excèdent peu ses autres dents.

D. 10/13; A. 3/9; C. 17; P. 14; V. 1/5.

Dans son état sec on y aperçoit à peine quelques restes de lignes et de taches. Une bande longitudinale verdâtre est ce qui s'y voit le mieux. Mais un individu envoyé presque frais par M. Achard, a présenté des couleurs très-belles et très-vives. Au-dessus de la ligne latérale son dos est grisâtre, rayé obliquement de jaune doré; au-dessous il est d'une belle couleur purpurine très-vive, avec trois raies longitudinales dorées. La raie supérieure passe par le milieu du corps et est plus large que les autres; elle se prolonge sur la tête jusqu'au bout du museau, en passant au-dessous de l'œil; le reste de la joue est gris d'argent, marbré de rose et de jaune d'or. La dorsale et l'anale sont jaune-olive; la caudale est jaune brillant, bordée en dessus et en dessous de deux traits rose; les pectorales sont rose et les ventrales orangées.

Il paraît que ces couleurs varient quelquefois.

M. Plée le décrit rose; la caudale et la dorsale jaunes; deux bandes longitudinales de même couleur sur les flancs; un peu de

---

1. *Sparus chrysurus,* Bl.; *Spare demi-lune,* et *Spare queue d'or,* Lacép.; *Anthias rabirrubia,* Schn.; *Grammistes chrysurus,* Bl., Schn.

2. Nous ferons remarquer cependant que le nom de *Monbin,* qui vient de la couleur semblable à celle du fruit de ce nom, se donne aussi à un holacanthe.

jaune aux mâchoires ; quatre ou cinq petites bandes jaunes de
chaque côté du ventre.

C'est principalement à Saint-Thomas que ce voyageur
l'a observé, et il nous apprend qu'on l'y nomme *sarde;*
qu'il y devient quelquefois fort gros, et qu'on l'y estime
beaucoup.

Il nous en est venu en effet avec ses collections de cette
île un individu de dix-huit pouces ; mais il en a aussi
envoyé de Porto-Rico, où on lui donne le nom de *ca-*
brilla. L'ayant vu à une autre époque, il dit qu'il était
d'un beau rouge, et ses bandes et ses nageoires d'un beau
jaune.

Tout nouvellement nous en avons reçu plusieurs de
Saint-Domingue, par M. Ricord, dans un état parfaitement frais.

> Tous sont rouge cramoisi ; mais dans quelques-uns cette cou-
> leur passe sur le dos au violet et au gris d'ardoise. Une large bande,
> d'un jaune plus ou moins vif, règne depuis le museau jusqu'à la
> queue, et s'élargit pour s'unir à la caudale, qui est toute jaune,
> excepté un liséré rouge à ses bords supérieur et inférieur. Ce jaune
> est quelquefois un peu verdâtre, surtout à la caudale. Le dos,
> au-dessus de cette bande, est semé de taches jaunes irrégulières.
> Les flancs ont des lignes jaunes plus ou moins nombreuses, qui
> font le passage du rouge du corps au blanc du ventre. Des points
> verts couvrent le crâne, le front et le museau. La dorsale et l'anale
> sont jaunes, avec du rouge ou du rose à leur base, et les autres
> nageoires blanchâtres ou roses.

On nomme dans cette île les individus à dos bleu, *sarde*
colas et ceux à dos rouge, *sarde colas à queue.* Les plus
grands que nous ayons reçus sont longs de vingt pouces.

Il est aisé de reconnaître ce même poisson à la forme

dans le *rabirrubia* de Parra (pl. 22, fig. 1), quoique cet auteur lui donne des teintes un peu moins brillantes et se borne à le faire rose-clair, avec une ligne verdâtre tout du long de chaque côté du corps et une teinte verte sur la dorsale. C'est, ajoute-t-il, un poisson des plus estimés[1] et qui atteint à deux tiers d'aune de longueur (environ vingt pouces de France).

M. Poey nous en a donné un dessin fait à la Havane, comme celui de Parra, et sous ce même nom de *rabirrubia.* Il en décrit les couleurs dans les termes suivans :

> Le dos est violet un peu clair, avec des taches d'un jaune très-vif, qui tirent un peu au vert. Une bande longitudinale offre la même couleur jaune. La dorsale et la caudale de même; mais cette dernière est plus verte. Les autres nageoires sont blanches, légèrement teintes de rose. Le ventre est de cette dernière couleur, tirant un peu au violet. J'ai vu l'iris blanc dans quelques-uns et rouge dans d'autres.

D'après ces données, il est impossible de ne pas rapporter aussi à cette espèce le vélin intitulé *sarda cauda aurea et lunata,* copié de Plumier par Aubriet, mais chargé de couleurs trop vives, selon l'usage de cet artiste, et qui est devenu le *spare demi-lune* de M. de Lacépède (t. IV, pl. 3, fig. 1 et p. 141). La bande longitudinale dorée, verdâtre ou bronzée, me paraît manifestement les rapprocher.

> La figure d'Aubriet le représente rouge incarnat; une teinte bleue sur le dos; la bande latérale jaune; des taches de même couleur sur le rouge; la caudale et la dorsale jaunes, et une bande longitudinale rouge sur cette dernière; les autres nageoires grises.

---

1. Schneider, dans son édition du Système de Bloch, p. 309, demande si un autre de la même planche, fig. 2, n'en serait pas une variété; mais ce deuxième est un vrai serran. Voyez notre article du *Serranus furcifer.*

Le *colas* de la Guadeloupe de Duhamel (Pêches, sect. 4, ch. 5, p. 64 et pl. 12, fig. 1) ressemble encore entièrement à nos poissons par la forme; et, autant qu'on peut entendre la description vague et obscure donnée par cet auteur, il a aussi une bande large de couleur citrine et des taches jaunes à peu près rondes; ce qui répond tout-à-fait à plusieurs de ceux que nous avons sous les yeux. Il arrive à deux pieds de longueur.

Enfin, c'est encore bien certainement l'*acara pitamba* de Margrave (p. 155), dont Bloch (pl. 262) a fait son *sparus chrysurus,* et qui est devenu le *spare queue d'or* de M. de Lacépède (t. IV, p. 115). Margrave en décrit très-bien la bande latérale et les taches jaunes, ainsi que la teinte générale pourpre et bleue. Il lui donne deux pieds de longueur, et sa figure répond à celles du *rabirrubia* et du *spare demi-lune,* autant que la manière de dessiner du prince Maurice ou de son peintre le permettait.

La figure originale du prince, assez bien copiée par Bloch, quoiqu'il l'ait agrandie, comme à son ordinaire,

> est peinte d'un beau rouge nué de pourpre et d'or, avec deux bandes dorées; les nageoires verticales jaunes, et les nageoires paires grises. Elle est intitulée *acara pitangiuba.*
>
> La taille du poisson y est marquée de dix-huit pouces.

Il est au reste singulier que Bloch, après avoir très-bien reconnu dans sa grande Histoire l'identité de cet *acara pitamba* de Margrave avec le *rabirrubia* de Parra, les ait séparés dans son *Systema,* y nommant le premier, p. 187, *grammistes chrysurus,* et le second, p. 309, *anthias rabirrubia.*

Duhamel assure que son *colas* vit en troupes et se nourrit d'œufs de poissons, et que sa chair est assez bonne.

Selon Parra, le *rabirrubia* est le plus estimé des poissons de la Havane; et Margrave dit aussi de son *acara pitamba* qu'il est excellent grillé.

Selon M. Poey, on en voit de deux pieds et du poids de dix livres. Bien qu'il soit très-commun, sa chair est si estimée qu'il se vend toujours très-cher. Il n'est jamais empoisonné. M. Ricord rapporte exactement les mêmes choses de la *sarde-colas* de Saint-Domingue, et M. Pley de la *sarde* de Saint-Thomas.

Margrave a trouvé dans la gorge de son *acara pitamba* un crustacé parasite de la famille des cloportes, dont il donne une figure trop grossière pour qu'on puisse en déterminer l'espèce.

Le Mésoprion a dents de chien.

(*Mesoprion cynodon*, nob.) [1]

Une espèce, que l'on nomme à la Martinique *sarde à dents de chien*, est le *caballerote* de Parra (pl. 25, fig. 1), dont Schneider (p. 310, n.° 21) a fait son *anthias caballerote;* mais elle porte tous les caractères de nos *mésoprions* et non ceux des anthias.

Son opercule se termine en angle mousse; son préopercule, dentelé dans sa jeunesse, perd en grande partie ses dentelures avec l'âge, comme dans tous les poissons de cette famille, qui deviennent très-grands. Une légère sinuosité se montre à l'endroit où est l'échancrure des diacopes, et répond à une assez forte tubérosité de l'interopercule. Sa tête, son museau, son sous-orbitaire, ses mâchoires, sont recouverts comme d'une espèce de cuir. Ses épines dorsales sont très-fortes, ainsi que ses deux canines supérieures;

---

1. *Anthias caballerote*, Schn.

presque toutes ses dents latérales d'en bas ressemblent aussi à des canines. Sa caudale, comme celle des premières espèces de ce genre, est taillée un peu en croissant. Dans la liqueur sa couleur paraît brune; toutes ses écailles ont un éclat doré, et leur bord est argenté. Selon Parra, elles offrent dans l'état frais des teintes brunes et jaunes, agréables à la vue, et la dorsale a des reflets cramoisis sur un fond brun.

Un individu, venu presque frais de Saint-Domingue, avait le dos tirant sur l'orangé, le ventre blanc, et du jaune verdâtre sur toutes les nageoires et sur toutes les parties latérales. Ces teintes jaunes l'ont fait appeler dans cette île *sarde mulatresse.*

D. 10/14; A. 3/9; C. 17; P. 16; V. 1/5.

Parra en parle comme d'un poisson très-savoureux et que l'on peut manger sans crainte de la *siguatera.*

Le Mésoprion jocu.

(*Mesoprion jocu,* nob.; *Anthias jocu,* Bl., Schn.)

Les Antilles ont une espèce très-voisine et qui paraît devenir aussi grande, mais qui s'en distingue

par une suite de points argentés, lisérés de brun, régnant sur la joue et sous l'œil.

M. Plée, qui nous l'a envoyée de la Martinique, lui donne le nom de *sarde à dents de chien,* comme à la précédente. Il dit dans ses notes,

que sa couleur générale est rose, mais que, les pectorales exceptées, ses nageoires sont jaunâtres; que les taches de sa joue sont d'un gris blanchâtre, et qu'on en pêche de douze à quinze livres.

Parra, dans ses Poissons de la Havane (pl. 25, fig. 2), la représente très-bien sous le nom de *jocu,* et c'est l'an-

thias jocu de Schneider (p. 3ıo, n.° 22). Selon le premier de ces auteurs, dans l'état frais,

la couleur de la tête et d'une partie du corps est d'un rouge d'ocre vif et le reste d'un jaune d'or.

Il y en a de très-grands ; mais c'est un des poissons qui occasionnent le plus facilement ce que les colons espagnols nomment la *siguatera*.

D. 10/15 ; A. 3/9 ; C. 19 ; P. 17 ; V. 1/5.

Le MÉSOPRION A RAIE.

(*Mesoprion litura*, nob.)

M. Poiteau nous a envoyé de Cayenne un poisson très-semblable au *jocu;*

mais dans lequel, au lieu de points, il n'y a sur la joue qu'une ligne continue. Peut-être n'en est-ce qu'une variété.

D. 10/15 ; A. 3/8 ; C. 17 ; P. 16 ; V. 1/5.

Nous le croyons d'autant plus, qu'il s'en est trouvé dans les collections de M. Plée un troisième, pêché à Saint-Thomas, où une ligne, en partie continue, en partie divisée, règne depuis le milieu du sous-orbitaire et en passant sous l'œil jusqu'à l'angle du préopercule.

D'après les notes qui l'accompagnaient, ce poisson, frais, est d'une belle couleur rouge; la ligne et les taches sont bleues.

L'espèce devient très-grande et pèse de vingt à trente livres.

D. 10/15 ; A. 3/9 ; C. 17 ; P. 16 ; V. 1/5.

d'histoire naturelle, n'est qu'un individu décoloré et jeune de cette *sarde grise*. Le peintre a même négligé les vestiges de taches et de lignes qui restaient à son modèle.

En examinant bien le vélin d'Aubriet, copié de Plumier, qui porte pour étiquette : *pagrus leucophœus minor, vulgo* VIVANET GRIS, *apud Martinicam,* et qui a été peu exactement gravé dans M. de Lacépède (t. IV, pl. 4, fig. 3) sous le nom de *bodian vivanet,* je me suis convaincu que c'est un de nos mésoprions, et même c'est à l'espèce actuelle qu'il m'a paru ressembler le plus. Ce qui est encore plus sûr, c'est que le même dessin de Plumier, reproduit dans un autre manuscrit de cet observateur, sous le nom d'*anthias major,* a servi d'original à la planche 279 de Bloch ou à son *sparus tetracanthus,* qui, dans l'édition de Schneider, p. 338, est devenu le *cichla tetracantha;* mais Bloch l'a enluminé trop brun et a donné à l'écaille surscapulaire un éclat d'argent dont il n'y a nulle trace dans la peinture d'Aubriet, tout enclin qu'était ce dernier à exagérer les couleurs tranchantes. On voit dans ces figures l'apparence de quatre épines anales, nombre que je n'ai trouvé parmi les mésoprions que dans le seul *mésoprion purpureus;* mais je sais par expérience que Plumier était fort peu exact à distinguer les nombres et les diverses sortes des rayons.

On ne comprend pas d'après quelle confusion de notes ou d'idées Shaw [1] a fait de ce *spare tétracanthe* de Bloch un synonyme du *sparus falcatus* de Bloch, ou *harpé bleu doré* de Lacépède, qui est une *chéiline.*

----

1. Shaw, *Gen. zool.,* t. IV, 2.ᵉ part., p. 409.

Le MÉSOPRION GRIS.

(*Mesoprion griseus*, nob.)[1]

Nous devons à M. Ricord un mésoprion que l'on nomme
à Saint-Domingue *sarde grise*, et qui nous paraît différent
de tous les précédens.

Sa tête est un peu plus aiguë. Il a à la mâchoire supérieure deux
fortes canines, quelquefois doubles, et plusieurs dents coniques
très-aiguës; à l'inférieure les canines de devant sont plus faibles
que celles d'en haut; mais les dents latérales, au nombre de dix
ou douze, sont bien plus fortes que celles qui leur répondent en
haut : elles sont semblables à des canines, comme dans la *sarde à
dents de chien;* mais moins fortes et beaucoup plus nombreuses.
Il n'y a aucune saillie à son interopercule, et presque pas d'arc
rentrant à son préopercule. Ses teintes sont grises, tirant au lilas
vers le dos, et sur les bords de la dorsale et de la caudale; et en
aurore vers le bas des flancs et aux ventrales; l'anale est aussi plus
ou moins rose ou lilas.

La gorge, la poitrine et le ventre sont blancs; les écailles ont
chacune une tache jaunâtre, qui forment des lignes longitudinales
un peu obliques, plus marquées sur les flancs, plus fondues avec
le gris sur le dos.

La caudale est taillée en croissant.

D. 10/14; A. 3/8, etc.

Notre individu de Saint-Domingue est long de dix pouces. Nous
en avons un de la Martinique, long de dix-huit.

Le *lutjanus acutirostris,* publié par M. Desmarest (Déc.
ichtyol., pl. 2, fig. 1), et dans le Dictionnaire classique

---

1. *Bodianus vivanet*, Lacép.; *Sparus tetracanthus*, Bl.; *Cichla tetracantha*, Schn.,
p. 338?

Le Mésoprion a ligne.

(*Mesoprion linea*, nob.)

Parmi les poissons que M. Poey nous a rapportés de Cuba, se trouve un petit mésoprion encore très-semblable au *jocu,*

et qui a sous l'œil une ligne étroite couleur d'argent, lisérée de brun, allant depuis le milieu du maxillaire au préopercule et se divisant sur l'opercule en points séparés. Il est d'un brun olivâtre, plus pâle sous le ventre, et a sept ou huit bandes verticales d'un jaune plus clair. Ses nageoires sont olivâtres. Le bord de la partie épineuse de la dorsale est jaunâtre. Les ventrales sont jaunes.

D. 10/15; A. 3/8; C. 17; P. 15; V. 1/5.

Nos individus sont longs de trois à quatre pouces.

Nous en avons d'un peu plus grands et à ligne plus interrompue, apportés de Saint-Domingue par M. Ricord.

Il s'agira de savoir si ce ne sont pas encore des jeunes individus de l'espèce du *jocu.*

Le *bodianus fasciatus* (Bl., Schn., pl. 65), appelé *striatus* dans le texte (p. 335), et l'*alphestes sambra* (*ib.,* pl. 51 et p. 236, où il est nommé *gembra*), sont sans aucun doute des mésoprions, et même le premier nous paraît rentrer absolument dans notre *mésoprion linea,* dont il a les formes, les nombres, les bandes et jusqu'à la ligne de la joue. Je doute donc beaucoup qu'il vienne, comme le veut Bloch, des Indes orientales.

Le Mésoprion jaunatre.

(*Mesoprion flavescens*, nob.)

M. Plée nous a envoyé de la Martinique un petit mésoprion de même forme que la sarde grise,

avec des bandes verticales, plus pâles sur le dos et les nageoires,
jaunâtres, sans lignes ni points sur la joue.

D. 10/15; A. 3/8; C. 17; P. 17; V. 1/5.

Si, dans ce genre, les jeunes individus se distinguaient,
comme dans celui des scombres, par des bandes verticales,
ce poisson pourrait bien n'être que le jeune de la sarde
grise.

Le Mésoprion a nageoires bleues.

(*Mesoprion cyanopterus*, nob.)

Nous avons reçu du Brésil, par M. Delalande, une
espèce que l'on pourrait être tenté de confondre avec
l'oreille noire, à cause de la tache noire qu'elle a à la naissance de la pectorale; mais cette tache est au-dessus de
la base de la nageoire.

Ce poisson a d'ailleurs des proportions moins sveltes, plus
rapprochées de celles de la *sarde à dents de chien.* Il paraît avoir
été assez doré, teint de brun vers le dos, de rougeâtre sous le corps,
et de blanc ou de rose aux mâchoires et à la gorge. La dentelure
de son préopercule est extrêmement fine; à peine y a-t-il une
apparence d'arc rentrant; l'opercule finit en angle mousse et plat.
Ses canines sont très-pointues. Il en a deux fortes à la mâchoire
supérieure, outre plusieurs petites, et quatre de chaque côté à l'inférieure. Sa dorsale et son anale s'arrondissent en arrière, et sa

caudale est presque carrée. La membrane de sa caudale et de la partie molle de sa dorsale et de son anale est d'un noir bleuâtre, mais le bord antérieur et postérieur de l'anale est blanc; les pectorales et les ventrales paraissent avoir été jaunes. Je ne vois aucune tache latérale.

D. 10/14; A. 3/8; C. 19; P. 17; V. 1/5.

Le Mésoprion pargo.

(*Mesoprion pargus*, nob.)

M. Plée nous a envoyé de Porto-Rico un grand mésoprion que l'on y appelle *el pargo*,

et qui a, comme le précédent, une tache noire au-dessus de la base de la pectorale; mais ses grosses dents latérales d'en bas sont au nombre de six ou sept, inégales et très-fortes; ses quatre canines supérieures sont aussi très-fortes : la tubérosité de son interopercule est assez prononcée, et sa caudale est coupée en croissant.

D. 10/14; A. 3/8, etc.

L'individu est long de vingt-sept pouces. A l'état sec il paraît d'un brun-jaunâtre uniforme. Selon M. Plée, à l'état frais, ses écailles sont tachées de rouge.

On a pu remarquer que nous avons fait commencer cette histoire des mésoprions par quelques espèces de la mer des Indes, à cause de la ressemblance que leur tache latérale leur donne avec certaines diacopes, et que la même circonstance nous en a fait décrire immédiatement après quelques espèces d'Amérique, desquelles nous avons passé aux autres de la même mer. Nous revenons maintenant à la mer des Indes et aux espèces sans tache latérale qu'elle possède, et qui n'y sont pas moins nombreuses que les diacopes.

Le MÉSOPRION SANS TACHE.

(*Mesoprion immaculatus.*)

On y voit se reproduire dans les deux genres des combinaisons semblables de couleurs; et comme elle a une diacope sans taches, elle a aussi un mésoprion de couleur uniforme. M. Duvaucel nous l'a envoyé de Sumatra.

Ses formes sont les mêmes que celles de l'*unimaculatus;* mais il paraît entièrement d'un brun ou d'un olivâtre plus ou moins foncé, qui pâlit en dessous et y devient jaunâtre et un peu doré. On aperçoit sur son dos des lignes noirâtres qui descendent obliquement vers la ligne latérale, et sur ses flancs des lignes longitudinales. L'angle de son préopercule est un arc très-peu saillant et crénelé; au-dessus est un arc un peu rentrant, et le bord montant n'a point de dentelures. L'opercule osseux finit par deux angles obtus et plats. Ses canines sont fortes, mais simples.

D. 10/13; A. 3/8; C. 17; P. 14; V. 1/5.

Notre individu n'a que sept à huit pouces.

Le MÉSOPRION A NAGEOIRES JAUNES.

(*Mesoprion flavipinnis,* nob.)

M. Leschenault en a envoyé un très-grand, quelquefois long de cinq pieds, qui se nomme à Pondichéry *sankinkarva*.

Ses formes sont les mêmes que celles de l'*unimaculatus,* si ce n'est que son interopercule est plus large et plus horizontal à son bord supérieur. Ses dents latérales d'en haut sont aussi plus petites et plus nombreuses. Ses pectorales sont pointues. Il est grisâtre vers le dos, blanchâtre sous le ventre, et a partout une teinte argentée. Toutes ses nageoires sont jaunâtres, ainsi que son iris.

D. 10/14; A. 3/9; C. 17; P. 17; V. 1/5.

C'est un bon manger.

Le Mésoprion rougeatre.

(*Mesoprion rubellus*, nob.)

Une autre espèce de la même mer, nommée simplement *karva*, atteint quatre pieds.

Ses écailles sont plus petites, plus nombreuses; ses pectorales plus faibles, plus courtes à proportion que dans le précédent; ses dents plus petites. Dans l'état frais, selon M. Leschenault, il est marbré de rouge et de blanc; chaque écaille ayant la base rouge et le bout blanc. Le ventre est blanchâtre et l'iris rougeâtre.

D. 11/13; A. 3/9; C. 17; P. 17; V. 1/5.

Notre individu est long de treize pouces.

M. Ehrenberg en a rapporté un tout semblable de la mer Rouge, et qui a seulement un rayon épineux de moins et un mou de plus à la dorsale. Du reste, il l'a vu d'une belle couleur de vermillon, et le bord de chaque écaille blanc. Il l'avait nommé *diacope macrolepis*.

Ce nom de *karva* ou *kanvah* paraît s'appliquer à plusieurs poissons. Russel en donne un, pl. 89; mais qui, n'ayant point de dentelure ni d'arc rentrant au préopercule, est probablement un *lethrinus*.

Le Mésoprion sillao.

(*Mesoprion sillaoo*, nob.)

Le *sillaoo* de Russel, pl. 100, ressemblerait davantage à notre espèce précédente; mais cet auteur lui attribue des couleurs un peu différentes.

Les flancs, le corps et la poitrine rougeâtres; le dos cendré; des taches jaunes sur un fond clair aux joues; du rouge aux nageoires caudale et anale et aux ventrales. Cependant la forme est la même et les nombres de ses rayons ne diffèrent point de l'individu de M. Ehrenberg. C'est au moins une espèce très-voisine.

D. 10/14; A. 3/9; C. 18; P. 16; V. 1/5.

Russel dit que la caudale est quelquefois d'un rouge foncé, et a chaque lobe tacheté de jaune; mais peut-être a-t-il pris encore cette circonstance sur une autre espèce.

Le Mésoprion croissant.

(*Mesoprion lunulatus*, nob.)

Le *perca lunulata* de Sumatra, décrit par Mungo-Park (Trans. de la Soc. Linn., t. III, p. 35, pl. 6), ou le *lutjan croissant* de M. de Lacépède (t. IV, p. 213), est aussi un mésoprion, et très-voisin de ceux dont nous venons de rapporter les descriptions.

Ce poisson est représenté d'une couleur rougeâtre, avec une bande noirâtre, un peu arquée sur la base de la caudale. Ses formes et les nombres de ses rayons sont encore les mêmes.

D. 10/14; A. 3/9, etc. [1]

---

1. La figure donne D. 10/15, A. 2/9; mais le texte porte les nombres ci-dessus.

Le Mésoprion olivatre.

(*Mesoprion olivaceus,* nob.)

MM. Quoy et Gaymard ont rapporté de Waigiou un mésoprion assez semblable aux deux précédens,

mais dont le museau est plus court et qui a une très-fine dentelure à tout le bord montant et même dans l'arc rentrant de son préopercule. La partie inférieure de l'angle est crénelée. Son opercule se termine par deux angles arrondis. Il paraît olivâtre et tirant au jaunâtre vers le ventre. S'il a des lignes, elles sont presque imperceptibles. Ses canines, et en général toutes ses dents, sont plus fortes que dans l'*immaculatus;* mais les épines de sa dorsale sont plus grêles; ses écailles sont aussi plus grandes.

D. 10/13; A. 3/8, etc.

Le Mésoprion érytroptère.

(*Mesoprion erythropterus; Lutjanus erythropterus,* Bl., pl. 249.)

Le *lutjanus erythropterus* de Bloch, pl. 249, ressemble beaucoup à cet *olivaceus,* si ce n'est que la figure lui donne une épine de plus à la dorsale et les représente toutes plus fortes.

Il y paraît enluminé d'une couleur d'argent, avec les nageoires rouges et des teintes rouges sur l'opercule et le préopercule; mais on sait que les planches de Bloch, enluminées d'après des individus desséchés, sont en général très-éloignées de rendre les vraies couleurs des poissons.

Les nombres indiqués sont:

D. 11/13; A. 3/9, etc.

Le MÉSOPRION LUTJAN.

(*Mesoprion lutjanus*, nob.; *Lutjanus lutjanus*, Bl.)

C'est ici que doit se placer le *lutjanus lutjanus* de Bloch, pl. 245,

qui a des lignes obliques sur le dos et des lignes longitudinales sur les flancs, comme l'*immaculatus*. Qui ne le connaîtrait que d'après le texte de Bloch, lui croirait neuf épines et quatorze rayons mous à la dorsale : la figure en montre neuf des premières et treize seulement des autres; mais ni l'un ni l'autre de ces nombres n'est exact.

Nous avons examiné l'individu même qui a servi de sujet à Bloch, et ses nombres sont :

D. 10/13; A. 3/8; C. 17; P. 16; V. 1/5.

Son museau est de la forme de l'*olivaceus*, et ses canines aussi. La partie montante de son préopercule n'a pas de dentelures; mais on y voit, vers le bas, un très-petit arc rentrant, sous lequel est l'angle, arrondi et crénelé, ainsi que le bord inférieur. Ses canines antérieures sont fortes; son sous-orbitaire n'a point du tout les dentelures que Bloch y marque; et, au contraire, son opercule osseux se termine par deux pointes plates qu'il ne marque pas. La figure est aussi plus grande que l'original, qui n'a que sept pouces.

On peut de nouveau juger par cet exemple du peu d'exactitude de ce magnifique ouvrage.

L'étiquette d'*ikan-lutjang*, encore attachée à cet individu, est ce qui a donné naissance au nom de *lutjanus*, appliqué à tout le genre dans lequel Bloch le plaçait. Étant en langue malaise, elle prouve que le poisson venait des Moluques ou de Java, et non pas du Japon, comme l'a dit Bloch et comme on l'a répété après lui. Cependant nous ne trouvons pas ce nom dans Vlaming, ni dans ses copistes, Renard et Valentyn.

Le Mésoprion du Malabar.

(Mesoprion malabaricus, nob.; *Sparus malabaricus*, Bl., Schn.)

Le *sparus malabaricus* de Bloch (édit. de Schn., p. 278, n.° 34), que nous avons examiné nous-mêmes, est un vrai mésoprion, et doit se ranger avec les précédens.

Les deux rangées de grandes écailles à la nuque et celle qui entoure le dessous de l'orbite, plus ou moins distinctes dans tous les mésoprions, sont mieux prononcées dans celui-ci que dans aucun autre et autant que dans la *diacope Sebæ*. Sa dorsale s'élève un peu en arrière, et sa caudale est coupée carrément. Il a le museau assez court, les canines de force médiocre; les dentelures du bord montant de son préopercule sont si fines qu'on les voit à peine; mais, au-dessous de l'arc rentrant, l'angle arrondi a des crénelures qui vont jusqu'à moitié du bord inférieur.

B. 7[1]; D. 11/14; A. 3/9; C. 17; P. 16; V. 1/5.

Il paraît avoir eu des lignes obliques sur le dos, comme tant d'autres espèces du genre, et qui descendent même au-dessous de la ligne latérale; mais, dans son état de desséchement, il n'offre plus guère qu'une teinte générale grisâtre.

L'individu est long de huit pouces.

Bloch l'a reçu de la côte de Coromandel, et on ne voit pas trop pourquoi il lui a donné l'épithète de *malabarique.*

---

1. Bloch, *loc. cit.*, dit B. 8 ; mais c'est une erreur qui vient de ce que le rayon supérieur a un sillon sur sa longueur.

Le MÉSOPRION RANGOO.

(*Mesoprion rangus*, nob.)

La côte de Coromandel produit une autre espèce sans taches, qui devient plus grande que les individus que l'on possède des précédentes. Elle a été décrite et représentée fort exactement par Russel parmi ses Poissons de Vizagapatam (fig. 94), sous le nom de *rangoo*; et MM. Kuhl et Van Hasselt en ont envoyé deux individus de Java au Musée royal des Pays-Bas.

Sa taille et toutes ses formes rappellent notre *mésoprion cynodon* d'Amérique. Seulement le *rangoo* a la dorsale un peu plus avancée ou plutôt le crâne et la nuque un peu plus courts à proportion. La longueur de sa tête égale sa hauteur et est comprise trois fois et demie dans sa longueur. Ses dents sont en velours très-fin au vomer, aux palatins et aux mâchoires; mais celles-ci en ont tout autour un rang de plus fortes, crochues, inégales, et en outre sa mâchoire supérieure a deux fortes canines, entre lesquelles en sont deux autres petites. Le sous-orbitaire est assez grand, nu; le préopercule finement dentelé au bord montant, échancré par un arc très-peu profond et fortement dentelé à l'angle; le subopercule et l'opercule sont écailleux; l'opercule se termine par un angle obtus; les pectorales sont longues et pointues, la caudale coupée carrément; la ligne latérale droite; les écailles lisses et de grandeur moyenne.

Dans la liqueur et dans l'état sec sa couleur paraît jaunâtre sur le corps et noirâtre sur le dos et à la dorsale.

Russel, qui l'a vu frais, dit qu'il a la face et le dos d'un pourpre foncé, que les côtés et le dessous deviennent rougeâtres; que la pectorale est orangée et les autres nageoires d'un pourpre plus clair que le dos; enfin, que le bord de la caudale est d'un rouge brun.

Les individus de Leyde n'ont qu'un pied de long; mais il y en a, selon Russel, de vingt-six pouces. Les Européens l'estiment peu.

D. 10/13 ou 14; A. 3/8; C. 17; P. 16; V. 1/5.

Le MÉSOPRION YAPILLI.

(*Mesoprion yapilli*, nob.)

Le *yapilli* de Russel, pl. 95, est aussi un mésoprion. Nous l'avons reçu depuis peu par M. Dussumier.

Il devient grand; ses canines antérieures d'en haut et les latérales d'en bas sont assez fortes; son préopercule est finement dentelé, à dentelures nombreuses et petites, mais fortes, et rentre légèrement vis-à-vis d'un renflement très-peu marqué de l'interopercule. Ses écailles ont plus de cinquante stries à leur éventail, mais elles sont lisses et ont les bords entiers à leur partie visible.

D. 10/14; A. 3/8 [1]; C. 17; P. 16; V. 1/5.

C'est un beau poisson argenté, tirant au doré, légèrement teint de verdâtre vers le dos et de rosé ou de cuivré à la tête et au ventre. Le long du dos et des flancs courent des lignes formées par une tache brune sur le milieu de chaque écaille; les nageoires sont jaunâtres.

Notre individu est long d'un pied et il y en a de dix-huit pouces.

Le MÉSOPRION PORTE-ANNEAU.

(*Mesoprion annularis*, nob.)

Le Cabinet du Roi possède une jolie espèce, qui nous a paru pouvoir être appelée *annulaire*, parce qu'elle porte

---

1. Les derniers rayons de ces nageoires sont fourchus; ce qui en fait compter un de plus à Russel.

comme marque distinctive sur le dos de la queue, derrière la dorsale,

une tache noire ou brune, entourée plus ou moins complétement d'un cercle blanchâtre. Lorsque ce cercle est incomplet, il forme au moins un croissant au bord antérieur. Le corps paraît avoir été plus ou moins argenté.

MM. Kuhl et Van Hasselt ont envoyé de Java un individu de cette espèce où les couleurs paraissent mieux conservées.

Le dos y est d'un rouge brun; des lignes brunes, obliques, nombreuses, un peu ondulées, y règnent sur le corps; le ventre est argenté. On voit deux taches brunes, en forme de bande, au-dessus des yeux.

D. 11/13; A. 3/8; C. 17; P. 16; V. 1/5.

Les individus n'ont que quatre ou cinq pouces.

Le Mésoprion a demi-ceinture.

(*Mesoprion semicinctus,* nob.) [1]

Un autre mésoprion, rapporté des îles de Waigiou et de Rauwack par les naturalistes de l'expédition de M. Freycinet,

est gris, un peu argenté sous le ventre, et a sept bandes verticales brunes, qui finissent un peu au-dessous de la ligne latérale. La queue est presque entièrement occupée par une large bande noire. Ses canines supérieures sont doubles et fortes.

D. 10/13; A. 3/9; C. 17; P. 14; V. 1/5.

Peut-être cette espèce ne diffère-t-elle pas essentiellement de la précédente et n'en est-elle que le jeune âge.

---

1. *Lutjanus semicinctus,* Quoy et Gaymard, Zool. de Freycin., p. 3o3.

Le MÉSOPRION GEMBRA.

(*Mesoprion gembra,* nob.)

Nous avons reçu par feu Péron un petit mésoprion un
peu moins alongé que le précédent,

et qui, dans la liqueur, montre sur un fond brun des bandes verticales encore plus brunes. Sa dorsale a des taches brunes entre ses
rayons épineux et des points bruns entre les autres. Le bord inférieur de son anale est noir.

D. 10/13; A. 3/8; C. 17; P. 16; V. 1/5.

Tout nous fait croire que c'est un poisson pareil que
Bloch a représenté (*Syst. posth.,* pl. 51 et p. 236) sous
le nom d'*alphestes sambra* ou *gembra.* On en retrouve
absolument tous les caractères dans notre individu; mais
nous n'en croyons pas moins que cet individu est un jeune
et peut-être d'une des espèces que nous avons décrites
précédemment.

Suivant Bloch, le *gembra* venait de Tranquebar. Il remonte les rivières, atteint une longueur d'un pied, et
passe pour un manger savouréux.

L'autre *alphestes* de Bloch (*Syst. posth.,* p. 236), qu'il
avait d'abord nommé *epinephelus afer* (pl. 327 de son
grand ouvrage), étant un véritable serran, le genre *alphestes*
doit tomber. Le caractère, sur lequel il reposait, d'écailles
operculaires plus grandes que celles de la joue, est très-
léger, et y ferait rapporter une infinité de poissons fort
étrangers les uns aux autres.

Le MÉSOPRION TREILLISSÉ.

(*Mesoprion decussatus*, K. et V. H.)

Enfin, MM. Kuhl et Van Hasselt ont envoyé de Java un mésoprion

dont le préopercule, finement dentelé, a une échancrure large en forme de sinus très-peu profond.

Ses dents canines sont fortes en haut; celles de la mâchoire inférieure le sont aussi un peu. Il a les dents palatines et vomériennes en velours très-fin et à peine visibles.

Ses pectorales sont longues et pointues; son anale est un peu plus haute que sa dorsale; sa caudale est taillée en croissant peu profond.

D. 10/13; A. 3/7; C. 17; P. 16; V. 1/5.

Le fond de sa couleur est olivâtre vers le dos, jaunâtre aux flancs, rosé sous le ventre. Cinq bandes longitudinales rousses sont croisées par sept bandes brunes verticales, qui ne descendent pas au-delà des flancs, et forment ainsi, le long du dos, deux séries de carrés olives ou jaunes. Il y a une tache noire de chaque côté de la queue. La base de la dorsale et de la caudale est noirâtre.

L'individu est long de dix pouces.

Voilà les mésoprions que nous avons observés par nous-mêmes. Il convient maintenant que nous parlions des poissons décrits et représentés par d'autres auteurs, qui nous paraissent devoir appartenir à ce genre.

Il en est deux que nous ne pouvons décrire que d'après Russel, qui en a fait des *sparus;* mais comme il dit que leur palais est rude, et comme ses figures montrent aux opercules les caractères de nos mésoprions, nous croyons pouvoir les placer sans erreur à la suite du *rangoo.*

2.

47

Le MÉSOPRION CHIRTAH.

(*Mesoprion chirtah*, nob.)

Le premier est le *chirtah* de Russel (t. I, pl. 93).

Les écailles sont plus petites à proportion, et ses rayons plus nombreux que dans la plupart des autres espèces. Ses épines dorsales et anales sont plus grêles. Il a la tête d'un rouge-cuivré brillant; le dos de la même couleur, mais avec un mélange de blanchâtre; le ventre et la gorge blancs, teints de jaune roussâtre; ses nageoires verticales sont d'un rouge obscur; les pectorales et les ventrales d'un rouge pâle; les dernières tachetées de noir.

D. 11/15, A. 3/9; C. 17; P. 16; V. 1/5.

L'individu décrit était long de treize pouces.

Le MÉSOPRION CAROUI.

(*Mesoprion caroui*, nob.)

Le *karooi* (*caroui*) de Russel (t. II, pl. 125)

est un peu moins haut à proportion que les autres; a la tête presque entière couverte de petites écailles; le crâne rouge foncé; les opercules et les lèvres jaunes; le dos brun jaunâtre, avec des filets obliques jaune foncé; sur les flancs et le ventre des filets longitudinaux, au nombre de six ou sept, d'un jaune encore plus prononcé; le ventre blanc; les nageoires verticales jaunes; les nageoires paires jaunes, mêlées de blanc.

D. 11/12; A. 3/9; C. 19; P. 16; V. 1/5.

Le MÉSOPRION BLANC-OR.

(*Mesoprion albo-aureus*, nob.; *Lutjanus albo-aureus*, Lac.)

A ces mésoprions décrits par Russel, j'en joins un dont Commerson a laissé un dessin, et, à ce qu'il paraît, un fragment de description [1]; mais que nous n'avons pas re-trouvé parmi les espèces qu'il a rapportées en nature: c'est le *lutjan blanc-or* de M. de Lacépède (t. IV, pl. 7, fig. 1).

Ses formes sont celles des mésoprions les plus ordinaires, et sa taille à peu près celle de la perche. Il est caractérisé dans le dessin par sept lignes longitudinales qu'il a de chaque côté, depuis les ouïes jusqu'à la queue, et par huit ou dix qui occupent ses opercules et sa joue. Elles paraissent rougeâtres sur un fond d'argent. Le bord de la partie épineuse de la dorsale paraît roux; la partie molle est teinte de noirâtre, avec un bord plus noir; la caudale est noirâtre et l'anale roussâtre; les nageoires paires paraissent grises.

D. 10/14; A. 3/8; C. 17; P. 16; V. 1/5.

En supposant que la description s'y rapporte, les lignes latérales iraient à dix, et seraient dorées sur un fond blanchâtre, plus brun vers le dos. Les pectorales, les ventrales et l'anale seraient jaunâtres, et il aurait une écaille longue sur chaque ventrale, comme les spares. Ses dents seraient en velours, avec un rang de plus fortes au bord, et les deux antérieures de la mâchoire d'en haut seraient plus grandes.

---

1. Cette description est précédée de cette phrase: *Aspro lineis aureis circiter decem utrinque virgatus, pinnæ dorsalis posterioris fastigio et cauda nigris.*

FIN DU TOME SECOND.